Reihenentwicklungen in der mathematischen Physik

Von Dr. Josef Lense

o. ö. Professor der Technischen Hochschule München

Mit 48 Abbildungen

Dritte, verbesserte Auflage

Walter de Gruyter & Co.

vormals G. J. Göschen'sche Verlagshandlung / J. Guttentag, Verlagsbuchhandlung
Georg Reimer / Karl J. Trübner / Veit & Comp.

Berlin W 35

1953

WALTER DE GRUYTER & CO.
vormals G. J. Göschen'sche Verlagshandlung
J. Guttentag, Verlagsbuchhandlung · Georg
Reimer · Karl J. Trübner · Veit & Comp.
Berlin W 35, Genthiner Straße 13

Archiv-Nr. 12 07 52
Satz und Druck: VEB Deutsche Wertpapier-Druckerei, Leipzig (III/18/185)
Amt für Literatur und Verlagswesen Berlin 722/128/50.

Printed in Germany

Vorwort zur ersten Auflage

Ziel dieses Buches ist, die bei den wichtigsten Reihenentwicklungen der mathematischen Physik verwendeten Funktionen eingehender in ihren wesentlichen Eigenschaften zu behandeln, soweit die betreffenden Reihen nicht Potenz- oder Fouriersche Reihen sind. Es kommen also in erster Linie Bessel-, Kugel- und Lamésche Funktionen in Betracht, daneben auch wegen ihrer Anwendungen in der Wellenmechanik Laguerresche und Hermitesche Funktionen. Alle schließen sich wegen ihrer Orthogonalitätseigenschaften unmittelbar an die Fourierschen Reihen an.

Es gibt gewiß viele ausgezeichnete Darstellungen über jede einzelne dieser Funktionsklassen, doch sind sie gewöhnlich so umfangreich, daß sich der Leser nur mit großen Schwierigkeiten über die wesentlichen Eigenschaften der betreffenden Funktion ein Bild machen kann. Diese werden daher in den ersten vier Abschnitten des vorliegenden Buches ausführlich behandelt. Dabei habe ich mich mit Rücksicht auf die physikalischen Anwendungen immer auf das reelle Gebiet beschränkt, ausgenommen die Besselschen Funktionen. Während nämlich alle erwähnten Funktionen, die in der Physik verwendet werden, im wesentlichen Polynome, also in ihrem funktionentheoretischen Verhalten leicht zu übersehen sind, ist dies bei den Besselschen Funktionen nicht der Fall. Hier sind schon die einfachsten dieser Funktionen ganze transzendente Funktionen. Sie werden daher in vollster Allgemeinheit für komplexe Veränderliche und Zeiger behandelt, wodurch man gleich einen allgemeinen Überblick über ihr funktionentheoretisches Verhalten gewinnt. Die für die Anwendung wichtigen Fälle ergeben sich dann durch Aussonderung. Die Darstellung schließt sich hauptsächlich an Watson (vgl. S. 35), im ersten Abschnitt an Courant (vgl. S. 12) an.

Warum nicht auch die Kugelfunktionen in ähnlicher Weise behandelt werden, hat darin seinen Grund, daß sie im wesentlichen hypergeometrische Funktionen sind und die Theorie dieser Funktionen nicht vorausgesetzt wird, während sich die für physikalische Anwendungen wichtigen Fälle reeller Veränderlicher und ganzzahliger positiver Zeiger leicht ohne eine derartige Theorie entwickeln lassen. Es wird daher auch nicht auf die Legendreschen Kugelfunktionen zweiter Art eingegangen. Ähnlich liegen die Verhältnisse bei den Laméschen Funktionen. Hier ist die Behandlung im Anschluß an Hobson (vgl. S. 98) und im Gegensatz zu Poincaré (vgl. S. 133) so gehalten, daß die Kenntnis der elliptischen Funktionen entbehrt werden kann, doch mußte die Darstellung bei Hobson und Poincaré in einigen Punkten vervollständigt werden, um volle Strenge zu erzielen.

Der fünfte Abschnitt bringt das Wichtigste über asymptotische Reihen im Anschluß an Knopp (vgl. S. 152), der sechste die wesentlichen Eigenschaften der Gammafunktion mit Rücksicht darauf, daß im zweiten Abschnitt verschiedene Eigenschaften dieser Funktion gebraucht werden, die in den gewöhnlichen Lehrbüchern der Differential- und Integralrechnung und Funktionentheorie meistens nicht behandelt werden, und die Theorie der Gammafunktion nicht vorausgesetzt werden soll. Am nächsten kommt dem Buch wohl das erwähnte Werk von Courant, doch da dieses infolge seiner ganz anderen Zielrichtung über die in den Abschnitten 4—6 behandelten Dinge fast gar nichts bringt, dürfte auch das vorliegende Buch daneben in Ehren bestehen.

An mathematischen Kenntnissen setzt es Vertrautheit mit den Grundlehren der Funktionentheorie und Differentialgleichungen voraus. Von besonderen Funktionen ist nur eine genaue Kenntnis der sogenannten elementaren Transzendenten, d. h. also im wesentlichen des Logarithmus im komplexen Gebiet erforderlich. Häufig verwendet wird die Integration im Komplexen. Um dem hierin ungeübten Leser die Sache zu erleichtern, sind immer die einzelnen Schritte möglichst ausführlich angegeben. Gelegentlich wird einmal der sogenannte Sturmsche Satz aus der Lehre von den Gleichungen verwendet. Um die Integraleigenschaften der Kugel- und Laméschen Funktionen abzuleiten und die Randwertaufgaben für Kugel und Ellipsoid zu lösen, werden die grundlegenden Sätze der Potentialtheorie benützt.

Das Buch ist in sechs Abschnitte, jeder Abschnitt in Ziffern eingeteilt. Von den Formeln sind nur jene mit Nummern bezeichnet, auf die im Text verwiesen wird. Ihre Bezifferung beginnt in jeder Ziffer von neuem. Bei Verweisen auf Formeln anderer Ziffern werden diese angegeben. So bedeutet z. B. (3) Gleichung (3) derselben Ziffer, (2, 3) Gleichung (3) der Ziffer 2 desselben Abschnittes, (I, 2, 3) Gleichung (3) der Ziffer 2 des ersten Abschnittes, (I, 2) Ziffer 2 des ersten Abschnittes. Definitionen und Lehrsätze sind durch gesperrten Druck hervorgehoben.

Die Niederschrift des Manuskriptes hat meine Frau besorgt, die Abbildungen Herr Dr. Nikol gezeichnet. Bei der Durchsicht des Manuskriptes stand mir Herr Dr. Winkler mit wertvollen Ratschlägen zur Seite. Die Korrekturen haben die Herren Prof. Dr. Sauer, Privatdozent Dr. Duschek, Dr. Baier, Dr. Lehr, Dr. Nikol und meine Frau mitgelesen. Ihnen allen sei hier mein herzlicher Dank für ihre treue Hilfe ausgesprochen.

München, im Juli 1933. J. Lense.

Vorwort zur zweiten Auflage

Infolge der immer wachsenden Bedeutung der in diesem Buche behandelten Funktionen für die mathematische Physik ist die Nachfrage nach dem Werke in den letzten Jahren größer geworden. In der hier vorliegenden zweiten Auflage nahm ich die Gelegenheit wahr, um gewisse Ergänzungen vorzunehmen, die sich im Lauf der Zeit als notwendig herausgestellt hatten.

Die beiden Abschnitte über asymptotische Reihen und Gammafunktion sind nunmehr an die Spitze gestellt, da ihr Inhalt in den übrigen Teilen gebraucht wird. Im Abschnitt über asymptotische Reihen sind die Ziffern über die Grundrechnungsarten und das Differenzieren und Integrieren bei solchen Reihen als für das Folgende nicht wichtig fortgelassen, dafür ein Satz über die Nullstellen der Bernoullischen Polynome und das Verfahren von Wirtinger für die näherungsweise Berechnung bestimmter Integrale eingeschoben. Der Abschnitt über die Gammafunktion wird jetzt durch die Produktdarstellung des Sinus eingeleitet, sonst sind in ihm nur einige kleine Änderungen und Umstellungen vorgenommen. Hierauf folgt fast unverändert der Abschnitt über Orthogonalfunktionen, nur vermehrt um zwei Ziffern über Tschebyscheffsche Polynome. Völlig neu geschrieben sind die beiden folgenden Abschnitte über Besselsche und Kugelfunktionen. Im einleitenden Teil des vierten Abschnittes über die geschichtliche Entwicklung der Besselschen Funktionen wird die Verwendung dieser Funktionen bei den Schwingungen einer Kette und Membran sowie in der Wärmeleitung behandelt. Die Neumannschen Funktionen werden eingehender berücksichtigt. Neu aufgenommen sind die Sommerfeldsche Integraldarstellung und die Debyeschen asymptotischen Formeln für die Besselschen und Hankelschen Funktionen, die Integrale von Airy, Lipschitz und Weber. Der Abschnitt über Kugelfunktionen wurde ergänzt durch die Integraldarstellungen der Legendreschen Polynome von Laurent, Jacobi, Mehler und Dirichlet, durch ihre asymptotische Darstellung und den Zusammenhang der Legendreschen mit den Besselschen Funktionen. Ferner sind neu aufgenommen die Reihenentwicklungen von $e^{iz\cos\vartheta}$ und $\frac{e^{iR}}{iR}$ sowie die Legendreschen Funktionen zweiter Art. Im Abschnitt über die Laméschen Funktionen beschränken sich die Änderungen auf einige wenige Stellen.

Wie die erste, so enthält auch die zweite Auflage keine Tafeln der behandelten Funktionen. In dieser Hinsicht sei der Leser auf folgende Tafelwerke hingewiesen:

F. Emde, Tafeln elementarer Funktionen, Leipzig und Berlin 1940, B. G. Teubner;

E. Jahnke u. F. Emde, Funktionentafeln mit Formeln und Kurven, 3. Aufl., Leipzig und Berlin 1938, B. G. Teubner;

K. Hayashi, Tafeln der Besselschen, Theta-, Kugel- und anderer Funktionen, Berlin 1930, J. Springer;

K. Hayashi, Fünfstellige Funktionentafeln (Kreis-, zyklometrische, Exponential-, Hyperbel-, Kugel-, Besselsche, elliptische Funktionen; Thetanullwerte, natürlicher Logarithmus, Gammafunktion u. a. m. nebst einigen häufig vorkommenden Zahlenwerten), Berlin 1930, J. Springer.

Als Formelzusammenstellung käme in Betracht:

W. Magnus u. F. Oberhettinger, Formeln und Sätze für die speziellen Formeln der mathematischen Physik, Berlin 1943, Springerverlag.

Das Buch ist wieder in sechs Abschnitte, jeder Abschnitt in Ziffern eingeteilt. Von den Formeln sind nur jene mit Nummern bezeichnet, auf die im Text verwiesen wird. Ihre Bezifferung beginnt in jeder Ziffer von neuem. Bei Verweisen auf Formeln anderer Ziffern werden diese angegeben. So bedeutet z. B. (3) Gleichung (3) derselben Ziffer, (2, 3) Gleichung (3) der Ziffer 2 desselben Abschnittes, (I, 2, 3) Gleichung (3) der Ziffer 2 des ersten Abschnittes, (I, 2) Ziffer 2 des ersten Abschnittes. Ziffernbezeichnungen ohne römische Ziffer beziehen sich auf Ziffern desselben Abschnittes. Definitionen und Lehrsätze sind durch gesperrten Druck hervorgehoben. Der Leser wird gebeten, beim Gebrauch des Buches die Berichtigungen und Zusätze auf S. 221 zu beachten. An mathematischen Kenntnissen werden die Grundlehren der Funktionentheorie und Differentialgleichungen vorausgesetzt.

Herr Dr. E. Lehr hat die Abbildungen für die Drucklegung gezeichnet und den Abschnitt über die Besselschen Funktionen im Manuskript gelesen, meine Frau die Reinschrift der neu zu schreibenden Teile des Buches besorgt und die Korrekturen mitgelesen. Ihnen beiden sei hier mein herzlicher Dank ausgesprochen. Wie ich erfahren habe, konnte das Buch in seiner ersten Auflage manchem theoretischen Physiker ein erwünschtes Hilfsmittel für seine Arbeiten sein. Möge diese freundliche Aufnahme auch der verbesserten und erweiterten zweiten Auflage beschieden sein.

München, im Juni 1947. J. Lense.

Vorwort zur dritten Auflage

Daß schon fünf Jahre nach Erscheinen der zweiten Auflage eine dritte notwendig wird, ist ein Zeichen dafür, daß durch das Buch eine Lücke in der Literatur ausgefüllt wird. Die dritte Auflage unterscheidet sich nicht wesentlich von der zweiten. Es wurde die Gelegenheit benützt, sämtliche bekannt gewordenen Druck- und Schreibfehler zu verbessern. Ferner wurden neben kleinen Textänderungen manche Beweise vereinfacht und einige Ziffern umgestellt.

Herr Dipl.-Phys. H. Hochmuth und meine Frau haben die Korrekturen mitgelesen. Ich spreche ihnen meinen herzlichen Dank aus ebenso wie dem Verlag, der bereitwillig wie bei den früheren Auflagen meine Wünsche erfüllt hat. Möge auch die dritte Auflage des Buches dieselbe freundliche Aufnahme finden wie die beiden anderen.

München, im November 1952. J. Lense.

Inhaltsverzeichnis

V. Abschnitt. **Kugelfunktionen**

a) Räumliche Kugelfunktionen

b) Zonale Kugelfunktionen

c) Zugeordnete Funktionen

Seite

d) Legendresche Funktionen zweiter Art

e) Kugelflächenfunktionen

VI. Abschnitt. **Lamésche Funktionen**

Einleitung

1. Reihenentwicklung. Annäherung durch Polynome. Die Reihenentwicklung einer Funktion einer reellen Veränderlichen $f(x)$ in einem bestimmten Intervall führt zu folgender Frage: Gegeben sei eine Folge von Funktionen der Veränderlichen x

$$\varphi_1(x), \quad \varphi_2(x), \quad \varphi_3(x), \ldots, \varphi_n(x), \ldots$$

Man bestimme die Zahlen $c_1, c_2, c_3, \ldots, c_n, \ldots$ so, daß der Ausdruck $\left| f(x) - \sum_{n=1}^{r} c_n \varphi_n(x) \right|$ für jedes x des Intervalls bei passender Wahl von r beliebig klein gemacht werden kann. Die Wahl von r wird dabei im allgemeinen von x abhängen. Man sagt in diesem Fall, die Reihe $\sum_{n=1}^{\infty} c_n \varphi_n(x)$ konvergiert gegen $f(x)$, und schreibt $f(x) = \sum_{n=1}^{\infty} c_n \varphi_n(x)$. Die Kenntnis der Koeffizienten c_n gestattet dann, die Funktion $f(x)$ aus den bekannten Funktionen $\varphi_n(x)$ mit beliebiger Genauigkeit zu berechnen. Um die Rechenarbeit so weit als möglich abzukürzen, wird man die Funktionen $\varphi_n(x)$ möglichst einfach wählen.

Als solche bieten sich vor allem die einzelnen Potenzen von $x - b$ dar, wo b im betrachteten Intervall liegt:

$$(1) \qquad 1, \; x - b, \; (x - b)^2, \; (x - b)^3, \ldots, \; (x - b)^n, \ldots,$$

also eine Darstellung von der Gestalt $f(x) = \sum_{n=0}^{\infty} a_n (x - b)^n$. Diese unter dem Namen der Potenzreihenentwicklung einer Funktion bekannte Reihenentwicklung soll uns hier nicht näher beschäftigen. Es möge nur auf einen Umstand hingewiesen werden. Funktionen, welche eine derartige Entwicklung gestatten, heißen bekanntlich in der Umgebung der Stelle b analytisch. Bei ihnen wird die Annäherung durch Polynome entsprechend hohen Grades bewerkstelligt. Sie setzen unter anderem die Existenz sämtlicher Ableitungen der Funktionen an der betreffenden Stelle voraus. Nun hat Weierstraß[1]) gezeigt, daß man bei einer viel größeren Funktionenklasse eine Annäherung durch Polynome erreichen kann, nämlich bei jeder stetigen Funktion. Der Unterschied zwischen beiden Arten von Annäherungen ist folgender: Bei den analytischen Funktionen erfolgt die Annäherung so, daß bei der Berechnung

---

[1]) K. Weierstraß, Sitzungsberichte Akad. Berlin, 1885, S. 633—639, S. 789—805 wie auch Werke Bd. 3, S. 1—37, Berlin 1903.

jedes neuen Koeffizienten die schon vorhandenen Koeffizienten unverändert bleiben. Hat man also einen bestimmten Grad der Annäherung durch ein Polynom n-ten Grades $a_0 + a_1(x - b) + a_2(x - b)^2 + \cdots + a_n(x - b)^n$ erreicht, so erfolgt der nächste Annäherungsschritt dadurch, daß dieses Polynom durch ein solches $(n + 1)$-ten Grades ersetzt wird, das sich vom vorhergehenden nur durch Hinzufügung des Gliedes $a_{n+1}(x - b)^{n+1}$ unterscheidet, während die schon berechneten $a_0, a_1, \ldots, a_n$ dieselben bleiben. Im Falle der Annäherung einer nicht analytischen stetigen Funktion jedoch erfolgt die Annäherung so, daß in diesem Fall auch die schon berechneten Koeffizienten durch neue zu ersetzen sind.

2. Fouriersche Reihen. Orthogonalfunktionen. Eine zweite Art der Reihenentwicklungen einer willkürlichen Funktion, die besonders bei periodischen Funktionen am Platze ist, besteht darin, daß man für die Funktionen $\varphi_n(x)$ die Funktionen

$$(1) \qquad 1, \cos x, \sin x, \cos 2x, \sin 2x, \ldots, \cos nx, \sin nx, \ldots$$

wählt, also eine Darstellung von der Gestalt

$$(2) \qquad f(x) = \frac{a_0}{2} + \sum_{n=1}^{\infty} (a_n \cos nx + b_n \sin nx)$$

versucht. Man nennt die Entwicklung (2) eine Fouriersche Reihe, weil sich Fourier[1]) zum erstenmal mit derartigen Reihen beschäftigt hat. Die Grundeigenschaften dieser Entwicklung sind gegenwärtig fast in allen Lehrbüchern der Differential- und Integralrechnung enthalten, so daß wir uns damit begnügen können, sie für das Folgende kurz zusammenzustellen. Eine über die gewöhnliche Darstellung hinausgehende, aber dennoch nicht zu ausgedehnte Behandlung findet man in dem Büchlein von W. Rogosinski[2]).

Vor allem ist aus Gleichung (2) klar, daß sich nur periodische Funktionen mit der Periode 2π in dieser Art darstellen lassen. Will man eine im Intervall $a \leqq x \leqq b$ definierte nicht periodische Funktion in eine solche Reihe entwickeln, so hat man anzusetzen:

$$(3) \qquad f(x) = \frac{a_0}{2} + \sum_{n=1}^{\infty} \left(a_n \cos \frac{2\pi n x}{b - a} + b_n \sin \frac{2\pi n x}{b - a}\right).$$

Die rechte Seite dieser Gleichung hat die Periode $b - a$. Die Gleichung ist also sicher außerhalb des Intervalls ungültig, falls nicht auch die Funktionswerte von $f(x)$ dort als periodische Wiederholung der innerhalb des Intervalles gelegenen Werte definiert werden. Da man durch Einführung einer neuen Veränderlichen immer von Gleichung (3) auf Gleichung (2) zurückgehen kann, genügt es, Entwicklungen von der Gestalt (2) zu betrachten. Durch Einführung der neuen Veränderlichen wird das Intervall auf die Länge

---

[1]) J. B. Fourier, Théorie analytique de la chaleur, Paris 1822 (Werke Bd. 1, deutsch von R. Weinstein, Berlin 1884).

[2]) W. Rogosinski, Fouriersche Reihen, Samml. Göschen Bd. 1022, Berlin und Leipzig 1930, W. de Gruyter & Co.

2π gestreckt oder verkürzt. Um einem Mißverständnis vorzubeugen, sei noch folgendes bemerkt: Wenn $f(x)$ in einem größeren Intervall $A \leqq x \leqq B$ definiert ist, in dem das kleinere Intervall $a \leqq x \leqq b$ enthalten ist, so erhält man gemäß (3) für das größere Intervall die Darstellung

$$f(x) = \frac{A_0}{2} + \sum_{n=1}^{\infty} \left(A_n \cos \frac{2\pi n x}{B-A} + B_n \sin \frac{2\pi n x}{B-A} \right).$$

Dann ist durch diese Reihe die Funktion $f(x)$ natürlich auch im kleineren Intervall gegeben, d. h. die Darstellung (3) ist insofern nicht eindeutig, da in (3) Vielfache des Winkels $\frac{2\pi x}{b-a}$, in der neuen dagegen solche des Winkels $\frac{2\pi x}{B-A}$ auftreten.

Setzt man die Gültigkeit der Gleichung (2) und gleichmäßige Konvergenz der Reihe voraus, so erhält man die Koeffizienten a_k, $b_k (k = 1, 2, 3, \ldots)$ in folgender Weise: Man multipliziert die Gleichung mit $\cos kx$ bzw. $\sin kx$ und integriert von $-\pi$ bis $+\pi$. Berücksichtigt man die Beziehungen

$$(4) \qquad \frac{1}{\pi} \int_{-\pi}^{+\pi} \cos kx \cos nx \, dx = \begin{cases} 1 \text{ für } n = k \\ 0 \text{ für } n \neq k, \end{cases}$$

$$\frac{1}{\pi} \int_{-\pi}^{+\pi} \sin kx \sin nx \, dx = \begin{cases} 1 \text{ für } n = k \\ 0 \text{ für } n \neq k, \end{cases}$$

$$\frac{1}{\pi} \int_{-\pi}^{+\pi} \cos kx \sin nx \, dx = 0,$$

so erhält man die bekannten Formeln

$$a_k = \frac{1}{\pi} \int_{-\pi}^{+\pi} f(x) \cos kx \, dx, \qquad b_k = \frac{1}{\pi} \int_{-\pi}^{+\pi} f(x) \sin kx \, dx.$$

Die erste gilt auch für $k = 0$, wie durch direkte Integration der Gleichung (2) von $-\pi$ bis $+\pi$ folgt.

Die in den Formeln (4) festgelegte Tatsache, auf der diese Berechnung der Koeffizienten beruht, läßt sich in Worten so ausdrücken: Multipliziert man irgend zwei verschiedene der Funktionen in der Folge (1) miteinander und integriert das Produkt von $-\pi$ bis $+\pi$, so ergibt sich immer Null. Man bezeichnet diese Eigenschaft als Orthogonalität und sagt: Irgend zwei verschiedene Funktionen der Folge (1) sind zueinander orthogonal. Es wird sich herausstellen, daß diese Eigenschaft nicht auf die Folge (1) allein beschränkt ist, sondern einer sehr allgemeinen Klasse von Funktionen zukommt, die man passend als orthogonale Funktionen bezeichnet.

Die Frage, welche Eigenschaft eine im Intervall $-\pi \leqq x \leqq +\pi$ definierte und darüber hinaus periodisch fortgesetzte Funktion haben muß, damit

Gleichung (2) möglich sei, ist seit Dirichlet[1]) in zahlreichen Abhandlungen untersucht worden. Für die physikalischen Anwendungen seien folgende hinreichenden (aber keineswegs notwendigen) Bedingungen hier ohne Beweis angegeben:

1. Die Funktion sei samt ihrer ersten Ableitung stetig bis auf eine endliche Anzahl von Unstetigkeitsstellen mit endlichen Sprüngen, so daß jedesmal an einer Sprungstelle links- und rechtsseitiger Grenzwert der Funktion beziehungsweise der Ableitung vorhanden ist. In diesem Fall konvergiert die Reihe in abgeschlossenen Stetigkeitsintervallen der Funktion gleichmäßig und stellt dort die Funktion dar. An den Sprungstellen der Funktion konvergiert die Reihe ebenfalls und stellt dort das arithmetische Mittel des links- und rechtsseitigen Grenzwertes der Funktion dar.

2. Dasselbe gilt, wenn die erste Ableitung der Funktion eine endliche Anzahl von Unendlichkeitsstellen hat, aber absolut integrierbar bleibt. Näheres siehe in dem erwähnten Buch von Rogosinski.

Wir haben bis jetzt sowohl bei der Entwicklung in eine Potenzreihe als auch in eine Fourierreihe immer eine Funktion einer reellen Veränderlichen zugrunde gelegt. In ähnlicher Weise kann man aber auch vorgehen, wenn eine Funktion von mehreren Veränderlichen vorliegt, oder wenn die Veränderliche als komplex vorausgesetzt wird. Im Fall der komplexen Veränderlichen zeigt sich bei der Potenzreihenentwicklung erst die ganze Tragweite der betreffenden Theorie, indem sich die differenzierbaren Funktionen als identisch mit jenen herausstellen, die sich in Potenzreihen entwickeln lassen, eine der Grunderkenntnisse der Theorie der Funktionen einer komplexen Veränderlichen.

Es gibt aber noch eine andere Art der Reihenentwicklung, die wir zuerst genauer betrachten wollen, weil sie später gebraucht wird. Wir meinen die sogenannten asymptotischen Reihen, die im folgenden behandelt werden sollen.

I. Abschnitt

Asymptotische Reihen

1. Asymptotische Reihen. In dieser Ziffer bedeutet x eine positive Veränderliche. Ferner seien alle Funktionen dieses Abschnittes reelle Funktionen reeller Veränderlicher. Es ist bekanntlich

$$e^{-x} = \sum_{m=0}^{n} (-1)^m \frac{x^m}{m!} + R_n(x),$$

wobei $\lim\limits_{n \to +\infty} R_n(x) = 0$ ist. Die Reihe konvergiert für jedes x und gestattet daher, e^{-x} mit jeder gewünschten Genauigkeit zu berechnen. Aber nur theo-

[1]) L. Dirichlet, J. f. M. 4 (1829), S. 157—169 oder Werke 1, S. 117—132, Berlin 1889.

retisch, wie wir uns leicht überlegen. Die Reihe gehört nämlich zu den alternierenden Reihen, der Rest $R_n(x)$ hat somit immer dasselbe Zeichen wie das erste vernachlässigte Glied und ist absolut kleiner als dieses, sobald die absoluten Beträge der vernachlässigten Glieder fortwährend gegen Null abnehmen. Das ist in unserer Reihe erst für $m > x$ der Fall. Es folgt hiernach, wenn wir $n > x$ wählen,

$$R_n(x) = (-1)^{n+1} \vartheta \frac{x^{n+1}}{(n+1)!},$$

wo $0 < \vartheta < 1$ ist. Es ist aber praktisch unmöglich, für große x hieraus den Wert e^{-x} zu berechnen. Ist z. B. $x = 1000$, so ist das tausendste Glied $\frac{10^{3000}}{1000!} > 10^{432}$ nach (II, 6, 10). Die theoretische Konvergenz der Reihe nützt hier für die praktische Berechnung gar nichts.

Gerade umgekehrt liegen die Verhältnisse bei der Reihe $\sum_{n=0}^{\infty} (-1)^n \frac{n!}{x^n}$. Sie divergiert, weil $\lim_{n \to +\infty} \frac{n!}{x^n} = +\infty$ ist. (Da nämlich die Reihe für e^{-x} konvergiert, ist $\lim_{n \to +\infty} \frac{x^n}{n!} = 0$.) Hat man aber für eine Funktion $f(x)$ die Entwicklung

$$(1) \qquad f(x) = \sum_{m=0}^{n} (-1)^m \frac{m!}{x^m} + R_n(x)$$

$$R_n(x) = (-1)^{n+1} \vartheta \frac{(n+1)!}{x^{n+1}} \qquad (0 < \vartheta < 1),$$

so lassen sich ihre Werte für große x leicht berechnen. Will man z. B. $f(1000)$ auf 10 Dezimalstellen genau haben, so muß man n so wählen, daß der Rest

$$\vartheta \frac{(n+1)!}{1000^{n+1}} < \tfrac{1}{2}\, 10^{-10}$$

wird. Das ist schon für $n = 3$ der Fall, also ist mit der gewünschten Genauigkeit

$$f(1000) = 1 - \frac{1}{10^3} + \frac{2}{10^6} - \frac{6}{10^9} = 0{,}9990019940\,.$$

Diese Tatsache rührt davon her, daß die Glieder der Reihe zuerst sehr stark abnehmen; später aber wachsen sie schnell und über alle Grenzen (im vorliegenden Fall allerdings erst beim tausendsten Glied). Obwohl demnach diese Reihe, über alle Grenzen fortgesetzt, divergiert, ist sie doch für die praktische Berechnung gut brauchbar, weil in ihr ein Restglied auftritt. Allgemein ist man nicht in der Lage, auch theoretisch nicht, den Funktionswert mit jeder beliebigen Genauigkeit zu berechnen, weil das Restglied von der Größenordnung eines der Glieder der Reihe ist, nämlich ein Bruchteil des ersten vernachlässigten Gliedes. Die Genauigkeit kann also nicht unter diesen Bruchteil des Wertes des kleinsten Gliedes der Reihe herabgedrückt werden. Dieses kleinste Glied gibt es sicher, weil die Glieder schließlich wieder über alle Grenzen wachsen, es ist durch $n = [x]$ gegeben. Dabei bedeutet $[x]$ die größte ganze Zahl $\leqq x$.

Erscheinungen dieser Art wurden zuerst von Euler[1]) bemerkt. Solche Reihen nannte Legendre[2]) semikonvergent oder halbkonvergent, weil sie sich für zahlenmäßige Berechnungen fast wie konvergente Reihen verhalten. Jetzt pflegt man sie nach H. Poincaré[3]) asymptotisch zu nennen, und zwar auf Grund folgender Eigenschaft: Halten wir in (1) n fest und lassen x über alle Schranken wachsen, so ergibt sich für den Rest $\lim_{x \to +\infty} x^n R_n(x) = 0$, d. h. der Wert von $f(x)$ wird um so genauer durch die Summe in (1) dargestellt, je größer x ist. Der Unterschied zu den konvergenten Reihen läßt sich in folgender Weise ganz deutlich angeben: Es sei

$$f(x) = S_n(x) + R_n(x), \quad S_n(x) = \sum_{m=1}^{n} f_m(x).$$

Ist $\lim_{n \to +\infty} R_n(x) = 0$ bei festem x, dann ist $\sum_{n=1}^{\infty} f_n(x)$ eine konvergente Reihe, ist dagegen $\lim_{x \to +\infty} x^n R_n(x) = 0$ für alle festen n, während über $\lim_{n \to +\infty} R_n(x)$ nichts vorausgesetzt wird, dann ist $\sum_{n=1}^{\infty} f_n(x)$ eine asymptotische Reihe.

2. Bernoullische Polynome. Asymptotische Reihen treten zum erstenmal im Zusammenhang mit der Eulerschen Summenformel auf, die wir jetzt betrachten wollen. Wir folgen dabei den Darstellungen von W. Wirtinger[4]),

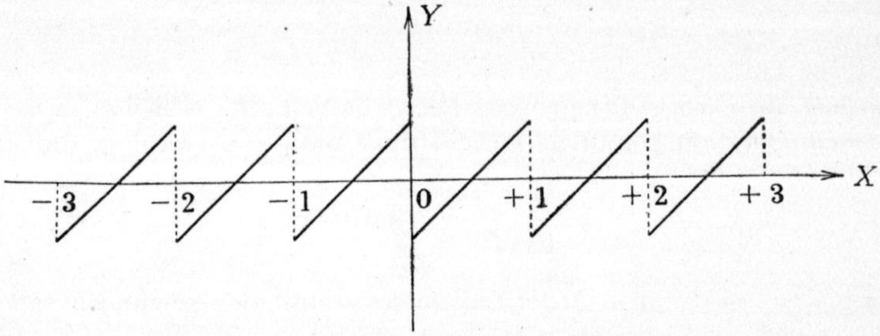

Abb. 1

K. Knopp[5]) und G. Kowalewski[6]) und untersuchen vorerst einige Funktionen, die später verwendet werden.

Die Funktion $B_1(x) = x - [x] - \frac{1}{2}$ ist durch das Schaubild der Abb. 1 gegeben. An den Sprungstellen $0, \pm 1, \pm 2, \ldots$ hat sie definitionsgemäß

[1]) L. Euler, Petrop. Comm. **11** (1739 [50]), S. 116—127 oder Werke (1) **14**, S. 350 bis 363.

[2]) A. M. Legendre, Exerc. de calc. intégr. **1**, S. 267.

[3]) H. Poincaré, Acta math. **8** (1886), S. 295—344.

[4]) W. Wirtinger, Acta math. **26** (1902), S. 255—271.

[5]) K. Knopp, Theorie und Anwendung der unendlichen Reihen, 4. Aufl., Kap. 14, Berlin 1947.

[6]) G. Kowalewski, Interpolation und genäherte Quadratur, Kap. 3 und 4, Leipzig und Berlin 1932.

immer den Wert $-\frac{1}{2}$, die Größe des Sprunges ist 1. Sie ist periodisch mit der Periode 1, ungerade und außer in den genannten Sprungstellen samt ihren Ableitungen stetig. Sie läßt sich daher nach den Betrachtungen der Einleitung in eine Fouriersche Reihe entwickeln, die in jedem die Sprungstellen nicht enthaltenden abgeschlossenen Intervall gleichmäßig konvergiert (weil die Funktion ungerade ist, fallen die Kosinusglieder weg), nämlich

$$B_1(x) = \sum_{n=1}^{\infty} c_n \sin 2 n \pi x,$$

dabei ist

$$c_n = 2 \int_0^1 B_1(x) \sin 2 n \pi x \, d x = 2 \int_0^1 x \sin 2 n \pi x \, d x$$

$$= -\left[\frac{x \cos 2 n \pi x}{n \pi}\right]_0^1 = -\frac{1}{n \pi},$$

also

$$B_1(x) = -\sum_{n=1}^{\infty} \frac{\sin 2 n \pi x}{n \pi}.$$

Wenn wir diese Reihe fortwährend gliedweise integrieren, erhalten wir lauter durchwegs stetige Funktionen, die Sprungstellen von $B_1(x)$ sind nicht mehr vorhanden. Es ergibt sich so

$$B_2(x) = \int B_1(x) \, d x = \sum_{n=1}^{\infty} \frac{\cos 2 n \pi x}{2 n^2 \pi^2},$$

$$B_3(x) = \int B_2(x) \, d x = \sum_{n=1}^{\infty} \frac{\sin 2 n \pi x}{2^2 n^3 \pi^3}$$

usw., allgemein

$$(1) \qquad B_{2k}(x) = (-1)^{k-1} \sum_{n=1}^{\infty} \frac{\cos 2 n \pi x}{2^{2k-1} n^{2k} \pi^{2k}},$$

$$B_{2k+1}(x) = (-1)^{k-1} \sum_{n=1}^{\infty} \frac{\sin 2 n \pi x}{2^{2k} n^{2k+1} \pi^{2k+1}};$$

dabei ist

$$(2) \qquad B_k(x) = \frac{d B_{k+1}(x)}{d x}$$

und die Integrationskonstante immer so bestimmt, daß

$$(3) \qquad \int_0^1 B_k(x) \, d x = 0.$$

Die absoluten Beträge der Glieder in der Reihe für $B_k(x)$ sind nach (1) $< \frac{1}{n^k}$, d. h. die Reihen konvergieren für $k \geqq 2$ absolut und gleichmäßig für alle Werte von x in jedem noch so großen Intervall, die betreffenden Funktionen sind also, wie wir schon erkannt haben, für alle x stetig. Nur die erste der Funktionen $B_1(x)$ hat die erwähnten Sprungstellen $0, \pm 1, \pm 2 \ldots$ Alle diese Funktionen haben die Periode 1, die mit geradem Zeiger sind gerade, die anderen ungerade.

Wir betrachten daher die Funktionen $B_k(x)$ nur im Intervall $0 \leqq x \leqq 1$. Der Einfachheit halber wollen wir hier, abweichend von der obigen Definition, $B_1(1) = \frac{1}{2}$ setzen. Dann ist in unserem Intervall $B_1(x) = x - \frac{1}{2}$. Gemäß (2) kann man die Funktionen so erhalten, daß man, von $B_0(x) = 1$ ausgehend, immer die unbestimmten Integrale bildet und die Integrationskonstante nach (3) bestimmt, den Funktionen also im Intervall (0, 1) den Mittelwert Null vorschreibt. So erhält man der Reihe nach

$$B_0(x) = 1,$$
$$B_1(x) = x - \tfrac{1}{2},$$
$$B_2(x) = \tfrac{1}{2}x^2 - \tfrac{1}{2}x + \tfrac{1}{12},$$
$$B_3(x) = \tfrac{1}{6}x^3 - \tfrac{1}{4}x^2 + \tfrac{1}{12}x,$$
$$\ldots\ldots\ldots\ldots\ldots\ldots\ldots\ldots$$

Wir können aber auch so vorgehen, daß wir die neue Veränderliche $u = x - \frac{1}{2}$ einführen. Das Intervall $0 \leqq x \leqq 1$ geht dabei in das Intervall $-\frac{1}{2} \leqq u \leqq \frac{1}{2}$ über. Ferner ist allgemein

$$B_{k+1}(x) = \Phi_{k+1}(u) + C_{k+1} \text{ mit } \Phi_{k+1}(0) = 0,$$

$$\Phi'_{k+1}(u) = B_k(x), \quad C_{k+1} = -\int_{-\frac{1}{2}}^{+\frac{1}{2}} \Phi_{k+1}(u)\,du,$$

daher

$$B_1(x) = u,$$
$$B_2(x) = \tfrac{1}{2}u^2 - \tfrac{1}{24},$$

weil $C_2 = -\int_{-\frac{1}{2}}^{+\frac{1}{2}} \frac{1}{2}u^2\,du = -\frac{1}{24}$ ist,

$$B_3(x) = \tfrac{1}{6}u^3 - \tfrac{1}{24}u,$$

weil $C_3 = -\int_{-\frac{1}{2}}^{+\frac{1}{2}} \left(\frac{1}{6}u^3 - \frac{1}{24}u\right)du = 0$ ist, denn der Integrand ist ungerade.

Wenn wir so fortfahren, erhalten wir folgendes Ergebnis: $B_k(x)$ ist ein Polynom k-ten Grades von u und daher auch von x, und zwar enthält es nur gerade Potenzen von u, wenn k gerade, dagegen nur ungerade Potenzen von u, wenn k ungerade ist. Man nennt die Polynome $B_k(x)$, weil sie zuerst bei Jakob Bernoulli[1]) auftreten, Bernoullische Polynome. Die Schaubilder von $B_k(x)$ für gerades k sind also spiegelbildlich zur Geraden $x = \frac{1}{2}$, für ungerades k spiegelbildlich zum Punkt $(\frac{1}{2}, 0)$.

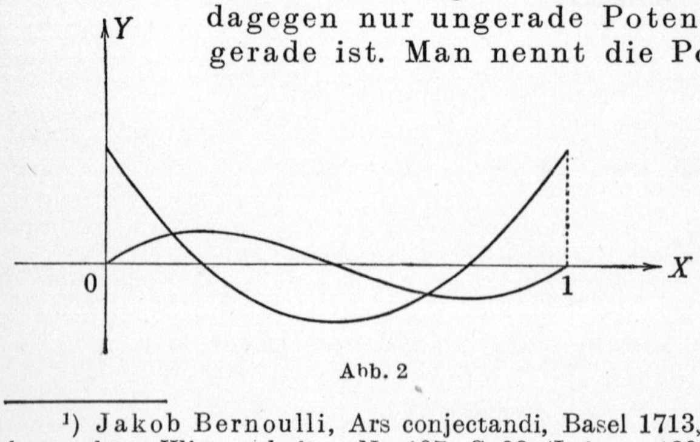

Abb. 2

[1]) Jakob Bernoulli, Ars conjectandi, Basel 1713, S. 96 oder Ostwalds Klassiker der exakten Wissenschaften Nr. 107, S. 99 (Leipzig 1899).

Abb. 2 zeigt die Schaubilder von $B_2(x)$ und $B_3(x)$. Die Koeffizienten der einzelnen Potenzen von u oder x sind rationale Zahlen.

Aus den Formeln (1) folgt für $k \geqq 1$

$$B_{2k+1}(0) = B_{2k+1}(\tfrac{1}{2}) = B_{2k+1}(1) = 0,$$

$$B_{2k}(0) = B_{2k}(1) = \frac{(-1)^{k-1}}{2^{2k-1}\pi^{2k}} \sum_{n=1}^{\infty} \frac{1}{n^{2k}},$$

daher

$$\sum_{n=1}^{\infty} \frac{1}{n^{2k}} = (-1)^{k-1} 2^{2k-1} \pi^{2k} B_{2k}(0).$$

Wir setzen

$$B_n = n!\, B_n(0). \tag{4}$$

Die Zahlen B_n pflegt man als Bernoullische Zahlen zu bezeichnen. Sie sind rational, weil $B_n(0)$ rational ist. Es ist

$$B_0 = 1, \quad B_1 = -\tfrac{1}{2}, \quad B_{2k+1} = 0 \qquad (k = 1, 2, 3, \ldots).$$

$\sum_{n=1}^{\infty} \frac{1}{n^{2k}}$ konvergiert gleichmäßig bezüglich k für $k \geqq 1$, daher ist

$$\lim_{k \to +\infty} \left(1 + \frac{1}{2^{2k}} + \frac{1}{3^{2k}} + \cdots\right) = 1,$$

also $\lim_{k \to +\infty} B_{2k}(0) = 0$ und

$$\lim_{k \to +\infty} |B_{2k}| = \lim_{k \to +\infty} \frac{(2k)!}{2^{2k-1}\pi^{2k}} = +\infty. \tag{5}$$

(Die letzte Beziehung ergibt sich aus II, 6, 10.) Für die ersten Bernoullischen Zahlen B_{2k} erhält man

$$B_2 = \frac{1}{6}, \quad B_4 = -\frac{1}{30}, \quad B_6 = \frac{1}{42}, \quad B_8 = -\frac{1}{30}, \quad B_{10} = \frac{5}{66},$$

$$B_{12} = -\frac{691}{2730}, \quad B_{14} = \frac{7}{6}, \quad B_{16} = -\frac{3617}{510},$$

$$B_{18} = \frac{43867}{798}, \quad B_{20} = -\frac{174611}{330}.$$

Nach (1) ist

$$|B_{2k}(\tfrac{1}{2})| < |B_{2k}(0)|. \tag{6}$$

Aus den erwähnten Eigenschaften der Bernoullischen Polynome ergibt sich für $n \geqq 1$, $k \geqq 0$, wenn wir teilweise integrieren,

$$\int_0^1 B_n(x) B_{n+2k}(x)\, dx = -\int_0^1 B_{n+1}(x) B_{n+2k-1}(x)\, dx$$

$$= \int_0^1 B_{n+2}(x) B_{n+2k-2}(x)\, dx = (-1)^k \int_0^1 B_{n+k}(x)^2\, dx \neq 0$$

und

$$\int_0^1 B_n(x)\, B_{n+2k+1}(x)\, dx = 0.$$

Denn führen wir in diesem Integral die Veränderliche u ein, so erhalten wir ein Polynom, das nur ungerade Potenzen von u enthält und zwischen $-\frac{1}{2}$ und $+\frac{1}{2}$ zu integrieren ist. Ferner ist

$$\int_0^1 B_0(x)\,B_n(x)\,dx = 0, \quad \int_0^1 B_0(x)^2\,dx = 1.$$

Die Bernoullischen Polynome sind also keine orthogonalen Funktionen im Intervall $0 \leqq x \leqq 1$.

Weil $B_k(x)$ vom k-ten Grad in x ist, lassen sich die einzelnen Potenzen von x durch die $B_k(x)$ ausdrücken, und zwar ist

$$x^n = \sum_{m=0}^{n} a_m B_m(x).$$

Ferner ergibt sich leicht die lineare Unabhängigkeit der Bernoullischen Polynome, denn eine Identität $\sum_{m=0}^{n} b_m B_m(x) = 0$ bei beliebigem n würde $b_m = 0$ für $m = n, n-1, n-2, \ldots, 0$ nach sich ziehen: Weil nämlich $B_n(x)$ gerade vom n-ten Grad in x ist, müßte $b_n = 0$ sein, damit x^n wegfalle, dann aus denselben Gründen $b_{n-1} = 0$, usw.

3. Nullstellen der Bernoullischen Polynome. Die Bernoullischen Polynome mit ungeradem Zeiger haben nach Ziffer 2 die drei Nullstellen 0, $\frac{1}{2}$, 1. $B_1(x)$ bildet eine Ausnahme, denn wie aus seiner Definition hervorgeht, ist $B_1(0) = -\frac{1}{2}$, $B_1(1) = \frac{1}{2}$, die einzige Nullstelle ist $\frac{1}{2}$. Man sieht leicht ein, daß die Bernoullischen Polynome $B_3(x)$, $B_5(x)$, ..., nur die Nullstellen 0, $\frac{1}{2}$, 1 haben. Hätte nämlich $B_{2k+1}(x)$ nicht nur eine Nullstelle zwischen 0 und 1, sondern mindestens deren zwei, a und b, $(0 < a < b < 1)$, so hätte $B_{2k}(x)$ als Ableitung von $B_{2k+1}(x)$ nach einem bekannten Satz der Differentialrechnung mindestens drei Nullstellen α, β, γ, die der Ungleichung $0 < \alpha < a < \beta < b < \gamma < 1$ genügen. Die Ableitung $B_{2k-1}(x)$ hätte dann sicher eine zwischen α und β und eine zwischen β und γ liegende Nullstelle, also ebenso wie $B_{2k+1}(x)$ zwei zwischen 0 und 1 gelegene Nullstellen. So könnten wir weiter schließen und würden zu dem Widerspruch gelangen, daß schließlich auch $B_1(x)$ zwei zwischen 0 und 1 gelegene Nullstellen hat. Damit ist die Behauptung bewiesen.

$B_{2k}(x)$ hat als Ableitung von $B_{2k+1}(x)$ nach dem eben benützten Satz der Differentialrechnung mindestens eine zwischen 0 und $\frac{1}{2}$ und eine zwischen $\frac{1}{2}$ und 1 liegende Nullstelle, die wegen der in Ziffer 2 erkannten Symmetrieeigenschaft von $B_{2k}(x)$ spiegelbildlich zum Punkt $(\frac{1}{2}, 0)$ liegen. Außer diesen Nullstellen hat $B_{2k}(x)$ einschließlich der Grenzen 0 und 1 keine weiteren. Hätte nämlich $B_{2k}(x)$ drei Nullstellen, so hätte $B_{2k-1}(x)$ mindestens zwei zwischen 0 und 1 liegende Nullstellen, im Widerspruch zu dem eben bewiesenen Satz. Die Bernoullischen Polynome $B_2(x)$, $B_4(x)$, ... haben also nur zwei Nullstellen, sie liegen im Innern des Intervalls (0, 1) spiegelbildlich zu seiner Mitte. Sämtliche Nullstellen der Bernoullischen Polynome sind einfach, weil niemals gleichzeitig $B_k(x)$ und $B_{k+1}(x)$ verschwinden.

$B_{2k}(x)$ hat seine größten und kleinsten Werte an den Stellen 0, $\frac{1}{2}$, 1, den Nullstellen von $B_{2k-1}(x)$. $B_{2k}(x)$ verläuft monoton zwischen 0 und $\frac{1}{2}$, hat also nach (2, 1) für gerades k die Gestalt der Abb. 3, für ungerades k die der Abb. 4 (ausgenommen $k = 1$, siehe Abb. 2). Die entsprechende Kurve hat nach (2, 2) zwei Wendepunkte an den Nullstellen von $B_{2k-2}(x)$. $B_{2k+1}(x)$ hat seinen größten und kleinsten Wert an den Nullstellen von $B_{2k}(x)$ und wächst in der Umgebung von $x = 0$, wenn $B_{2k}(0) > 0$, nimmt dagegen ab, wenn $B_{2k}(0) < 0$ ist, hat daher für gerades k die Gestalt der Abb. 5, für ungerades die der Abb. 6. Wegen (2, 6) ist daher $|B_{2k}(x)| \leqq |B_{2k}(0)|$.

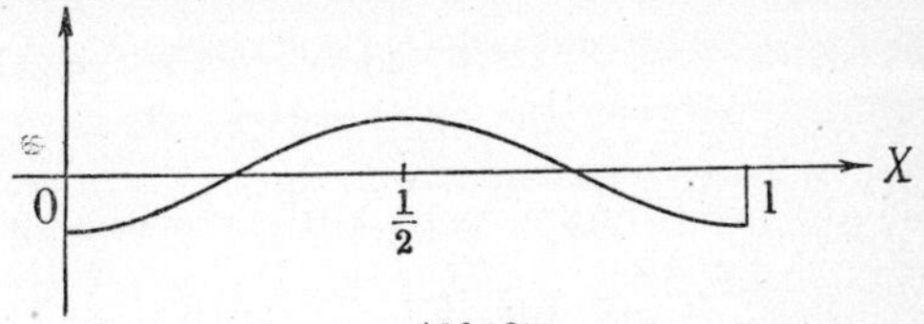

Abb. 3

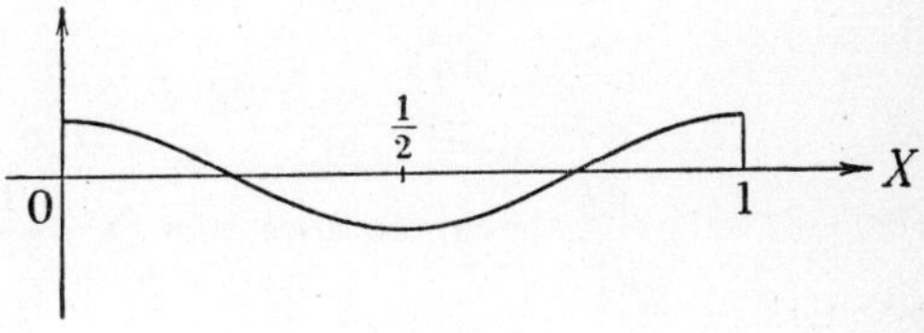

Abb. 4

Für die Nullstellen der Bernoullischen Polynome gilt folgender Satz[1]): Die zwischen 0 und $\frac{1}{2}$ gelegenen Nullstellen von $B_{2k}(x)$ nehmen mit wachsendem k fortwährend zu und haben für $k \to +\infty$ den Grenzwert $\frac{1}{4}$.

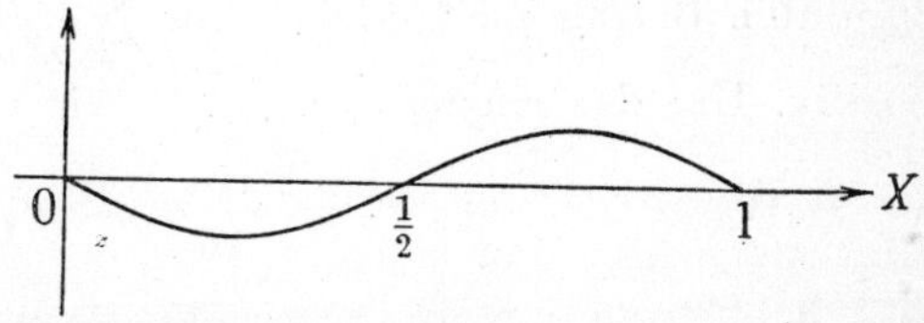

Abb 5.

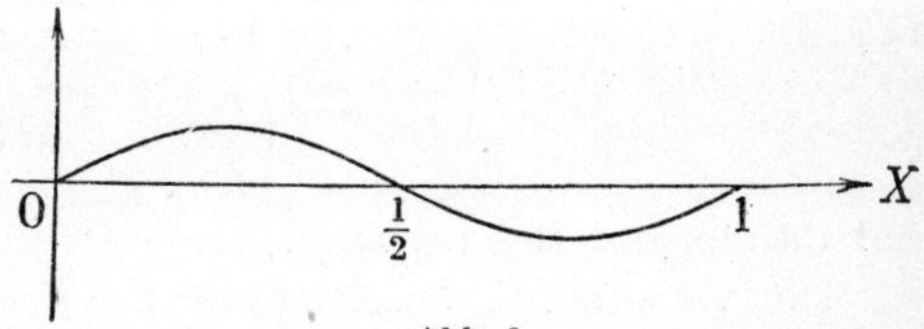

Abb. 6

Wir beweisen den Satz in mehreren Schritten.

1. $F(x, k) = \sum_{n=1}^{\infty} \frac{\cos 2n\pi x}{n^{2k}}$ konvergiert absolut und gleichmäßig für alle reellen x und alle reellen $k \geqq 1$. Denn es ist $\left|\frac{\cos 2n\pi x}{n^{2k}}\right| \leqq \frac{1}{n^2}$ für $k \geqq 1$. Es ist also $\lim\limits_{k \to +\infty} F(x, k) = \cos 2\pi x$ und hat sonach zwischen 0 und $\frac{1}{2}$ die Nullstelle $\frac{1}{4}$.

2. $\frac{\partial F}{\partial x} = -2\pi \sum_{n=1}^{\infty} \frac{\sin 2n\pi x}{n^{2k-1}}$ für $k \geqq 2$. Denn die Reihe konvergiert absolut und gleichmäßig für alle reellen x und alle reellen $k \geqq 2$, weil $\left|\frac{\sin 2n\pi x}{n^{2k-1}}\right| \leqq \frac{1}{n^3}$ für $k \geqq 2$ ist. Aus ähnlichen Gründen ist

$$\frac{\partial F}{\partial k} = -2 \sum_{n=2}^{\infty} \frac{\ln n \cos 2n\pi x}{n^{2k}} \text{ für } k \geqq 2.$$

---

[1]) J. Lense, Mh. Math. Phys. **41** (1934), S. 188—190.

Ist also $F(\xi, k) = 0$, so gilt für alle reellen $k \geqq 2$

$$\frac{d\xi}{dk} = -\frac{\sum\limits_{n=2}^{\infty} \frac{\ln n}{n^{2k}} \cos 2n\pi\xi}{\pi \sum\limits_{n=1}^{\infty} \frac{\sin 2n\pi\xi}{n^{2k-1}}},$$

sobald der Nenner von Null verschieden ist.

3. $\frac{d\xi}{dk} > 0$ für $\xi = \frac{1}{4} - \varepsilon\,(0 \leqq \varepsilon \leqq \frac{1}{100})$ und $k \geqq 2$. Es ist nämlich

$$\frac{d\xi}{dk} = \frac{\frac{\ln 2}{2^{2k}} \cos 4\pi\varepsilon - \sum\limits_{n=3}^{\infty} \frac{\ln n}{n^{2k}} \cos\left(\frac{n\pi}{2} - 2n\pi\varepsilon\right)}{\pi \cos 2\pi\varepsilon + \pi \sum\limits_{n=2}^{\infty} \frac{1}{n^{2k-1}} \sin\left(\frac{\pi n}{2} - 2n\pi\varepsilon\right)}.$$

Der Nenner ist positiv, denn es ist $\cos 2\pi\varepsilon > 0{,}997$ und die Summe ihrem absoluten Betrag nach kleiner als $\sum\limits_{n=2}^{\infty} \frac{1}{n^3} < 0{,}203$. Aber auch der Zähler ist positiv. Um das einzusehen, gehen wir von der Ungleichung

$$\frac{\log 2 \cdot \cos 4\pi\varepsilon}{16} > \sum_{n=3}^{\infty} \frac{\log n}{n^4}$$

aus, deren Richtigkeit wir nachher gleich beweisen werden. Aus ihr folgt

$$\ln 2 \cdot \cos 4\pi\varepsilon > \sum_{n=3}^{\infty} \frac{\ln n}{\left(\frac{n}{2}\right)^4} > \sum_{n=3}^{\infty} \frac{\ln n}{\left(\frac{n}{2}\right)^{2k}} \cos\left(\frac{n\pi}{2} - 2n\pi\varepsilon\right)$$

und daraus die Behauptung.

Die verwendete Ungleichung kann man so beweisen:

$$\frac{\log 2 \cdot \cos 4\pi\varepsilon}{16} > 0{,}01886 \text{ wegen } 0 \leqq \varepsilon \leqq \tfrac{1}{100};$$

ferner ist $\sum\limits_{n=3}^{\infty} \frac{\log n}{n^4} < \sum\limits_{n=3}^{12} \frac{\log n}{n^4} + \frac{\log 13}{13} \sum\limits_{n=13}^{\infty} \frac{1}{n^3} < 0{,}01119$, weil $\frac{\log n}{n}$ abnimmt, wenn n wächst und $\geqq 3$ ist.

4. $F(\frac{1}{4}, k) = \sum\limits_{m=1}^{\infty} \frac{(-1)^m}{(2m)^{2k}} < 0$ für alle reellen $k \geqq 1$.

5. $B_2(x) = \frac{x^2}{2} - \frac{x}{2} + \frac{1}{12}$ hat zwischen 0 und $\frac{1}{2}$ die Nullstelle $\xi_2 = \frac{1}{2}\left(1 - \frac{1}{\sqrt{3}}\right) = 0{,}2113\ldots$, $B_4(x) = \frac{x^4}{24} - \frac{x^3}{12} + \frac{x^2}{24} - \frac{1}{720}$ im selben Intervall die Nullstelle $\xi_4 = \frac{1}{2} - \sqrt{\frac{1}{4} - \frac{1}{\sqrt{30}}} = 0{,}2403\ldots$ (man erhält sie durch die Substitution $x = u + \frac{1}{2}$); dabei ist $\xi_2 < \xi_4$ und $0 < \frac{1}{4} - \xi_4 < \frac{1}{100}$.

Nun beachten wir, daß $B_{2k}(x) = \frac{(-1)^{k-1}}{2^{2k-1}\pi^{2k}} F(x, k)$ für alle positiven ganzzahligen k ist. Zufolge 2., 3. und 5. wachsen daher die zwischen 0 und $\frac{1}{2}$ gelegenen Nullstellen von $B_{2k}(x)$ stetig mit wachsendem k für $k \geqq 2$. Weil sie $\frac{1}{4}$ wegen 4. nicht überschreiten können, haben sie zufolge 1. den Grenzwert $\frac{1}{4}$ für $k \to +\infty$. Damit ist der Satz bewiesen.

Bei dem Beweis wurden Teilsummen der Reihe $\sum_{n=1}^{\infty} \frac{1}{n^3}$ gebraucht. Um diese Summe zu berechnen, hat man ihre Reste abzuschätzen. Es ist

$$\sum_{n=1}^{\infty} \frac{1}{n^k} = \sum_{n=1}^{N-1} \frac{1}{n^k} + R_{N-1},$$

$$R_{N-1} = \sum_{n=N}^{\infty} \frac{1}{n^k} < N \frac{1}{N^k} + N \frac{1}{(2N)^k} + N \frac{1}{(3N)^k} + \cdots = \frac{1}{N^{k-1}} \sum_{n=1}^{\infty} \frac{1}{n^k},$$

also

$$N^{k-1}\left(\sum_{n=1}^{\infty} \frac{1}{n^k} - \sum_{n=1}^{N-1} \frac{1}{n^k}\right) < \sum_{n=1}^{\infty} \frac{1}{n^k}$$

oder

$$N^{k-1} \sum_{n=1}^{N-1} \frac{1}{n^k} > (N^{k-1} - 1) \sum_{n=1}^{\infty} \frac{1}{n^k},$$

daher

$$R_{N-1} < \frac{\sum_{n=1}^{N-1} \frac{1}{n^k}}{N^{k-1} - 1}.$$

Mit Hilfe dieser Abschätzungen ergibt sich

$$\sum_{n=1}^{\infty} \frac{1}{n^3} = 1{,}20205690\ldots.$$

4. Berechnung der Bernoullischen Polynome. Es möge hier eine Formel für die Bernoullischen Polynome angegeben werden, deren Richtigkeit leicht durch den Schluß von n auf $n+1$ einzusehen ist, nämlich

$$B_n(x) = \frac{1}{n!}(x + B)^n. \tag{1}$$

Dabei ist die Potenz symbolisch zu verstehen, d. h. man hat sie nach dem binomischen Lehrsatz auszurechnen und dann B^k durch die Bernoullische Zahl B_k zu ersetzen. Die Formel ist richtig, denn sie stimmt für $n = 0{,}1$. Ferner ist die Beziehung (2, 2) erfüllt und die Integrationskonstante richtig gewählt, denn $B_n(0) = \frac{B_n}{n!}$ in Übereinstimmung mit (2, 4). Aus (1) folgt auch eine Rekursionsformel für die Bernoullischen Zahlen. Es ist nämlich für $n \geqq 2$ wegen $B_n(1) - B_n(0) = 0$

$$(B + 1)^n - B^n = 0. \tag{2}$$

Aus dieser Formel (2) folgern wir

(3) $$e^{(B+1)t} - e^{Bt} = t.$$

Diese Gleichung ist so zu verstehen, daß die Potenz von e in die bekannte Potenzreihe entwickelt und hierauf immer B^k durch B_k ersetzt wird. Nun ist $e^{(B+1)t} = e^{Bt} \cdot e^t$. Denn die Beziehung ist richtig, wenn B als Unbestimmte vorausgesetzt wird. Ordnet man dann beide Seiten der Gleichung nach Potenzen von B, so sind die Koeffizienten gleich hoher Potenzen von B einander gleich und daher besteht die Beziehung auch, wenn B^k durch B_k ersetzt wird. Wir können also schreiben $e^{Bt}(e^t - 1) = t$, oder wenn wir noch mit e^{xt} multiplizieren und die eben gemachte Überlegung wiederholen,

$$e^{(B+x)t}(e^t - 1) = t\,e^{xt},$$

daher nach (1)

$$e^{(B+x)t} = \sum_{n=0}^{\infty} \frac{(B+x)^n}{n!} t^n = \sum_{n=0}^{\infty} B_n(x)\, t^n = \frac{t\,e^{xt}}{e^t - 1}.$$

Man gewinnt also die Bernoullischen Polynome als Koeffizienten der Potenzen von t in der Entwicklung

$$\frac{t\,e^{xt}}{e^t - 1} = \sum_{n=0}^{\infty} B_n(x) t^n.$$

Die singulären Stellen dieser Funktion sind die Nullstellen des Nenners, $t = 0$ ausgeschlossen, also $t = 2n\pi i$ ($n = \pm 1, \pm 2, \ldots$). Die Reihe konvergiert daher für $|t| < 2\pi$, und zwar gleichmäßig für jeden Wert von x in einem beliebig großen Kreis. Für $x = 0$ ergeben sich die Bernoullischen Zahlen nach (2, 4) als Koeffizienten der Potenzen von t in der Reihenentwicklung

$$\frac{t}{e^t - 1} = \sum_{n=0}^{\infty} B_n \frac{t^n}{n!}.$$

5. Eulersche Summenformel. $f(x)$ sei samt allen auftretenden Ableitungen stetig in den Intervallen, die im folgenden betrachtet werden. Durch teilweise Integration erhält man gemäß Ziffer 2 und 3 für $k = 0, 1, 2, \ldots$

$$\int_k^{k+1} f(x)\,dx = \int_k^{k+1} f(x)\,B_1'(x)\,dx = \tfrac{1}{2}[f(k) + f(k+1)] - \int_k^{k+1} B_1(x)\,f'(x)\,dx,$$

daher

(1) $$\int_0^m f(x)\,dx = \tfrac{1}{2}[f(0) + f(m)] + \sum_{k=1}^{m-1} f(k) - \int_0^m B_1(x) f'(x)\,dx,$$

ferner

(2) $$\int_0^m B_1(x) f'(x)\,dx = [B_2(x)\,f'(x)]_0^m - \int_0^m B_2(x)\,f''(x)\,dx$$

$$= B_2(0)[f'(m) - f'(0)] - [B_3(x)\,f''(x)]_0^m + \int_0^m B_3(x)\,f'''(x)\,dx$$

$$= \sum_{k=1}^{n} B_{2k}(0)\,[f^{(2k-1)}(m) - f^{(2k-1)}(0)] + R_n$$

mit

$$(3)\quad R_n = \int_0^m B_{2n+1}(x) f^{(2n+1)}(x)\,dx$$

$$= B_{2n+2}(0)[f^{(2n+1)}(m) - f^{(2n+1)}(0)] - \int_0^m B_{2n+2}(x) f^{(2n+2)}(x)\,dx$$

$$= -\int_0^m [B_{2n+2}(x) - B_{2n+2}(0)] f^{(2n+2)}(x)\,dx$$

$$= -f^{(2n+2)}(\vartheta m)\int_0^m [B_{2n+2}(x) - B_{2n+2}(0)]\,dx$$

$$= m B_{2n+2}(0) f^{(2n+2)}(\vartheta m) \qquad (0 < \vartheta < 1),$$

hiernach und aus (1) die sogenannte Eulersche Summenformel[1])

$$(4)\qquad \sum_{k=0}^{m}{}' f(k) = \int_0^m f(x)\,dx + \tfrac{1}{2}[f(0) + f(m)] + \int_0^m B_1(x) f'(x)\,dx$$

oder

$$(5)\qquad \sum_{k=0}^{m}{}' f(k) = \int_0^m f(x)\,dx + \tfrac{1}{2}[f(0) + f(m)]$$

$$+ \sum_{k=1}^{n} \frac{B_{2k}}{(2k)!}[f^{(2k-1)}(m) - f^{(2k-1)}(0)] + \frac{m B_{2n+2}}{(2n+2)!} f^{(2n+2)}(\vartheta m)$$

$$(0 < \vartheta < 1).$$

Als Beispiel wählen wir $f(x) = x^p$ (p positive ganze Zahl). Da $f^{(p)}(x) = p\,!$ und $f^{(n)}(x) = 0$ für $n > p$ ist, erhalten wir

$$\sum_{k=1}^{m}{}' k^p = \frac{m^{p+1}}{p+1} + \tfrac{1}{2} m^p + \frac{B_2}{2!} p\, m^{p-1} + \frac{B_4}{4!} p(p-1)(p-2) m^{p-3} + \cdots.$$

Die Reihe bricht mit der ersten oder zweiten Potenz von m ab. Wegen $B_1 = -\frac{1}{2}$ und $B_3 = B_5 = \cdots = 0$ ist daher

$$\sum_{k=1}^{m-1} k^p = \frac{1}{p+1}\left[m^{p+1} + \binom{p+1}{1} B_1 m^p + \binom{p+1}{2} B_2 m^{p-1} + \cdots\right]$$

oder nach der Bezeichnung von (4, 1)

$$1^p + 2^p + \cdots + (m-1)^p = \frac{1}{p+1}[(m+B)^{p+1} - B^{p+1}].$$

6. Abschätzung des Restgliedes. Hat $f^{(2k)}(x)$ im Intervall $0 < x < m$ keine Nullstellen und gleiches Zeichen für alle auftretenden k, so ist nach (5, 3) $R_n \neq 0$, ferner haben R_n und $-R_{n+1}$ gleiches Zeichen, also auch $R_n - R_{n+1}$ und R_n und es ist $|R_n| < |R_n - R_{n+1}|$. Weil wegen (5, 2) $R_n - R_{n+1}$ das erste vernachlässigte Glied der Reihe (5, 5) darstellt,

---

[1]) L. Euler, Petrop. Comm. **6** (1732/33 [38]), S. 68—97 oder Werke (1) **14**, S. 42 bis 72. Bei Euler fehlt das Restglied. Dieses wurde von Poisson hinzugefügt, siehe S. D. Poisson, Mém. Acad. sc. Inst. France **6** (1823), S. 571—602.

gilt folgender Satz: Das Restglied ist unter den gemachten Voraussetzungen über die Ableitungen von $f(x)$ dem absoluten Betrag nach kleiner als das erste vernachlässigte Glied und hat dasselbe Zeichen wie dieses.

Formel (5, 4) wird manchmal auch für $m \to +\infty$ gebraucht, falls die betreffenden Grenzwerte vorhanden sind. In diesem Fall kann man das Restglied in folgender Weise nach (5, 2) und (5, 3) abschätzen: $f(x)$ soll samt seinen Ableitungen für $x > 0$ und $x \to +\infty$ fortwährend zu- oder abnehmend nach Null streben. Jede der Ableitungen hat also ein festes Zeichen, insbesondere haben Ableitungen, deren Ordnungen sich um zwei unterscheiden, dasselbe Zeichen. Weil $B_{2n+1}(x)$ nach Ziffer 2 für ganzzahliges k spiegelbildlich zum Punkt $(k+\frac{1}{2}, 0)$ ist, gilt

$$\left|\int_k^{k+\frac{1}{2}} B_{2n+1}(x) f^{(2n+1)}(x)\, dx\right| > \left|\int_{k+\frac{1}{2}}^{k+1} B_{2n+1}(x) f^{(2n+1)}(x)\, dx\right|,$$

$\int_k^{k+1} B_{2n+1}(x) f^{(2n+1)}(x)\, dx$ hat daher wegen der Periodizität von $B_{2n+1}(x)$ dasselbe Zeichen wie $B_{2n+1}(x) f^{(2n+1)}(x)$ im Intervall $0 < x < \frac{1}{2}$, somit auch R_n, weil $R_n = \sum_{k=0}^{\infty} \int_k^{k+1} B_{2n+1}(x) f^{(2n+1)}(x)\, dx$ ist. Ebenso sieht man daraus, daß $R_n \neq 0$ ist. Weil aber das Zeichen von $B_{2n+1}(x)$ in dem genannten Intervall mit n abwechselt, das von $f^{(2n+1)}(x)$ dagegen nicht, wechseln auch die Zeichen der Restglieder mit n. Nun kann man ebenso schließen wie früher und erhält dasselbe Ergebnis.

7. Eulersche Konstante. Wir setzen in der Formel (5, 4) $f(x) = \dfrac{1}{x+1}$ und erhalten

$$\text{(1)} \qquad \sum_{k=0}^{m} \frac{1}{k+1} = \ln(m+1) + \tfrac{1}{2}\left(1 + \frac{1}{m+1}\right) - \int_0^m \frac{B_1(x)\, dx}{(x+1)^2},$$

daher

$$\text{(2)} \qquad \lim_{m \to +\infty} \left[\sum_{k=0}^{m} \frac{1}{k+1} - \ln(m+1)\right] = \tfrac{1}{2} - \int_0^\infty \frac{B_1(x)\, dx}{(x+1)^2} = C,$$

also

$$\text{(3)} \qquad \sum_{k=0}^{m} \frac{1}{k+1} = \ln(m+1) + C + \frac{1}{2(m+1)} + \int_m^\infty \frac{B_1(x)\, dx}{(x+1)^2}.$$

Es ist $C > 0$, denn nach (2) ist

$$C = \lim_{m \to +\infty} \left[1 + \tfrac{1}{2} + \cdots + \frac{1}{m} - \ln(m+1)\right] + \lim_{m \to +\infty} \ln \frac{m+1}{m}$$

$$= \sum_{k=1}^{\infty} \left(\frac{1}{k} - \int_k^{k+1} \frac{dx}{x}\right),$$

und jedes Glied dieser Summe ist positiv. C bezeichnet man als Eulersche[1]) Konstante.

Um C bequem berechnen zu können, formen wir das Integral in (2) um. Es ist

$$\int_k^{k+1} \frac{B_1(x)\,dx}{(x+1)^2} = \int_k^{k+1} \frac{x-k-\frac{1}{2}}{(x+1)^2}\,dx$$

$$= \int_k^{k+1} \frac{dx}{x+1} - \left(k+\frac{3}{2}\right)\int_k^{k+1} \frac{dx}{(x+1)^2}$$

$$= \ln\frac{k+2}{k+1} - \frac{k+\frac{3}{2}}{(k+1)(k+2)}$$

$$= -\ln\left(1-\frac{1}{k+2}\right) - \frac{1}{k+1}\left[1-\frac{1}{2(k+2)}\right],$$

somit

$$C = \frac{5}{4} + \sum_{k=1}^{\infty}\left[\frac{1}{k+1} + \ln\left(1-\frac{1}{k+1}\right) - \frac{1}{2(k+1)(k+2)}\right].$$

Ferner ist

$$\sum_{k=1}^{\infty} \frac{1}{(k+1)(k+2)} = \sum_{k=1}^{\infty}\left(\frac{1}{k+1} - \frac{1}{k+2}\right) = \frac{1}{2},$$

$$\frac{1}{k+1} + \ln\left(1-\frac{1}{k+1}\right) = -\sum_{n=2}^{\infty} \frac{1}{n(k+1)^n},$$

hiermit, wenn wir $S_n = \sum_{k=1}^{\infty} \frac{1}{k^n}$ setzen,

$$C = 1 - \tfrac{1}{2}(S_2 - 1) - \tfrac{1}{3}(S_3 - 1) - \cdots \text{[2]}).$$

Auf 10 Dezimalstellen ergibt sich $C = 0{,}5772156649$.

Wir formen jetzt noch das Integral in (3) durch teilweise Integration um. Es ist

$$(4) \qquad \int_m^{\infty} \frac{B_1(x)\,dx}{(x+1)^2} = -\frac{B_2(0)}{(m+1)^2} + 2!\int_m^{\infty} \frac{B_2(x)\,dx}{(x+1)^3}$$

$$= -\frac{B_2(0)}{(m+1)^2} + 3!\int_m^{\infty} \frac{B_3(x)\,dx}{(x+1)^4}$$

$$= -\sum_{k=1}^{n} \frac{B_{2k}}{2k(m+1)^{2k}} + R_n,$$

---

[1]) L. Euler Petrop. Comm. **7** (1734/35 [40]), S. 156 oder Werke (1) **14**, S. 94.
[2]) L. Euler, Petrop. Acta 5 (1781 [85]), S. 49 oder Werke (1) **15**, S. 573.

dabei ist

$$R_n = (2\,n)! \int\limits_m^\infty \frac{B_{2n}(x)\,dx}{(x+1)^{2n+1}} = (2\,n+1)! \int\limits_m^\infty \frac{B_{2n+1}(x)\,dx}{(x+1)^{2n+2}}.$$

Da $f(x)$ die Voraussetzungen erfüllt, die wir bei der Abschätzung von R_n in Ziffer 6 gemacht haben, können wir dieselben Überlegungen anstellen und erhalten $R_n = -\frac{\vartheta\, B_{2n+2}}{(2\,n+2)(m+1)^{2n+2}}$ $(0 < \vartheta < 1)$. Die Reihe (4) ist ein Beispiel für eine asymptotische Reihe. Denn

$$\lim_{k\to+\infty} \frac{|B_{2k}|}{2\,k\,(m+1)^{2k}} = \lim_{k\to+\infty} \frac{(2\,k-1)!}{2^{2k-1}\pi^{2k}(m+1)^{2k}} = +\infty$$

nach (2, 5) und (II, 6, 10). Die Reihe divergiert somit. Ferner ist $\lim\limits_{m\to+\infty} (m+1)^{2n} R_n = 0$ für alle festen n, d. h. (4) ist eine asymptotische Reihe (x in Ziffer 1 ist hier durch $(m+1)^2$ zu ersetzen).

8. Näherungsweise Berechnung bestimmter Integrale. $f(x)$ sei samt allen auftretenden Ableitungen stetig in den Intervallen, die im folgenden betrachtet werden. Wir suchen $\int\limits_a^b f(x)\,dx$ dadurch näherungsweise zu berechnen, daß wir dieses Integral durch eine homogene lineare Funktion derjenigen Werte ersetzen, welche die Funktion $f(x)$ an passend gewählten, zwischen a und b gelegenen Stellen annimmt.

Wir können ohne Beschränkung der Allgemeinheit statt des Intervalls (a, b) das Intervall $(0, 1)$ zugrunde legen. Setzen wir nämlich $x = a + (b-a)\,t$, so entspricht jedem Wert von t im Intervall $0 \leqq t \leqq 1$ umkehrbar eindeutig ein Wert von x im Intervall $a \leqq x \leqq b$. Ferner seien $c_1 < c_2 < \cdots < c_m$ zwischen 0 und 1 gelegen, wobei gegebenenfalls c_1 mit 0 und c_m mit 1 zusammenfallen kann. Wir wollen also $\int\limits_0^1 f(x)\,dx$ angenähert durch $\sum\limits_{\mu=1}^{m} A_\mu f(c_\mu)$ ersetzen, daher

$$\int\limits_0^1 f(x)\,dx = \sum_{\mu=1}^{m} A_\mu f(c_\mu) + R_n \tag{1}$$

schreiben. Die c_μ und A_μ denken wir uns so gewählt, daß $R_n = 0$ ist, wenn $f(x)$ ein Polynom in x ist, das den n-ten Grad nicht erreicht.

Wenn wir $f(x)$ nach dem Taylorschen Satz entwickeln, erhalten wir

$$f(x) = f(0) + x\,f'(0) + \frac{x^2}{2!} f''(0) + \cdots + \frac{x^{n-1}}{(n-1)!} f^{(n-1)}(0) \tag{2}$$

$$+ \frac{1}{(n-1)!} \int\limits_0^x f^{(n)}(t)\,(x-t)^{n-1}\,dt,$$

daher, wenn wir diese Formel auf $\int_0^x f(t)\,dt$ statt auf $f(x)$ anwenden und im letzten Glied teilweise integrieren,

$$(3)\qquad \int_0^x f(t)\,dt = x f(0) + \frac{x^2}{2!} f'(0) + \frac{x^3}{3!} f''(0) + \cdots + \frac{x^n}{n!} f^{(n-1)}(0) + \frac{1}{n!} \int_0^x f^{(n)}(t)(x-t)^n\,dt .$$

Soll $R_n = 0$ sein, sobald $f(x)$ irgendein Polynom ist, das den n-ten Grad nicht erreicht, so muß nach (1)

$$f(0) + \tfrac{1}{2} f'(0) + \cdots + \frac{1}{n!} f^{(n-1)}(0) = \sum_{\mu=1}^{m} A_\mu \left[f(0) + c_\mu f'(0) + \cdots + \frac{c_\mu^{n-1}}{(n-1)!} f^{(n-1)}(0) \right]$$

sein. Da diese Gleichung für alle solchen Polynome gelten soll und $f(0)$, $f'(0), \ldots, \frac{1}{(n-1)!} f^{(n-1)}(0)$ die Koeffizienten dieser Polynome sind, so muß

$$(4)\qquad \sum_{\mu=1}^{m} c_\mu^{k-1} A_\mu = \frac{1}{k} \qquad (k = 1, 2, \ldots, n)$$

sein. Wie man m, die c_μ und A_μ im besonderen wählen wird, vgl. z. B. (V, 20).

Es ergibt sich jetzt für eine beliebige Funktion $f(x)$ aus (1)—(4)

$$R_n = \frac{1}{n!} \int_0^1 f^{(n)}(t)(1-t)^n\,dt - \frac{1}{(n-1)!} \sum_{\mu=1}^{m} A_\mu \int_0^{c_\mu} f^{(n)}(t)(c_\mu - t)^{n-1}\,dt .$$

Diese Formel können wir in der Gestalt

$$(5)\qquad R_n = \int_0^1 f^{(n)}(t)\,\psi_n(t)\,dt$$

schreiben, wobei $\psi_n(t)$ in jedem der Intervalle

$$c_{\mu-1} < t < c_\mu \; (\mu = 0, 1, 2, \ldots, m+1; \quad c_0 = 0, \; c_{m+1} = 1)$$

durch ein bestimmtes Polynom n-ten Grades definiert ist. Mit Hilfe von (5) wird aus (1)

$$(6)\qquad \int_0^1 f(x)\,dx = \sum_{\mu=1}^{m} A_\mu f(c_\mu) + \int_0^1 f^{(n)}(x)\,\psi_n(x)\,dx .$$

Die Formel (6) gestattet uns nun $\psi_n(x)$ zu berechnen. $\psi_n(x)$ und seine Ableitung sind nämlich abteilungsweise stetige Funktionen, die an den Stellen c_μ endliche Unstetigkeitssprünge haben können; $\psi_n(x)$ läßt sich daher nach den Sätzen der Einleitung im Intervall $0 \leqq x \leqq 1$ in eine Fouriersche Reihe entwickeln:

$$\psi_n(x) = \frac{a_0}{2} + \sum_{k=1}^{\infty} (a_k \cos 2\,k\pi x + b_k \sin 2\,k\pi x),$$

wobei

$$(7) \qquad \left\{ \begin{aligned} a_k &= 2 \int_0^1 \psi_n(t) \cos 2\,k\pi t\,dt \\ b_k &= 2 \int_0^1 \psi_n(t) \sin 2\,k\pi t\,dt \end{aligned} \right. \qquad (k = 0, 1, 2, \ldots)$$

ist. Die Koeffizienten dieser Reihe lassen sich aber aus den Formeln (6) und (7) leicht berechnen, wenn man bedenkt, daß $\psi_n(x)$ von $f(x)$ nicht abhängt. Setzt man nämlich $f(x) = x^n$ in (6), so ergibt sich

$$\frac{a_0}{2} = \frac{1}{n!}\left(\frac{1}{n+1} - \sum_{\mu=1}^{m} A_\mu c_\mu^n\right).$$

Setzt man dagegen $f(x)$ einmal gleich $\cos 2\,k\pi x$, dann $\sin 2\,k\pi x$, so erhält man

$$\left.\begin{matrix} a_k \\ b_k \end{matrix}\right\} = (-1)^{p-1} \frac{2}{(2\,k\pi)^{2p}} \sum_{\mu=1}^{m} A_\mu \begin{matrix} \cos \\ \sin \end{matrix}\, 2\,k\pi c_\mu \text{ für gerades } n = 2\,p \text{ und}$$

$$\left.\begin{matrix} a_k \\ b_k \end{matrix}\right\} = (-1)^{p} \frac{2}{(2\,k\pi)^{2p+1}} \sum_{\mu=1}^{m} A_\mu \begin{matrix} \sin \\ \cos \end{matrix}\, (-2\,k\pi c_\mu) \text{ für ungerades } n = 2\,p+1,$$

daher mit Hilfe von (2, 1), wenn wir das Glied $\frac{a_0}{2}$, um die Abhängigkeit von n anzudeuten, mit α_n bezeichnen,

$$(8) \qquad \psi_n(x) = \alpha_n + \sum_{\mu=1}^{m} A_\mu B_n(c_\mu - x).$$

Formel (8) läßt sich in folgender Weise zur Verbesserung der Näherung benutzen: Wenn wir in (5) teilweise integrieren, erhalten wir gemäß Ziffer 2 und 3

$$\begin{aligned} R_n &= \int_0^1 f^{(n)}(t)\left[\alpha_n + \sum_{\mu=1}^{m} A_\mu B_n(c_\mu - t)\right] dt \\ &= \alpha_n\left[f^{(n-1)}(1) - f^{(n-1)}(0)\right] + \sum_{\mu=1}^{m} A_\mu \Big\{\left[-f^{(n)}(t)\, B_{n+1}(c_\mu - t)\right]_0^1 \\ &\quad + \int_0^1 f^{(n+1)}(t)\, B_{n+1}(c_\mu - t)\,dt\Big\} = \alpha_n\left[f^{(n-1)}(1) - f^{(n-1)}(0)\right] \\ &\quad - \left[f^{(n)}(1) - f^{(n)}(0)\right] \sum_{\mu=1}^{m} A_\mu B_{n+1}(c_\mu) + \sum_{\mu=1}^{m} A_\mu \int_0^1 f^{(n+1)}(t)\, B_{n+1}(c_\mu - t)\,dt. \end{aligned}$$

Berücksichtigen wir das erste Glied in diesem Ausdruck von R_n, so ist Formel (1) für die Polynome n-ten Grades genau. Nehmen wir auch noch das zweite Glied hinzu, so ist sie noch für Polynome $(n+1)$-ten Grades genau, da in diesem Falle $f^{(n+1)}(x)$ konstant und

$$\int_0^1 B_{n+1}(c_\mu - t)\,dt = 0$$

ist. Durch weitere teilweise Integration im letzten Glied von R_n kann man wie in Ziffer 5 fortfahren. Diese Entwicklung stammt von W. Wirtinger[1]).

II. Abschnitt

Gammafunktion

1. Produktdarstellung des Sinus. Im folgenden werden wir verschiedene Eigenschaften der Gammafunktion brauchen und wollen sie deshalb hier kurz beschreiben. Dazu ist vorerst die Darstellung des Sinus durch ein unendliches Produkt erforderlich. Wir betrachten die Reihe

$$\varphi(z) = \sum_{n=-\infty}^{+\infty} \frac{1}{(z-n)^2}.$$

Wie man sofort erkennt, ist

$$\varphi(z+1) = \varphi(z), \tag{1}$$

d. h. es genügt, die Funktion im Streifen $0 \leqq x \leqq 1$ zu betrachten, der von der imaginären Achse und der zu ihr durch den Punkt 1 gezogenen Parallelen begrenzt ist. Wir setzen $z = x + iy$. Es ist in dem genannten Streifen

$$\sum_{n=2}^{\infty} \frac{1}{|z-n|^2} = \sum_{n=2}^{\infty} \frac{1}{(x-n)^2 + y^2} \leqq \sum_{n=2}^{\infty} \frac{1}{(n-1)^2}$$

und

$$\sum_{n=2}^{\infty} \frac{1}{|z+n|^2} = \sum_{n=2}^{\infty} \frac{1}{(x+n)^2 + y^2} \leqq \sum_{n=2}^{\infty} \frac{1}{n^2}.$$

Schließen wir also in unserem Streifen die Punkte 0 und 1 durch kleine Kreise aus und bezeichnen den übrigbleibenden Teil des Streifens mit B, so konvergiert in B die Reihe für $\varphi(z)$ absolut und gleichmäßig. Daher ist $\varphi(z)$ wegen der Periodizitätseigenschaft (1) in der ganzen endlichen Ebene mit Ausnahme der Punkte $0, \pm 1, \pm 2, \ldots$ eine analytische Funktion von z. Da man wegen der gleichmäßigen Konvergenz gliedweise zur Grenze übergehen kann, erhält man $\lim\limits_{y \to \pm\infty} \varphi(z) = 0$ in B.

Wenn wir in der Reihe für $\varphi(z)$ das Glied $\frac{1}{z^2}$ weglassen, so wollen wir die übrigbleibende Summe mit $\sum\limits_{n=-\infty}^{+\infty}{}' \frac{1}{(z-n)^2}$ bezeichnen. Innerhalb eines

[1]) W. Wirtinger, Z. angew. Math. Mech. 13 (1933), S. 166—168.

Kreises K mit dem Mittelpunkt 0 und dem Halbmesser ϱ ist für hinreichend kleine ϱ

$$\sum_{n=-\infty}^{+\infty}{}' \frac{1}{|z-n|^2} \leqq 2 \sum_{n=1}^{\infty} \frac{1}{(n-\varrho)^2}$$

$$= 2 \sum_{n=1}^{\infty} \frac{1}{n^2\left(1-\frac{\varrho}{n}\right)^2} < \frac{2}{(1-\varrho)^2} \sum_{n=1}^{\infty} \frac{1}{n^2};$$

$\sum_{n=-\infty}^{+\infty}{}' \frac{1}{(z-n)^2}$ konvergiert also in K absolut und gleichmäßig, ist somit dort analytische Funktion von z, infolgedessen gilt in K die Entwicklung $\varphi(z) = \frac{1}{z^2} + \mathfrak{P}(z)$, wobei $\mathfrak{P}(z)$ eine nach positiven Potenzen von z fortschreitende Potenzreihe bedeutet. Nun ist in einer solchen Umgebung ebenso

$$\frac{\pi^2}{\sin^2 \pi z} = \frac{1}{z^2}\left(1 - \frac{\pi^2 z^2}{6} + \cdots\right)^{-2} = \frac{1}{z^2} + \mathfrak{P}_1(z),$$

somit $\psi(z) = \varphi(z) - \frac{\pi^2}{\sin^2 \pi z}$ analytisch für $z = 0$ und wegen der Periodizität auch für $z = \pm 1, \pm 2, \ldots$ Ferner ist

$$|\sin \pi z| = \left| \frac{e^{i\pi z} - e^{-i\pi z}}{2i} \right| \geqq \tfrac{1}{2} \left| e^{\pi y} - e^{-\pi y} \right|,$$

daher $\lim\limits_{y \to \pm\infty} \frac{1}{\sin \pi z} = 0$, also auch

$$\lim_{y \to \pm\infty} \psi(z) = 0. \tag{2}$$

In unserem Streifen bleibt also die Funktion $\psi(z)$ beschränkt. Wegen der Periodizitätseigenschaft (1) ist daher $\psi(z)$ in der ganzen Ebene beschränkt und analytisch, somit eine Konstante, und zwar Null gemäß (2).

Wir haben damit die Entwicklung

$$\frac{\pi^2}{\sin^2 \pi z} - \frac{1}{z^2} = \sum_{n=1}^{\infty} \frac{1}{(z-n)^2} + \sum_{n=1}^{\infty} \frac{1}{(z+n)^2}.$$

Sie konvergiert absolut und gleichmäßig für alle z, wenn wir die Punkte $\pm 1, \pm 2, \pm 3, \ldots$ durch entsprechend kleine Kreise vom Halbmesser ϱ und den Punkt ∞ durch einen genügend großen Kreis ausschließen. Denn es ist dann

$$\sum_{n=-\infty}^{+\infty}{}' \frac{1}{|z-n|^2} \leqq \sum_{n=-\infty}^{+\infty}{}' \frac{1}{(x-n)^2} < \frac{2}{\varrho^2} + 2 \sum_{n=1}^{\infty} \frac{1}{n^2}.$$

Wenn wir nach z integrieren, ergibt sich

$$-\int_0^z \left(\frac{\pi^2}{\sin^2 \pi u} - \frac{1}{u^2}\right) du = \pi \operatorname{ctg} \pi z - \frac{1}{z}$$

$$= \sum_{n=1}^{\infty} \left(\frac{1}{z-n} + \frac{1}{n}\right) + \sum_{n=1}^{\infty} \left(\frac{1}{z+n} - \frac{1}{n}\right) = \sum_{n=1}^{\infty} \left(\frac{1}{z-n} + \frac{1}{z+n}\right),$$

da $\lim\limits_{u \to 0} \left(\pi \operatorname{ctg} \pi u - \frac{1}{u}\right) = 0$ ist. Nochmalige Integration liefert

$$\int_0^z \left(\pi \operatorname{ctg} \pi u - \frac{1}{u}\right) du = \ln \sin \pi z - \ln z - \ln \pi$$

$$= \sum_{n=1}^{\infty} \left[\ln\left(1 - \frac{z}{n}\right) + \ln\left(1 + \frac{z}{n}\right)\right] = \sum_{n=1}^{\infty} \ln\left(1 - \frac{z^2}{n^2}\right),$$

somit

$$\sin \pi z = \pi z \prod_{n=1}^{\infty} \left(1 - \frac{z^2}{n^2}\right). \tag{3}$$

2. Definition. Im folgenden soll für Potenzen mit positiver Basis immer der Hauptwert genommen werden, d. h. der natürliche Logarithmus der Basis soll reell sein. Wir definieren die Gammafunktion mit L. Euler[1]) für $\Re(z) = x > 0$ durch die Formel

$$\Gamma(z) = \int_0^{\infty} e^{-t} t^{z-1}\, dt \quad (z = x + iy = re^{i\varphi}). \tag{1}$$

Im Bereich B: $x \geqq \varepsilon$, $|z| \leqq R$ (ε positiv beliebig klein, R beliebig groß) hat man für den absoluten Betrag des Integranden die Abschätzung $e^{-t} t^{x-1} \leqq e^{-t} t^{R-1}$ für alle hinreichend großen t und $e^{-t} t^{x-1} \leqq e^{-t} t^{\varepsilon-1}$ für alle hinreichend kleinen positiven t.

Das Integral konvergiert demnach in B absolut und gleichmäßig und ist daher eine analytische Funktion von z. Die Bezeichnung $\Gamma(z)$ stammt von Legendre[2]). Er führt dafür auch den Namen Eulersches Integral zweiter Art ein. Gauß[3]) schreibt $\Pi(z-1) = \Gamma(z)$.

Weil in B die Integrale $\int_0^1 e^{-t} t^{z-1}\, dt$, $\int_0^1 \sum_{n=0}^{N} \frac{(-1)^n}{n!} t^{n+z-1}\, dt$, $\int_0^1 t^{z-1}\, dt$ absolut konvergieren und die Reihe für e^{-t} gleichmäßig im Integrationsintervall konvergiert, können wir (1) in folgender Weise umformen[4]):

---

[1]) L. Euler, Instit. calc. integr. **4** (1781 [94]), S. 337 oder Werke (1) **19**, S. 217.

[2]) A. M. Legendre, Exercices de calcul intégral **2** (Paris 1814), S. 4.

[3]) C. F. Gauß, Werke **3**, S. 230 (aus dem Nachlaß).

[4]) Siehe z. B. J. Lense, Vorlesungen über höhere Mathematik, Leibniz Verlag München 1948 (im folgenden mit L bezeichnet), S. 229.

$$(2) \qquad \Gamma(z) = \int_0^1 \sum_{n=0}^{\infty} \frac{(-1)^n}{n!} t^{n+z-1}\, dt + \int_1^{\infty} e^{-t} t^{z-1}\, dt$$

$$= \sum_{n=0}^{\infty} \frac{(-1)^n}{n!} \frac{1}{z+n} + \int_1^{\infty} e^{-t} t^{z-1}\, dt.$$

Schließen wir die Punkte $z = 0, -1, -2, \ldots$ durch entsprechend kleine Kreise und den Punkt ∞ durch einen hinreichend großen Kreis aus, so konvergieren in (2) Reihe und Integral für alle übrigen z absolut und gleichmäßig, das Integral auch mit Einschluß der Stellen $0, -1, -2, \ldots$, d. h. $\Gamma(z)$ ist durch diese Formel analytisch über die ganze Ebene fortgesetzt. Die Gammafunktion ist demnach in der ganzen Ebene regulär mit Ausnahme der Punkte $z = 0, -1, -2 \ldots$. Diese Punkte sind einfache Pole mit den Residuen $\frac{(-1)^n}{n!}$. Der Punkt ∞ ist als Häufungsstelle dieser Pole eine wesentlich singuläre Stelle, $\Gamma(z)$ somit eine meromorphe Funktion.

In einer genügend kleinen Umgebung von $t = 0$ ist $|e^{-t} t^{z-1}|\,|t|^{1-\Re(z)}$ beschränkt und $1 - \Re(z) < 1$; ferner strebt $\int e^{-t} t^{z-1}\, dt$, erstreckt über den Kreisbogen $|t| = \varrho$, $0 \leqq |\operatorname{arc} t| \leqq \frac{\pi}{2} - \delta$ $(\delta > 0)$, für $\varrho \to +\infty$ gegen Null. Daher können wir den Integrationsweg (die positive reelle Achse) um einen spitzen Winkel um den Nullpunkt drehen, ohne den Wert des Integrals (1) zu ändern (L. S. 233).

3. Produktdarstellungen. Für positive p und t ist $e^{\frac{t}{p}} > 1 + \frac{t}{p}$, daher $e^{-t} < \left(1 + \frac{t}{p}\right)^{-p}$, somit nach (2, 1) für positive z, wenn wir $1 + \frac{t}{p} = \frac{1}{s}$ setzen,

$$\Gamma(z) < \int_0^{\infty} \left(1 + \frac{t}{p}\right)^{-p} t^{z-1}\, dt = p^z \int_0^1 s^{p-1-z} (1-s)^{z-1}\, ds.$$

Wir denken uns p so gewählt, daß $n = p - 1 - z$ eine positive ganze Zahl wird. Dann erhält man, wenn man fortgesetzt teilweise integriert,

$$(1) \qquad \int_0^1 s^n (1-s)^{z-1}\, ds = \frac{n}{z} \int_0^1 s^{n-1} (1-s)^z\, ds$$

$$= \frac{n}{z} \frac{n-1}{z+1} \cdots \frac{1}{z+n-1} \int_0^1 (1-s)^{z+n-1}\, ds = \frac{n!}{z(z+1)\ldots(z+n)},$$

somit

$$(2) \qquad \Gamma(z) < (z+n+1)^z \frac{n!}{z(z+1)\cdot\,\cdot(z+n)}.$$

Ähnlich ergibt sich

$$e^t \leqq 1 + t + t^2 + \cdots = \frac{1}{1-t} \quad \text{für } 0 \leqq t < 1,$$

daher $e^{-t} \geqq 1 - t$ für $0 \leqq t \leqq 1$ und $e^{-\frac{t}{n}} \geqq 1 - \frac{t}{n}$ für $0 \leqq t \leqq n$, hiernach, wenn wir $1 - \frac{t}{n} = s$ setzen,

$$\Gamma(z) > \int_0^n e^{-t} t^{z-1}\, dt > \int_0^n t^{z-1}\left(1 - \frac{t}{n}\right)^n dt = n^z \int_0^1 s^n (1-s)^{z-1} ds,$$

also schließlich nach (1)

$$\Gamma(z) > n^z \frac{n!}{z(z+1)\cdots(z+n)}. \tag{3}$$

Aus (2) und (3) folgern wir

$$\Gamma(z)\left(\frac{n}{z+n+1}\right)^z < \frac{n^z\, n!}{z\,(z+1)\cdots(z+n)} < \Gamma(z), \tag{4}$$

hiermit

$$\Gamma(z) = \lim_{n \to +\infty} \frac{n^z\, n!}{z\,(z+1)\cdots(z+n)}. \tag{5}$$

Diese Formel verwendete Gauß[1]) zur Definition der Gammafunktion.

Aus (5) folgern wir

$$\Gamma(z) = \lim_{n \to +\infty} \frac{n^{z-1}\, n!}{z\,(z+1), \ldots (z+n-1)}$$

$$= \lim_{n \to +\infty} \frac{n^{z-1}}{\left(1 + \frac{z-1}{1}\right)\left(1 + \frac{z-1}{2}\right)\cdots\left(1 + \frac{z-1}{n}\right)},$$

also nach (I, 7, 2)

$$\frac{1}{\Gamma(z)} = \prod_{n=1}^{\infty}\left(1 + \frac{z-1}{n}\right) e^{-\frac{z-1}{n}} \lim_{n \to +\infty} e^{(z-1)\left(1 + \frac{1}{2} + \cdots + \frac{1}{n} - \ln n\right)} \tag{6}$$

$$= e^{C(z-1)} \prod_{n=1}^{\infty}\left(1 + \frac{z-1}{n}\right) e^{-\frac{z-1}{n}}.$$

Weierstraß[2]) zeigte, daß dieses Produkt für beschränkte z gleichmäßig konvergiert. Damit ist die Gültigkeit der Gleichung (6) nach den Regeln der analytischen Fortsetzung für alle z gesichert. Weil (6) nur eine Umformung von (5) ist, gilt daher auch (5) für alle z, die Nullstellen von $\frac{1}{\Gamma(z)}$ natürlich ausgenommen. Zum Beweis vgl. Ziffer 7.

[1]) C. F. Gauß, Gott. Comm. **2** (1812) oder Werke **3**, S. 145.
[2]) K. Weierstraß, J. f. M. **51** (1856) oder Werke **1**, S. 153.

4. Funktionalgleichungen. Wenn wir in (2, 1) teilweise integrieren, erhalten wir

$$\Gamma(z) = \left[\frac{t^z}{z} e^{-t}\right]_0^\infty + \frac{1}{z}\int_0^\infty e^{-t} t^z dt = \frac{1}{z}\Gamma(z+1),$$

also

$$\Gamma(z+1) = z\,\Gamma(z) \tag{1}$$

(erste Funktionalgleichung der Gammafunktion). Nach (2, 1) ist ferner

$$\Gamma(1) = 1, \tag{2}$$

daher wegen (1) für alle positiven ganzzahligen n

$$\Gamma(n+1) = n!\,. \tag{3}$$

Den Formeln (3, 6) und (1, 3) entnehmen wir für $0 < z < 1$

$$\frac{1}{\Gamma(1+z)} = e^{Cz}\prod_{n=1}^{\infty}\left(1+\frac{z}{n}\right)e^{-\frac{z}{n}},$$

$$\frac{1}{\Gamma(1-z)} = e^{-Cz}\prod_{n=1}^{\infty}\left(1-\frac{z}{n}\right)e^{\frac{z}{n}},$$

$$\frac{1}{\Gamma(1+z)\,\Gamma(1-z)} = \prod_{n=1}^{\infty}\left(1-\frac{z^2}{n^2}\right) = \frac{\sin\pi z}{\pi z}$$

oder nach (1)

$$\Gamma(z)\,\Gamma(1-z) = \frac{\pi}{\sin\pi z}. \tag{4}$$

Das ist die zweite Funktionalgleichung, der die Gammafunktion genügt; sie liefert für $z = \frac{1}{2}$ die schon Euler bekannte Formel

$$\Gamma(\tfrac{1}{2}) = \sqrt{\pi}. \tag{5}$$

Das Vorzeichen der Wurzel muß nach (2, 1) positiv sein.

Die Gammafunktion genügt noch einer dritten Funktionalgleichung, die von Gauß[1]) herrührt. Wir gelangen zu ihr auf folgende Weise: Es sei m eine positive ganze Zahl und

$$G(z) = \Gamma(z)\,\Gamma\left(z+\frac{1}{m}\right)\cdots\Gamma\left(z+\frac{m-1}{m}\right).$$

Nach (3, 5) ist für positive z

$$\frac{1}{G(z)} = \lim_{n\to+\infty}\frac{1}{n^{mz+\frac{m-1}{2}}(n!)^m}\, z\left(z+\frac{1}{m}\right)\cdots$$

$$\left(z+\frac{m-1}{m}\right)(z+1)\left(z+1+\frac{1}{m}\right)\cdots\left(z+n+\frac{m-1}{m}\right)$$

[1]) C. F. Gauß, Werke 3, S. 149.

$$= \lim_{n \to +\infty} \frac{mz(mz+1)\cdots(mz+mn+m-1)}{n^{mz+\frac{m-1}{2}}(n!)^m m^{m(n+1)}},$$

$$\Gamma(mz) = \lim_{n \to +\infty} \frac{(mn)^{mz}(mn)!}{mz(mz+1)\cdots(mz+mn)},$$

daher

$$(6) \quad \frac{\Gamma(mz)}{G(z)} = m^{mz} \lim_{n \to +\infty} \frac{(mn)!(mz+mn+1)\cdots(mz+mn+m-1)}{n^{\frac{m-1}{2}}(n!)^m m^{m(n+1)}}$$

$$= m^{mz} \lim_{n \to +\infty} \frac{(mn)!\, n^{\frac{m-1}{2}}}{(n!)^m m^{m(n+1)}} \lim_{n \to +\infty} \left(m + \frac{mz+1}{n}\right) \cdots \left(m + \frac{mz+m-1}{n}\right)$$

$$= K m^{mz},$$

wo $K = \lim_{n \to +\infty} \dfrac{(mn-1)!\, n^{\frac{m+1}{2}}}{(n!)^m m^{mn}}$ ist.

Um K zu bestimmen, setzen wir $z = \dfrac{1}{m}$ und erhalten nach (2)

$$(7) \quad \frac{1}{Km} = \Gamma\left(\frac{1}{m}\right)\Gamma\left(\frac{2}{m}\right)\cdots\Gamma\left(\frac{m-1}{m}\right)$$

$$= \Gamma\left(1-\frac{1}{m}\right)\Gamma\left(1-\frac{2}{m}\right)\cdots\Gamma\left(1-\frac{m-1}{m}\right),$$

also gemäß (4)

$$K^2 m^2 = \frac{1}{\pi^{m-1}} \prod_{k=1}^{m-1} \sin\frac{k\pi}{m}.$$

Das Produkt gewinnen wir auf folgende Art: die Gleichung

$$z^{m-1} + z^{m-2} + \cdots + z + 1 = 0$$

hat die m-ten Einheitswurzeln $e^{\frac{2k\pi i}{m}}$ $(k = 1, 2, \ldots, m-1)$ zu Lösungen. Es ist daher

$$\sum_{k=0}^{m-1} z^k = \prod_{k=1}^{m-1}\left(z - e^{\frac{2k\pi i}{m}}\right),$$

somit für $z = 1$

$$m = \prod_{k=1}^{m-1}\left(1 - e^{\frac{2k\pi i}{m}}\right) = e^{\frac{\pi i}{m}\sum_{k=1}^{m-1} k} \prod_{k=1}^{m-1}\left(e^{-\frac{k\pi i}{m}} - e^{\frac{k\pi i}{m}}\right)$$

$$= (-2i)^{m-1} e^{\frac{(m-1)\pi i}{2}} \prod_{k=1}^{m-1} \sin\frac{k\pi}{m} = 2^{m-1} \prod_{k=1}^{m-1} \sin\frac{k\pi}{m},$$

hiernach $\prod_{k=1}^{m-1} \sin \frac{k\pi}{m} = \frac{m}{2^{m-1}}$ und $K = \frac{1}{\sqrt{m\,(2\,\pi)^{m-1}}}$. Das Vorzeichen der Wurzel muß nach (7) und (2, 1) positiv sein. (6) wird hiermit

$$(8) \qquad \Gamma(z)\,\Gamma\left(z+\frac{1}{m}\right)\cdots\Gamma\left(z+\frac{m-1}{m}\right) = (2\,\pi)^{\frac{m-1}{2}}\, m^{\frac{1}{2}-mz}\,\Gamma(mz).$$

Die Gleichung war für $m = 2$ schon Legendre bekannt. Man erhält dafür aus (5) und (8)

$$(9) \qquad 2^{2z-1}\,\Gamma(z)\,\Gamma(z+\tfrac{1}{2}) = \Gamma(\tfrac{1}{2})\,\Gamma(2\,z).$$

Die Funktionalgleichungen (1), (4), (8), (9) gelten gemäß der analytischen Fortsetzung für alle Werte von z, für die jeweils beide Seiten analytische Funktionen von z sind.

Aus (4) können wir schließen, daß $\Gamma(z)$ keine Nullstellen hat. Wäre nämlich a eine Nullstelle, so müßte $1-a$ nach (4) Pol, daher $1-a=-n$ ($n = 0, 1, 2, \ldots$) nach Ziffer 1, also $a = 1+n$ sein. Das ist aber nach (3) unmöglich. $\frac{1}{\Gamma(z)}$ ist somit eine ganze transzendente Funktion von z mit den einfachen Nullstellen $0, -1, -2, \ldots$.

5. Integraldarstellungen. Für die Definition von $\Gamma(z)$ haben wir selbst eine Integraldarstellung gewählt; eine andere, im wesentlichen auf Hankel[1]) zurückgehende erhalten wir in folgender Weise: Wir betrachten das Integral $\int e^{\tau}\tau^{-z}\,d\tau$, erstreckt über den Integrationsweg C' der Abb. 7.

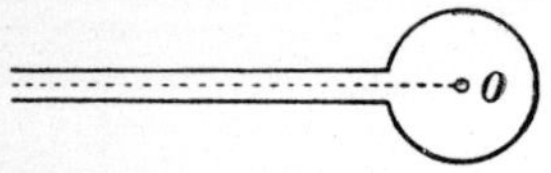

Abb. 7

Für τ^{-z} soll der Hauptwert genommen werden, d. h. $\ln\tau$ sei reell für positive τ, ferner sei $\Re(z) < 1$. Mit den Zerlegungen $\tau = re^{i\varphi}$ und $z = x + iy$ hat man $|\tau^{-z}| = r^{-x}e^{y\varphi}$, daher ist $|e^{\tau}\tau^{-z}|\,|\tau|^{x}$ in einer hinreichend kleinen Umgebung von $\tau = 0$ für festes z beschränkt, somit kann man den Integrationsweg wegen $x < 1$ um den Nullpunkt der τ-Ebene zusammenziehen (L. S. 230). Vor der Umkreisung des Nullpunktes ist $\tau = te^{-\pi i}$, nachher $\tau = te^{\pi i}$, wenn $t = |\tau|$ gesetzt wird. Da wir den Weg um den Nullpunkt zusammenziehen können, bleiben nur mehr die beiden von der reellen Achse herrührenden Bestandteile

$$\int_{\infty}^{0} e^{-t-z\ln t+\pi i(z-1)}\,dt + \int_{0}^{\infty} e^{-t-z\ln t-\pi i(z-1)}\,dt$$

$$= \left[-e^{\pi i(z-1)} + e^{-\pi i(z-1)}\right]\int_{0}^{\infty} e^{-t}t^{-z}\,dt$$

$$= -2\,i\sin\pi(z-1)\,\Gamma(1-z) = \frac{2\,\pi i}{\Gamma(z)}$$

[1]) H. Hankel, Z. Math. Phys. 9 (1864), S. 7.

übrig. Dabei haben wir (4, 4) benützt. Somit ist

$$\frac{1}{\Gamma(z)} = \frac{1}{2\pi i}\int_{C'} e^{\tau}\tau^{-z}\,d\tau. \tag{1}$$

Wir können den Integrationsweg C' um den Nullpunkt um einen spitzen Winkel α nach oben oder unten drehen, ohne den Wert des Integrals zu ändern. Denn ein Punkt A des Weges C' im Abstand R vom Nullpunkt beschreibt dabei einen Kreisbogen AB (Abb. 8), auf dem $\tau = R(\cos\varphi + i\sin\varphi)$ ist und φ im zweiten oder dritten Quadranten liegt. Somit hat man auf diesem Bogen $|e^{\tau}\tau^{-z}| = e^{R\cos\varphi + y\varphi}R^{-x} \leqq R^{-x}e^{-R\cos\alpha + |y|(\pi+\alpha)}$. Das Integral über den Kreisbogen verschwindet also für $R \to +\infty$, womit die Behauptung bewiesen ist (L. S. 231). Wir erhalten demnach die Gleichung

$$\frac{1}{\Gamma(z)} = \frac{1}{2\pi i}\int_{C} e^{\tau}\tau^{-z}\,d\tau, \tag{2}$$

wobei C den in Abb. 9 gezeichneten Integrationsweg bedeutet, dessen geradliniges Stück mit der negativen reellen Achse den spitzen Winkel α einschließt und in der unteren bzw. oberen Halbebene verläuft. Da auf dem geradlinigen

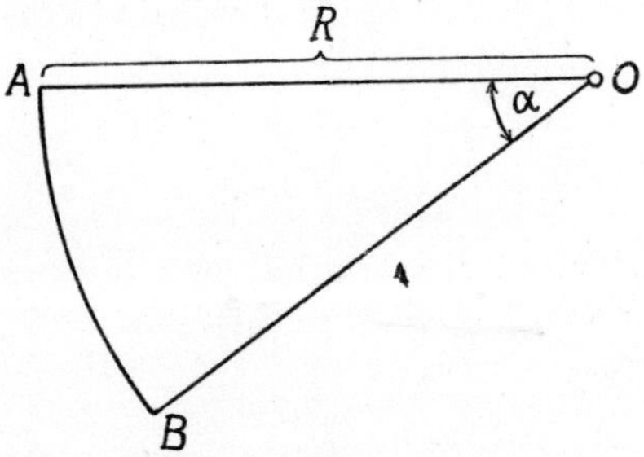

Abb. 8

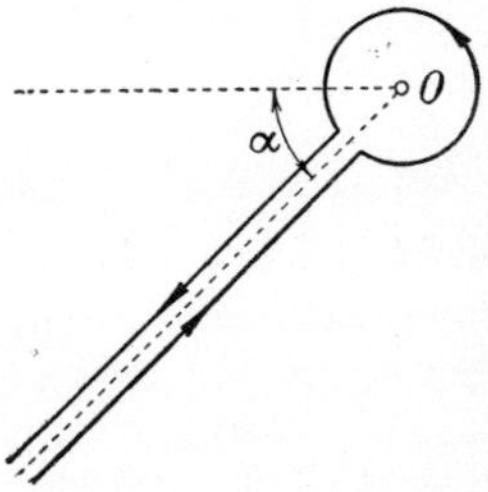

Abb. 9

Stück der Integrand dem Betrage nach für alle genügend großen t und beschränkten z nicht größer als $e^{-t\cos\alpha - x\ln t + |y|(\pi+\alpha)} < e^{-\frac{1}{2}t\cos\alpha}$ ist, konvergiert das Integral gleichmäßig für beschränkte z, ist somit eine analytische Funktion von z; infolgedessen gilt die Gleichung (2) für alle Werte von z.

Setzt man $\tau = e^{i\pi}u$ in (2), so erhält man

$$\frac{1}{\Gamma(z)} = -\frac{e^{-i\pi z}}{2\pi i}\int_{-C} e^{-u}u^{-z}\,du,$$

wobei $-C$ den am Nullpunkt gespiegelten Weg bedeutet. Nimmt man $\operatorname{arc} u = \alpha - 2\pi$ am Anfang und $\operatorname{arc} u = \alpha$ am Ende des Weges $-C$, so ist auf der negativen reellen Achse der u-Ebene $\operatorname{arc} u = -\pi$, daher $\operatorname{arc}\tau = 0$ auf der positiven reellen Achse der τ-Ebene, wie es nach der Voraussetzung über $\operatorname{arc}\tau$ der Fall sein soll. Der Betrag des Integranden ist kleiner als $|u|^{\varepsilon-1}$ in genügend kleiner Umgebung von $u = 0$, wenn $\Re(z) \leqq 1 - 2\varepsilon$ mit $\varepsilon > 0$ ist; infolgedessen kann der kleine Kreis um den Nullpunkt auf diesen zusammengezogen werden (L. S. 230). Man hat also

$$\int_{-C} e^{-u}u^{-z}\,du = (-e^{2\pi i z} + 1)\int_{G} e^{-u}u^{-z}\,du.$$

Dabei bedeutet G den vom Nullpunkt ins Unendliche durchlaufenen Halbstrahl, der mit der positiven reellen Achse der u-Ebene den Winkel α einschließt. Es ist demnach

$$\frac{1}{\Gamma(z)} = \frac{e^{\pi i z} - e^{-\pi i z}}{2\pi i} \int_G e^{-u} u^{-z} du,$$

hiermit gemäß (4, 4)

$$\Gamma(1-z) = \int_G e^{-u} u^{-z} du$$

oder, wenn wir z durch $1-z$ ersetzen,

$$\text{(3)} \qquad \Gamma(z) = \int_G e^{-u} u^{z-1} du, \text{ wobei jetzt } \Re(z) > 0 \text{ ist.}$$

6. Asymptotische Entwicklung. In die Eulersche Summenformel (I, 5, 4) setzen wir $f(t) = \ln(z+t)$ ein. Dann erhält man für $z > 0$

$$\sum_{k=0}^{n} \ln(z+k) = \int_0^n \ln(z+t)\,dt + \tfrac{1}{2}[\ln(z+n) + \ln z] + \int_0^n \frac{B_1(t)\,dt}{z+t}$$

$$= (z+n+\tfrac{1}{2}) \ln(z+n) - (z-\tfrac{1}{2}) \ln z - n + \int_0^n \frac{B_1(t)\,dt}{z+t}.$$

In dieser Gleichung setzen wir $z = 1$, ziehen die so erhaltene Gleichung von der vorigen ab und subtrahieren noch von beiden Seiten $(z-1)\ln n$. Dann erhält man

$$\sum_{k=0}^{n} \ln \frac{z+k}{1+k} - (z-1)\ln n$$

$$= (z-1)\ln\left(1+\frac{z}{n}\right) + (1+n+\tfrac{1}{2})\ln\left(1+\frac{z-1}{n+1}\right) - (z-\tfrac{1}{2})\ln z$$

$$+ \int_0^n \frac{B_1(t)\,dt}{z+t} - \int_0^n \frac{B_1(t)\,dt}{1+t}$$

oder

$$\lim_{n\to+\infty} \ln \frac{z(z+1)\cdots(z+n)}{(n+1)!} n^{-z+1}$$

$$= z - 1 + (\tfrac{1}{2} - z)\ln z + \int_0^\infty \frac{B_1(t)\,dt}{z+t} - \int_0^\infty \frac{B_1(t)\,dt}{1+t},$$

daher nach (3, 5)

$$\text{(1)} \qquad \ln \Gamma(z) = (z-\tfrac{1}{2})\ln z - z + 1 + \int_0^\infty \frac{B_1(t)\,dt}{1+t} - \int_0^\infty \frac{B_1(t)\,dt}{z+t}.$$

Nach (I, 2) und (I, 3) ist $B_2(0) = B_2(n) = \frac{1}{12}$, $|B_2(t)| \leqq \frac{1}{12}$, daher

$$(2) \qquad \int_0^\infty \frac{B_1(t)\,dt}{z+t} = -\frac{1}{12\,z} + \int_0^\infty \frac{B_2(t)\,dt}{(z+t)^2},$$

$$(3) \qquad \left|\int_0^\infty \frac{B_2(t)\,dt}{(z+t)^2}\right| < \frac{1}{12}\int_0^\infty \frac{dt}{|z+t|^2}.$$

Wir beschränken z auf folgenden Bereich B (Abb. 10): Die negative reelle Achse und den Nullpunkt schließen wir durch zwei Parallele im Abstande δ von der Achse und einen Halbkreis vom Halbmesser δ aus, den unendlich fernen Punkt durch einen Kreis vom Halbmesser R. In diesem Bereich ist

$$|z+t| \geqq \frac{t}{2} \quad \text{für} \quad t \geqq 2\,R,$$

daher $$\int_{2R}^\infty \frac{dt}{|z+t|^2} < 4\int_{2R}^\infty \frac{dt}{t^2}.$$

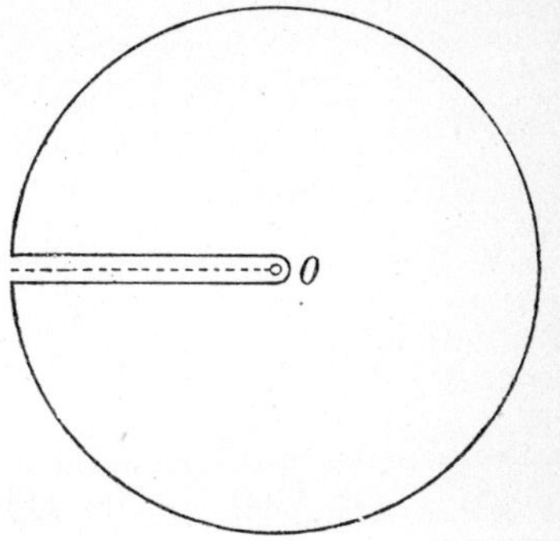

Abb. 10

Weil also Integral (3) für alle z von B absolut und gleichmäßig konvergiert, ist Integral (2), da δ beliebig klein, R beliebig groß sein kann, eine analytische Funktion von z in der ganzen z-Ebene mit Ausnahme der negativen reellen Achse und des Nullpunktes. Für alle diese Werte von z gilt nach den Regeln der analytischen Fortsetzung auch Gleichung (1).

Wir erweitern nun den Bereich B, indem wir den Kreis weglassen, der den unendlich fernen Punkt ausschließt. In dem neuen Bereich gilt

$$(4) \qquad \int_0^\infty \frac{dt}{|z+t|^2} = \int_0^\infty \frac{dt}{(t+x)^2+y^2} = \frac{1}{|y|}\operatorname{arc\,ctg}\frac{x}{|y|},$$

wobei $0 \leqq \operatorname{arc\,ctg}\frac{x}{|y|} \leqq \pi$ ist, also nach (2), (3), (4)

$$(5) \qquad \lim_{|y| \to +\infty} \int_0^\infty \frac{B_1(t)\,dt}{z+t} = 0 \quad \text{für alle } x \text{ und}$$

$$\lim_{x \to +\infty} \int_0^\infty \frac{B_1(t)\,dt}{z+t} = 0 \quad \text{für alle } y \text{ des neuen Bereiches.}$$

Die beiden Aussagen (5) können wir zusammenfassen in

$$(6) \qquad \lim_{z \to \infty} \int_0^\infty \frac{B_1(t)\,dt}{z+t} = 0,$$

wenn sich z auf einem solchen Wege ins Unendliche entfernt, daß der Abstand von der negativen X-Achse schließlich über alle Grenzen wächst.

Nach (4, 1) und (4, 4) ist $\Gamma(1-z) = -z\,\Gamma(-z)$, daher $\Gamma(z)\,\Gamma(-z) = -\dfrac{\pi}{z \sin \pi z}$, somit für reelle y, da die Gammafunktion nach (2, 2) für konjugiert komplexe Werte von z selbst konjugiert komplexe Werte annimmt,

$$(7) \qquad |\Gamma(iy)| = \sqrt{\frac{2\pi}{y\,(e^{\pi y} - e^{-\pi y})}}.$$

Weil $1 + \int\limits_0^\infty \frac{B_1(t)\,dt}{1+t}$ reell ist, ergibt sich hiernach aus (1), (6), (7)

$$1 + \int\limits_0^\infty \frac{B_1(t)\,dt}{1+t} = \Re\left[\ln \Gamma(iy) - (iy - \tfrac{1}{2}) \ln (iy) + iy + \int\limits_0^\infty \frac{B_1(t)\,dt}{iy+t}\right]$$

$$= \lim_{y \to +\infty} \left[\ln |\Gamma(iy)| + \tfrac{1}{2} \ln y + \frac{\pi y}{2}\right]$$

$$= \lim_{y \to +\infty} \ln \sqrt{\frac{2\pi y e^{\pi y}}{y\,(e^{\pi y} - e^{-\pi y})}} = \tfrac{1}{2} \ln (2\pi).$$

Hiermit erhalten wir aus (1) die sogenannte verallgemeinerte Stirlingsche Formel[1])

$$(8) \qquad \ln \Gamma(z) = (z - \tfrac{1}{2}) \ln z - z + \tfrac{1}{2} \ln (2\pi) - \int\limits_0^\infty \frac{B_1(t)\,dt}{z+t}.$$

Die Gleichung gilt für die gesamte z-Ebene mit Ausnahme der negativen reellen Achse und des Nullpunktes. Wenn z auf die früher erwähnten Wege beschränkt wird, ist nach (6) und (8)

$$(9) \qquad \lim_{z \to \infty} \frac{\Gamma(z)}{z^{z-\frac{1}{2}}\, e^{-z} \sqrt{2\pi}} = 1.$$

Aus (9) und (4, 3) schließen wir für positives ganzzahliges n

$$(10) \qquad \lim_{n \to +\infty} \frac{n!}{n^n e^{-n} \sqrt{2\pi n}} = 1.$$

Die hier gewählte Darstellungsweise lehnt sich an L. Bieberbach[2]) an, doch ist der Geltungsbereich von (9) etwas weiter als bei Bieberbach. Aus (2) und (8) erhalten wir bei positivem z für das Restglied in (8) $\frac{\vartheta}{12 z}$ mit $0 < \vartheta < 1$, wenn wir die Abschätzungen von (I, 6) anwenden. Die Voraussetzungen für diese Abschätzungen sind erfüllt, weil jede der Ableitungen von $\ln (z+t)$ ein festes Zeichen für $t > 0$ hat und mit $t \to +\infty$ monoton gegen Null strebt.

---

[1]) J. Stirling, Methodus differentialis sive tractatus de summatione et interpolatione serierum infinitarum, London 1730.

[2]) L. Bieberbach, Lehrbuch der Funktionentheorie I, Leipzig und Berlin 1921, S. 306—308.

7. Nullstellen der Ableitung. Wenn wir (3, 6) logarithmisch differenzieren, erhalten wir [1])

$$(1)\qquad \Psi(z) = \frac{\Gamma'(z)}{\Gamma(z)} = -C + \sum_{n=0}^{\infty} \left(\frac{1}{n+1} - \frac{1}{z+n} \right)$$

$$= -C + (z-1) \sum_{n=0}^{\infty} \frac{1}{(n+1)(z+n)},$$

$$(2)\qquad \Psi'(z) = \sum_{n=0}^{\infty} \frac{1}{(z+n)^2}.$$

Wir haben jetzt die vorgenommenen Operationen zu rechtfertigen. Die Reihe (2) konvergiert absolut und gleichmäßig, wenn wir die Punkte $z = 0, -1, -2, \ldots$ durch hinreichend kleine Kreise vom Halbmesser ϱ ausschließen. Denn dann ist

$$\sum_{n=0}^{\infty} \frac{1}{|z+n|^2} < \frac{1}{\varrho^2} + 2\left[\left(\tfrac{1}{2}\right)^{-2} + \left(\tfrac{3}{2}\right)^{-2} + \left(\tfrac{5}{2}\right)^{-2} + \cdots\right] < \frac{1}{\varrho^2} + 8 \sum_{n=1}^{\infty} \frac{1}{n^2}.$$

Da (2) durch gliedweise Differentiation aus (1) und (1) ebenso durch gliedweise logarithmische Ableitung aus (3, 6) entsteht, sind die Entwicklungen (2), (1) und (3, 6) analytische Funktionen von z, wenn wir die Pole der Gammafunktion ausschließen. Damit ist die Gültigkeit von (3, 6) für alle Werte von z bewiesen und die gliedweise Differentiation gerechtfertigt. Nach (1) und Ziffer 2 hat $\Psi(z)$ dieselben Stellen wie $\Gamma(z)$ zu einfachen Polen und ist sonst regulär; $\Psi'(z)$ hat an diesen Stellen zweifache Pole und ist sonst ebenfalls regulär. Weil $\Gamma(z)$ keine Nullstellen hat (vgl. Ziffer 4), fallen die Nullstellen von $\Gamma'(z)$ mit denen von $\Psi(z)$ zusammen.

Es ist

$$\Psi(x+iy) = -C + \sum_{n=0}^{\infty} \left[\frac{1}{n+1} - \frac{x+n}{(x+n)^2+y^2} \right] + iy \sum_{n=0}^{\infty} \frac{1}{(x+n)^2+y^2},$$

also $\Psi(x+iy) \neq 0$, wenn $y \neq 0$ ist, d. h. $\Psi(z)$ kann nur reelle Nullstellen haben.

Ferner ist wegen

$$(3)\qquad \Psi(x_1) - \Psi(x_2) = (x_1 - x_2) \sum_{n=0}^{\infty} \frac{1}{(x_1+n)(x_2+n)}$$

$\Psi(x_1) > \Psi(x_2)$ für $x_1 > x_2 > 0$, daher hat $\Psi(z)$ nach (I, 7) wegen $\Psi(1) = -C < 0$, $\Psi(2) = 1 - C > 0$ eine einzige positive Nullstelle. Sie liegt zwischen 1 und 2 und ist nach Gauß [2]) näherungsweise gleich 1,4616321 . . .

Nach (1) ist für alle genügend kleinen positiven ε, wenn k eine nicht negative ganze Zahl bedeutet, $\Psi(-k-\varepsilon) > 0$, $\Psi(-k-1+\varepsilon) < 0$, ferner nach (3) $\Psi(x_1) > \Psi(x_2)$ für $-k > x_1 > x_2 > -k-1$. $\Psi(x)$ nimmt daher im Intervall $-k-1 < x < -k$ fortwährend von $-\infty$ bis $+\infty$ zu, hat somit in diesem Intervall genau eine Nullstelle. Wegen (2) sind alle Null-

[1]) C. F. Gauß, Werke **3**, S. 152 und 159.
[2]) C. F. Gauß, Gott. Comm. **2** (1812), S. 27 oder Werke **3**, S. 147.

stellen von $\Psi(z)$ einfach. $\Gamma'(z)$ hat also zwischen den Polen von $\Gamma(z)$ auf der negativen reellen Achse je eine einfache Nullstelle und außerdem eine solche auf der positiven reellen Achse zwischen 1 und 2, sonst überhaupt keine Nullstellen. Dieser Satz geht auf Hermite[1]) zurück.

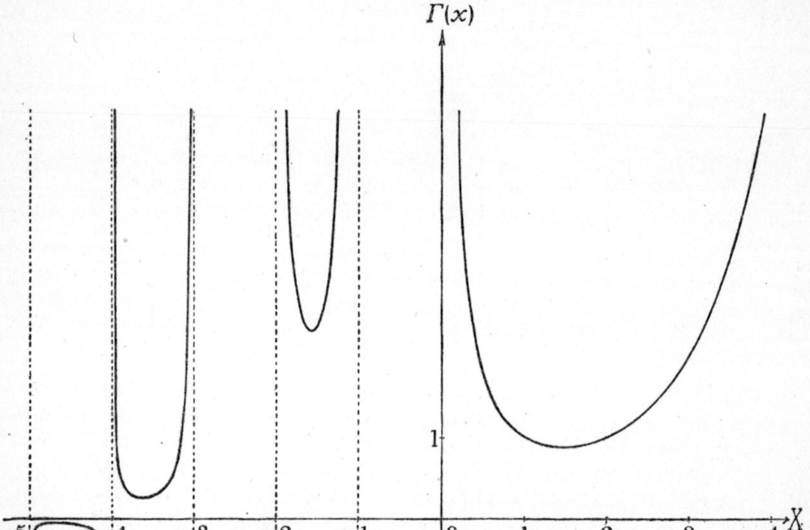

Abb. 11

An diesen Stellen hat somit $\Gamma(x)$ größte und kleinste Werte. Ihre absoluten Beträge nehmen zufolge (4, 1) auf der negativen reellen Achse mit x fortwährend ab. Weil nach (2, 1) $\Gamma(x) > 0$ für $x > 0$ ist, wechselt die Gammafunktion ebenfalls nach (4, 1) in den Intervallen $(-1,0)$, $(-2, -1)$, $(-3, -2)$ fortwährend das Zeichen, und zwar ist sie im ersten negativ, im zweiten positiv usw., hat somit in ihnen abwechselnd kleinste oder größte Werte, an der positiven Nullstelle von $\Gamma'(x)$ einen kleinsten Wert. Für diese größten und kleinsten Werte ergibt sich folgende Tafel[2]):

[1]) Ch. Hermite, J. f. M. **91** (1881), S. 336.

[2]) Die Werte sind entnommen aus K. Hayashi, Fünfstellige Funktionentafeln, Berlin 1930, S. 155.

x	$\Gamma(x)$	$\frac{1}{\Gamma(x)}$
+ 1,462	+ 0,88560	+ 1,129
— 0,504	— 3,54464	— 0,283
— 1,573	+ 2,30241	+ 0,435
— 2,611	— 0,88814	— 1,126
— 3,635	+ 0,24513	+ 4,080

Den Verlauf der Gammafunktionen im Reellen zeigt Abb. 11.

8. Zielwerte. Wenn eine Funktion von z einem Grenzwert zustrebt, falls sich z auf einer bestimmten stetigen Kurve dem Punkte ∞ unbegrenzt nähert, so nennt man diesen Grenzwert einen Zielwert der Funktion. Wir wollen die Zielwerte der Gammafunktion bestimmen, wenn z auf den in Ziffer 6 erwähnten Wegen ins Unendliche strebt. Wir setzen:

$$(1) \qquad z = x + iy = |z| e^{i\varphi}, \qquad \Gamma(z) = w = |w| e^{i\psi}$$

und erhalten, wenn wir (6, 8) in den reellen und imaginären Teil spalten,

$$(2) \qquad \ln|w| = (|z|\cos\varphi - \tfrac{1}{2}) \ln|z| - |z| \varphi \sin\varphi - |z| \cos\varphi + \eta$$

mit

$$\lim_{z\to\infty} \eta = \tfrac{1}{2} \ln(2\pi)$$

und

$$(3) \qquad \psi = |z| \ln|z| \sin\varphi + (|z|\cos\varphi - \tfrac{1}{2}) \varphi - |z| \sin\varphi + \tau$$

mit

$$\lim_{z\to\infty} \tau = 0.$$

Aus (2) folgt mit $\varepsilon > 0$ auf den erwähnten Wegen

$$(4) \qquad \lim_{z\to\infty} \Gamma(z) = \infty \quad \text{für} \quad |\varphi| \leqq \frac{\pi}{2} - \varepsilon,$$

$$\lim_{z\to\infty} \Gamma(z) = 0 \quad \text{für} \quad \frac{\pi}{2} \leqq |\varphi| \leqq \pi.$$

Ferner liefert (3)

$$\lim_{z\to\infty} \psi = +\infty \quad \text{für} \quad \varepsilon \leqq \varphi \leqq \pi - \varepsilon,$$

$$\lim_{z\to\infty} \psi = -\infty \quad \text{für} \quad -(\pi - \varepsilon) \leqq \varphi \leqq -\varepsilon.$$

Nach (4, 1) ist für jedes positive ganzzahlige

$$m \text{ und } -m - 1 < z < -m$$

$$\Gamma(z) = \frac{\Gamma(z + m + 1)}{z(z+1)\cdots(z+m)},$$

daher $|\Gamma(z)|$ beliebig klein, wenn m genügend groß ist. Die Gammafunktion kommt also zwischen ihren Polen 0, —1, —2, ... dem Werte 0 und damit wegen der Stetigkeit gemäß der vorigen Ziffer auch allen übrigen reellen Werten beliebig nahe, wenn z auf der negativen reellen Achse genügend weit gegen das Unendliche rückt. Auf der negativen reellen Achse und auf Wegen, die ihr schließlich beliebig nahe kommen, kann daher kein Zielwert vorhanden sein. Daraus und aus (4) schließen wir: Bewegt man sich auf den Linien $|w| =$ const. ins Unendliche, so strebt $|\varphi|$ zur Grenze $\frac{\pi}{2}$, während $|\psi|$ über alle Schranken wächst, dagegen strebt $|\varphi|$ auf den Linien $\psi =$ const. zur Grenze Null bzw. π.

9. Konforme Abbildung. Ein befriedigendes Bild über die Werteverteilung einer Funktion $w = f(z)$ erhalten wir am besten dadurch, daß wir die konforme Abbildung der z-Ebene auf die w-Ebene untersuchen, welche durch die Funktion vermittelt wird. Wir setzen

$$z = x + iy = |z| e^{i\varphi}, \quad w = u + iv = |w| e^{i\psi}. \tag{1}$$

Die beste Übersicht erhält man, wenn man feststellt, welche Kurven der z-Ebene den zum Nullpunkt konzentrischen Kreisen der w-Ebene entsprechen. Es sind dies die Kurven $|w| =$ const. Den durch den Nullpunkt gehenden Geraden der w-Ebene entsprechen natürlich in der z-Ebene die Kurven $\psi =$ const. Die Kurven der ersten Schar nennen wir kurz die Höhenlinien, die der zweiten Schar die Stromlinien.

Wir erkennen aus den allgemeinen Sätzen über die konforme Abbildung durch eine eindeutige Funktion folgende Eigenschaften der beiden Kurvenscharen: Durch jeden Punkt der z-Ebene, in dem die Abbildung konform ist, geht eine Höhenlinie und eine Stromlinie, die sich dort senkrecht durchsetzen. Ausgenommen sind die Nullstellen und Pole der Funktion, die den Werten 0 und ∞ von w entsprechen. In ihnen laufen unendlich viele Stromlinien zusammen. Sie werden von den Höhenlinien in geschlossenen Kurven ohne Doppelpunkt umschlungen, und zwar solange, als die betreffende Höhenlinie nicht durch eine Nullstelle der Ableitung, einen sogenannten Kreuzungspunkt, hindurchgeht. Ist die Nullstelle der Funktion n-fach, so werden sämtliche Stromlinien, die den Werten $0 \leqq \psi < 2\pi$ entsprechen, auf einen Winkelraum von der Größe $\frac{2\pi}{n}$ zusammengedrängt. Den n Winkelräumen dieser Art, die sich in der z-Ebene um die Nullstelle aneinanderlegen, entsprechen die n-Blätter der w-Ebene, die in dem betreffenden Verzweigungspunkt zusammenhängen. Hier besteht also eine Stromlinie, die einem bestimmten Wert von ψ entspricht, aus n Zweigen, die miteinander den Winkel $\frac{2\pi}{n}$ einschließen. Dieselben Verhältnisse liegen bei einem n-fachen Pol vor. In beiden Fällen ist die Abbildung nicht mehr konform. Die Winkel der w-Ebene werden in der z-Ebene auf den n-ten Teil herabgedrückt, die Umkehrungsfunktion hat in dem entsprechenden Punkt der w-Ebene einen Verzweigungspunkt $(n-1)$-ter Ordnung, einer durch diesen Punkt in bestimmter Richtung gehenden Kurve der w-Ebene entspricht in der z-Ebene eine Kurve, die an der betreffenden Stelle unter einem Winkel von $\frac{\pi}{n}$ geknickt ist.

Hat an einer regulären Stelle der Funktion, die nicht Nullstelle ist, die Ableitung eine n-fache Nullstelle, so spricht man von einem n-fachen Kreuzungspunkt. In ihm treffen sich $n+1$ Zweige der zugehörigen Höhenlinien, die sich unter einem Winkel von $\frac{\pi}{n+1}$ schneiden. Diese Winkel werden von den Zweigen der zugehörigen Stromlinien halbiert. Sonst liegen dieselben Verhältnisse wie bei einer $(n+1)$-fachen Nullstelle vor. In Abb. 12 ist der Fall $n = 1$ gezeichnet; die Höhenlinien sind durchgezogen, die Stromlinien punktiert.

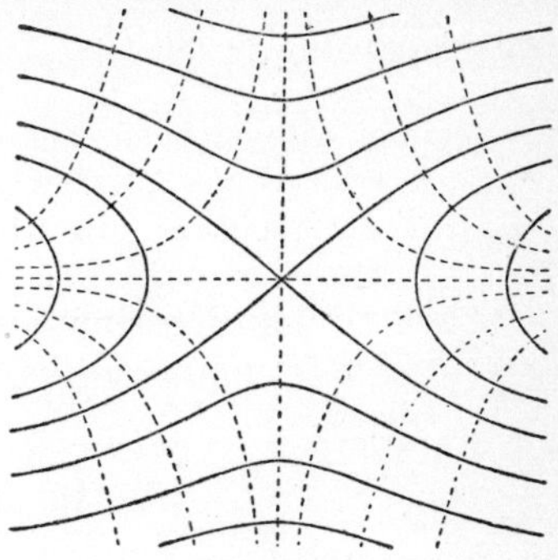

Abb. 12

Wir untersuchen jetzt die durch die Formel (8, 1) vermittelte konforme Abbildung[1]) der z-Ebene auf die w-Ebene. Da

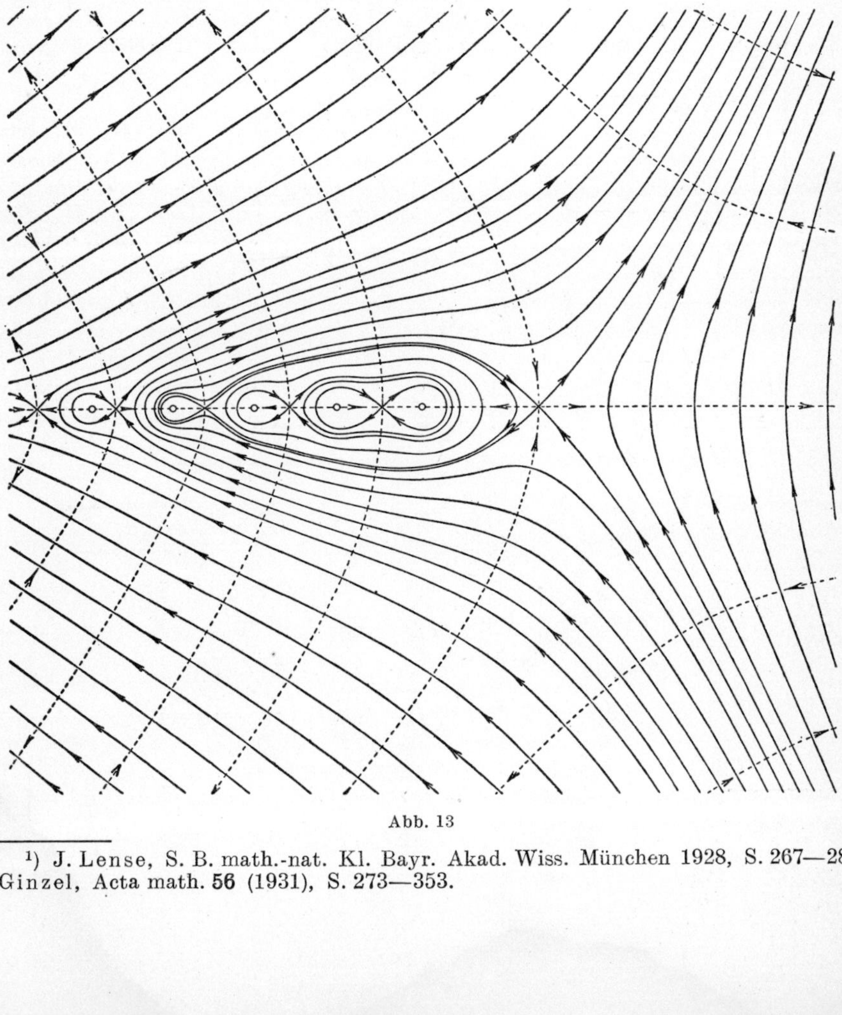

Abb. 13

[1]) J. Lense, S. B. math.-nat. Kl. Bayr. Akad. Wiss. München 1928, S. 267—283; I. Ginzel, Acta math. **56** (1931), S. 273—353.

$\Gamma(z)$ eindeutig ist, genügt dafür die schlichte z-Ebene. Wir zeichnen die Höhen- und die sie senkrecht durchschneidenden Stromlinien. Deuten wir den Übergang zu einem konjugiert komplexen Wert in bekannter Weise durch einen Querstrich an, so ist $\Gamma(\bar{z}) = \overline{\Gamma}(z)$ nach (2, 2), d. h. Höhen- und Stromlinien liegen spiegelbildlich zur X-Achse der z-Ebene. Wenn wir die vorher besprochenen allgemeinen Eigenschaften der konformen Abbildung benützen, erhalten wir Abb. 13. Die kleinen Kreise bedeuten die Pole von $\Gamma(z)$, die ausgezogenen Kurven die Höhenlinien, die punktierten Kurven die Bilder der U-Achse der w-Ebene. Die Pfeile auf den Höhenlinien bedeuten den positiven Umlaufungssinn auf den entsprechenden Kreisen der w-Ebene, die auf den Stromlinien den positiven Durchlaufungssinn auf der U-Achse der w-Ebene.

10. Betafunktion. Wir definieren die Betafunktion durch die Formel

$$B(p, q) = \int_0^1 t^{p-1}(1-t)^{q-1}\,dt \tag{1}$$

mit $\Re(p) > 0$ und $\Re(q) > 0$. Im Bereich $\Re(p) \geqq \varepsilon$, $\Re(q) \geqq \varepsilon > 0$ ist $|t^{p-1}(1-t)^{q-1}| \leqq t^{\varepsilon-1}(1-t)^{\varepsilon-1}$ für $0 < t < 1$, daher konvergiert das Integral absolut und gleichmäßig und ist infolgedessen eine analytische Funktion von p und q für $\Re(p) > 0$, $\Re(q) > 0$. Der Name Betafunktion stammt von Binet[1]), Legendre[2]) nennt das Integral das Eulersche Integral erster Art. Die Betafunktion läßt sich durch die Gammafunktion darstellen. Wir folgen einem Gedankengang von Jacobi[3]).

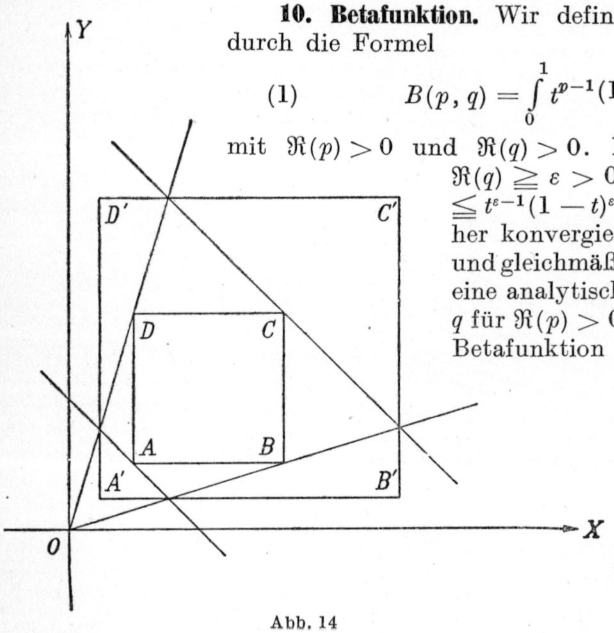

Abb. 14

Es ist

$$\Gamma(p)\,\Gamma(q) = \lim_{\substack{\varepsilon \to 0 \\ N \to +\infty}} \left[\int_\varepsilon^N e^{-x} x^{p-1}\,dx \int_\varepsilon^N e^{-y} y^{q-1}\,dy\right] \tag{2}$$

$$= \lim_{\substack{\varepsilon \to 0 \\ N \to +\infty}} \int_\varepsilon^N \int_\varepsilon^N e^{-(x+y)} x^{p-1} y^{q-1}\,dx\,dy.$$

---

[1]) J. Binet, J. Ecole polytechn. **27** (1839), S. 131.

[2]) A. M. Legendre, Exerc. **1**, S. 221; **2**, S. 3.

[3]) C. G. J. Jacobi, J. reine angew. Math. **11** (1834), S. 307 oder Werke **6**, S. 62.

In dem Doppelintegral führen wir die neuen Veränderlichen u und v durch die Gleichungen

$$\begin{cases} x = u(1-v), \\ y = uv, \end{cases} \quad \text{bzw.} \quad \begin{cases} u = x + y, \\ v = \dfrac{y}{x+y} \end{cases}$$

ein. Das Quadrat $ABCD$ (Abb. 14) möge von den Geraden $x = \varepsilon$, $y = \varepsilon$, $x = N$, $y = N$ begrenzt sein. Dann lauten die Gleichungen der unter 45^0 gegen die X-Achse geneigten Geraden durch A und C

$$(3) \qquad \begin{aligned} x + y &= 2\,\varepsilon \quad \text{oder} \quad u = 2\,\varepsilon \\ x + y &= 2\,N \qquad\qquad u = 2\,N \end{aligned}$$

und die Gleichungen der Geraden durch O und die Punkte B und D

$$(4) \qquad \frac{y}{x} = \frac{\varepsilon}{N} \quad \text{oder} \quad v = \frac{\varepsilon}{N+\varepsilon}$$

$$\frac{y}{x} = \frac{N}{\varepsilon} \quad \text{oder} \quad v = \frac{N}{N+\varepsilon}.$$

Das Quadrat $A'B'C'D'$ wird von den Geraden

$$x = \frac{2\,\varepsilon^2}{N+\varepsilon}, \quad y = \frac{2\,\varepsilon^2}{N+\varepsilon}, \quad x = \frac{2\,N^2}{N+\varepsilon}, \quad y = \frac{2\,N^2}{N+\varepsilon}$$

begrenzt. Den von den Geraden (3) und (4) begrenzten Bereich bezeichnen wir mit G. Dann ist für positives p und q

$$(5) \qquad \iint\limits_{A\,B\,C\,D} < \iint\limits_{G} < \iint\limits_{A'\,B'\,C'\,D'},$$

weil der Integrand positiv ist, und

$$(6) \qquad \iint\limits_{G} = \iint\limits_{G} e^{-u}\, u^{p+q-1}\, v^{q-1} (1-v)^{p-1}\, du\, dv$$

$$= \int\limits_{2\varepsilon}^{2N} e^{-u}\, u^{p+q-1}\, du \int\limits_{\frac{\varepsilon}{N+\varepsilon}}^{\frac{N}{N+\varepsilon}} v^{q-1}\, (1-v)^{p-1}\, dv.$$

Nun ist nach (2)

$$\lim_{\substack{\varepsilon \to 0 \\ N \to +\infty}} \iint\limits_{A\,B\,C\,D} = \lim_{\substack{\varepsilon \to 0 \\ N \to +\infty}} \iint\limits_{A'\,B'\,C'\,D'} = \Gamma(p)\,\Gamma(q)$$

und nach (6)

$$\lim_{\substack{\varepsilon \to 0 \\ N \to +\infty}} \iint\limits_{G} = \Gamma\,(p+q)\,B(q,\,p),$$

daher gemäß (5)

$$(7) \qquad B(q,\,p) = \frac{\Gamma(p)\,\Gamma(q)}{\Gamma(p+q)} = B(p,\,q).$$

Zufolge analytischer Fortsetzung gilt diese Gleichung für alle p und q mit positiven reellen Teilen. Die Formel war schon Euler[1]) bekannt. Durch sie kann man die Betafunktion für die ganze Ebene definieren.

[1]) L. Euler, Petrop. N. Comm. **16** (1771 [72]), S. 109 oder Werke (1) **17**, S. 331.

III. Abschnitt

Orthogonalfunktionen

1. Definitionen. Normierung. Wir knüpfen an die in der Einleitung gegebene Definition der Orthogonalfunktionen an und betrachten die Folge der Funktionen

$$\varphi_1(x), \quad \varphi_2(x), \quad \varphi_3(x), \ldots \tag{1}$$

Sie seien im Intervall $a \leqq x \leqq b$ definiert und stetig. Wir sagen, die Funktionen sind Orthogonalfunktionen oder je zwei verschiedene sind zueinander orthogonal bezüglich des zugrunde gelegten Intervalls, wenn die Beziehung gilt:

$$\int_a^b \varphi_m(x)\varphi_n(x)\,dx = 0 \qquad (m \neq n;\ m, n = 1, 2, 3, \ldots).$$

Um die Schreibweise abzukürzen, wollen wir im folgenden nach einem Vorschlag von R. Courant[1]), dessen Darstellung wir uns in diesem Abschnitt anschließen, immer

$$\int_a^b \varphi_m(x)\varphi_n(x)\,dx = (\varphi_m, \varphi_n)$$

setzen. Wir nennen die Folge (1) ein normiertes Orthogonalsystem, wenn die Gleichungen erfüllt sind:

$$(\varphi_m, \varphi_n) = \begin{cases} 1 \text{ für } m = n \\ 0 \text{ für } m \neq n. \end{cases} \tag{2}$$

(φ_n, φ_n) nennt man die Norm von φ_n. Sie kann nur Null sein, wenn die Funktion an jeder Stetigkeitsstelle Null ist, d. h. also gemäß den über die Funktionen $\varphi_n(x)$ gemachten Voraussetzungen, wenn $\varphi_n(x)$ identisch verschwindet. Identisch verschwindende Funktionen nehmen wir aber in die Folge gar nicht auf.

Ein nicht normiertes System von Orthogonalfunktionen läßt sich immer normieren. Ist nämlich $(\varphi_n, \varphi_n) = N_n$ (N_n ist seiner Bedeutung nach immer positiv), so betrachten wir die Folge $\psi_n(x) = \dfrac{\varphi_n(x)}{\sqrt{N_n}}$, sie besteht aus lauter normierten Orthogonalfunktionen.

r Funktionen $f_1(x), f_2(x), \ldots, f_r(x)$ nennen wir linear abhängig, wenn sie identisch in x einer homogenen linearen Gleichung $\sum_{n=1}^{r} c_n f_n(x) = 0$ genügen, wo die c_n Konstante sind, die nicht sämtlich verschwinden. Sonst heißen die Funktionen linear unab-

[1]) R. Courant und D. Hilbert, Methoden der mathematischen Physik, I, 2. Aufl., Berlin 1931, J. Springer, S. 40.

hängig. Funktionen eines Orthogonalsystems sind immer linear unabhängig. Denn aus einer Beziehung $\sum_{n=1}^{r} c_n \varphi_n(x) = 0$ würde durch Multiplikation mit $\varphi_k(x)$ und Integration zwischen a und b folgen:

$$c_k = 0 \qquad (k = 1, 2, \ldots r).$$

2. Orthogonalisierung. Aus einer Folge (1, 1) läßt sich durch einen Orthogonalisierungsprozeß immer ein Orthogonalsystem herstellen, falls von den Funktionen $\varphi_n(x)$ für beliebiges r je r linear unabhängig sind. Man ersetzt nämlich die $\varphi_n(x)$ durch geeignete Linearkombinationen, und zwar so: Wir bestimmen zwei nicht gleichzeitig verschwindende Koeffizienten c_1, c_2 so, daß $\psi_2 = c_1 \varphi_1 + c_2 \varphi_2$ zu φ_1 orthogonal ist, d. h. aus der Gleichung

$$c_1(\varphi_1, \varphi_1) + c_2(\varphi_1, \varphi_2) = 0.$$

Da φ_1 und φ_2 linear unabhängig sind, verschwindet ψ_2 nicht identisch. Der Gleichförmigkeit halber schreiben wir noch $\psi_1 = \varphi_1$.

Nun bilden wir (wieder mit drei nicht gleichzeitig verschwindenden Zahlen c_1', c_2', c_3') die Funktion

$$\psi_3 = c_1' \psi_1 + c_2' \psi_2 + c_3' \varphi_3$$

und zwar so, daß $(\psi_1, \psi_3) = 0$ und $(\psi_2, \psi_3) = 0$, also wegen $(\psi_1, \psi_2) = 0$ die Gleichungen

$$c_1'(\psi_1, \psi_1) + c_3'(\psi_1, \varphi_3) = 0$$
$$c_2'(\psi_2, \psi_2) + c_3'(\psi_2, \varphi_3) = 0$$

erfüllt sind. ψ_3 kann nicht identisch verschwinden, weil $\psi_1, \psi_2, \varphi_3$ linear unabhängig sind. Wären sie nämlich linear abhängig, so müßte sich φ_3 als Linearkombination von ψ_1 und ψ_2 darstellen lassen, weil diese beiden als Orthogonalfunktionen linear unabhängig sind. Dann ließe sich φ_3 aber auch als Linearkombination von φ_1 und φ_2 darstellen, gegen die Voraussetzung, daß $\varphi_1, \varphi_2, \varphi_3$ linear unabhängig sind. In dieser Weise fahren wir fort, d. h. wir bestimmen jetzt vier Koeffizienten, die nicht gleichzeitig verschwinden, so daß die mit ihnen gebildete Linearkombination aus ψ_1, ψ_2, ψ_3, φ_4 orthogonal zu ψ_1, ψ_2, ψ_3 ist usw. So wird die Folge (1) schrittweise orthogonalisiert.

Ein Beispiel eines normierten Orthogonalsystems für das Intervall $-\pi \leqq x \leqq +\pi$ ist durch die Folge

$$(1) \qquad \frac{1}{\sqrt{2\pi}}, \quad \frac{\cos x}{\sqrt{\pi}}, \quad \frac{\sin x}{\sqrt{\pi}}, \quad \frac{\cos 2x}{\sqrt{\pi}}, \quad \frac{\sin 2x}{\sqrt{\pi}}, \ldots$$

gegeben, wie sofort aus den Gleichungen (2, 4) der Einleitung folgt.

Orthogonalisiert man das System (1, 1) der Einleitung im Intervall $-1 \leqq x \leqq +1$ mit $b = 0$, so erhält man die sogenannte Legendreschen Polynome (vgl. V, 8). Man kann auch das mit $\sqrt{p(x)}$ multiplizierte System 1, x, x^2, x^3, ... in einem bestimmten Intervall $a \leqq x \leqq b$ orthogonalisieren, wo $p(x) \geqq 0$ und stetig ist; man erhält so ein System von Polynomen $Q_0(x)$,

$Q_1(x)$, $Q_2(x)$, ..., welche man die zur Belegungsfunktion $p(x)$ gehörigen Polynome nennt. Sie genügen bei passender Normierung den Beziehungen

$$\int_a^b p(x)\, Q_m(x)\, Q_n(x)\, dx = \begin{cases} 0 \text{ für } m \neq n \\ 1 \text{ für } m = n. \end{cases}$$

3. Besselsche Ungleichung. Vollständigkeitsbeziehung. Konvergenz im Mittel. Wir nehmen jetzt an, die Folge (1, 1) sei orthogonalisiert und normiert, d. h. es gelten die Beziehungen (1, 2). $f(x)$ sei eine im selben Intervall definierte stetige Funktion. Wir wollen für sie einen Näherungsausdruck von der Gestalt $\sum_{n=1}^{r} \gamma_n \varphi_n(x)$ mit festem r derart finden, daß die Annäherung im Sinn der Methode der kleinsten Quadrate ein möglichst kleines mittleres Fehlerquadrat $M = \int_a^b [f(x) - \sum_{n=1}^{r} \gamma_n \varphi_n(x)]^2\, dx$ liefert.

Man hat für die γ_n die Zahlen $c_n = (f, \varphi_n)$ zu setzen. Aus der Umformung

$$(1) \qquad M = \int_a^b f^2(x)\, dx - 2 \sum_{n=1}^{r} \gamma_n c_n + \sum_{n=1}^{r} \gamma_n^2$$

$$= \int_a^b f^2(x)\, dx - \sum_{n=1}^{r} c_n^2 + \sum_{n=1}^{r} (\gamma_n - c_n)^2$$

folgt, daß tatsächlich M für $\gamma_n = c_n$ seinen kleinsten Wert annimmt. Man nennt die Zahlen γ_n die (Fourierschen) Entwicklungskoeffizienten oder Komponenten von $f(x)$ bezüglich des Orthogonalsystems. Die gewöhnlichen Fourierschen Koeffizienten erhält man in dem besonderen Falle, daß die Folge (2, 1) als Orthogonalsystem zugrunde liegt.

Aus der Gleichung (1) folgt, weil $M \geqq 0$ ist, für $\gamma_n = c_n$ die Beziehung

$$\sum_{n=1}^{r} c_n^2 \leqq \int_a^b f^2(x)\, dx.$$

Da die rechte Seite dieser Ungleichung von r nicht abhängt, die Ungleichung daher für jeden beliebigen Wert von r gilt, konvergiert die Reihe $\sum_{n=1}^{\infty} c_n^2$ und man erhält die Beziehung

$$(2) \qquad \sum_{n=1}^{\infty} c_n^2 \leqq \int_a^b f^2(x)\, dx.$$

Sie wird die Besselsche Ungleichung[1]) genannt.

Wenn es möglich ist, für jede stetige Funktion das kleinste mittlere Fehlerquadrat $\int_a^b [f(x) - \sum_{n=1}^{r} c_n \varphi_n(x)]^2\, dx$ durch passende Wahl von r unter jede

[1]) F. W. Bessel, Astr. Nachr. **6** (1828), S. 333—348.

noch so kleine positive Zahl herunterzudrücken, oder mit anderen Worten, jede stetige Funktion durch eine Linearkombination $\sum_{n=1}^{r} c_n \varphi_n(x)$ mit genügend vielen Gliedern im Sinne der Methode der kleinsten Quadrate („im Mittel", wie man sagt) beliebig genau darzustellen, so nennt man die Folge (1, 1) ein vollständiges, normiertes, orthogonales Funktionensystem.

Weil in diesem Fall M für genügend großes r und $\gamma_n = c_n$ beliebig klein gemacht werden kann, gilt statt (2), und zwar nur in diesem Fall, die Gleichung

$$\sum_{n=1}^{\infty} c_n^2 = (f, f), \tag{3}$$

die sogenannte Vollständigkeitsbeziehung.

Hat man noch eine zweite, im selben Intervall definierte, stetige Funktion $g(x)$ mit den Entwicklungskoeffizienten $d_n = (g, \varphi_n)$, so gilt

$$\sum_{n=1}^{\infty} d_n^2 = (g, g),$$

und, da auch $f(x) + g(x)$ stetig ist und die Entwicklungskoeffizienten $c_n + d_n = (f + g, \varphi_n)$ hat, ebenso

$$\sum_{n=1}^{\infty} (c_n + d_n)^2 = (f + g, f + g).$$

Aus der letzten Gleichung aber folgt

$$(f + g, f + g) = (f, f) + 2(f, g) + (g, g) = \sum_{n=1}^{\infty} (c_n^2 + 2\, c_n d_n + d_n^2),$$

daher

$$\sum_{n=1}^{\infty} c_n d_n = (f, g). \tag{4}$$

Die Gleichungen (3) und (4) sind infolgedessen gleichwertig, denn aus (4) folgt auch umgekehrt für $f(x) = g(x)$ wieder (3).

Wir sehen also, daß die Aussagen

1. Vollständigkeit des Orthogonalsystems $\varphi_1(x), \varphi_2(x), \ldots$ oder

$$\lim_{r \to +\infty} \int_a^b [f(x) - \sum_{n=1}^{r} c_n \varphi_n(x)]^2 \, dx = 0,$$

2. Gültigkeit der Vollständigkeitsbeziehung in einer der beiden Formen (3) oder (4) gleichwertig sind.

Aus der Gültigkeit der Gleichung

$$\lim_{r \to +\infty} \int_a^b [f(x) - \sum_{n=1}^{r} c_n \varphi_n(x)]^2 \, dx = 0 \tag{5}$$

darf man aber keineswegs auf die Entwickelbarkeit von $f(x)$ in eine nach den Funktionen $\varphi_n(x)$ fortschreitende Reihe schließen, d. h. auf die Gültigkeit der Gleichung

$$f(x) = \sum_{n=1}^{\infty} c_n \varphi_n(x).$$

Diese Gleichung ist selbstverständlich gesichert, falls die gleichmäßige Konvergenz der Reihe $\sum_{n=1}^{\infty} c_n \varphi_n(x)$ feststeht. Denn dann kann man in (5) unter dem Integralzeichen zur Grenze übergehen.

Ein vollständiges Orthogonalsystem ist abgeschlossen, d. h. es gibt keine stetige, nicht identisch verschwindende Funktion $\varphi(x)$, die zu allen $\varphi_n(x)$ orthogonal ist. Denn ihre Entwicklungskoeffizienten wären alle Null, während $(\varphi, \varphi) \neq 0$ ist, d. h. die Vollständigkeitsbeziehung wäre nicht erfüllt. Die Umkehrung dieses Satzes gilt allgemein nur dann, wenn statt des Riemannschen Integralbegriffes der Lebesguesche zugrunde gelegt wird, und soll daher hier nicht besprochen werden.

Läßt man aus einem vollständigen System eine der Funktionen $\varphi_n(x)$, z. B. $\varphi_k(x)$, weg, so ist die übrigbleibende Folge nicht mehr vollständig. Denn $\varphi_k(x)$ wäre zu allen übrigbleibenden Funktionen orthogonal, ohne identisch zu verschwinden, d. h. das Restsystem wäre nicht mehr abgeschlossen und daher auch nicht mehr vollständig. Bei einem unvollständigen System läßt sich also sicher nicht jede stetige Funktion in eine Reihe nach den Funktionen des Systems entwickeln (sonst müßte ja z. B. $\varphi_k(x)$ identisch verschwinden, weil alle seine Entwicklungskoeffizienten bezüglich des Restsystems Null sind), aber bei einem vollständigen ebenfalls nicht, wie die feinere Theorie der Fourierschen Reihen zeigt. Wir können nur die Gültigkeit der Gleichung (5) behaupten, oder wie man sich auszudrücken pflegt, die Funktion $\sum_{n=1}^{r} c_n \varphi_n(x)$ konvergiert „im Mittel" gegen $f(x)$.

Jede stetige Funktion ist durch ihre Entwicklungskoeffizienten in bezug auf ein vollständiges Orthogonalsystem eindeutig festgelegt, d. h. zwei stetige Funktionen sind miteinander identisch, wenn sie dieselben Entwicklungskoeffizienten haben. Denn ihre Differenz hat die Entwicklungskoeffizienten Null, daher auch die Norm Null und verschwindet somit identisch.

4. Laguerresche Funktionen. Wir führen die am Schluß von Ziffer 2 angedeutete Orthogonalisierung für alle $x \geqq 0$ mit $p(x) = e^{-x}$ durch. Wir erhalten dadurch im Intervall 0 bis ∞ ein System von Orthogonalfunktionen von der Gestalt $e^{-\frac{x}{2}} L_n(x)$ $(n = 0, 1, 2, \ldots)$, wo $L_n(x)$ ein Polynom n-ten Grades bedeutet. Man nennt sie die Laguerreschen Orthogonalfunktionen bzw. Laguerreschen Polynome[1]). Wir werden im folgenden ein derartiges System von Polynomen angeben; weil aber der Orthogonalisierungs-

[1]) E. Laguerre, Bull. Soc. Math. France 7 (1879), S. 72—81 oder Werke 1, S. 428 bis 437, Paris 1898.

vorgang gemäß Ziffer 2 die Funktionen bis auf konstante Faktoren eindeutig liefert, und zwar, vom Faktor $e^{-\frac{x}{2}}$ abgesehen, der Reihe nach als Polynome steigenden Grades, wobei jeder Grad vertreten ist, muß unser System mit dem gesuchten übereinstimmen.

Wir entwickeln zu diesem Zweck

$$\psi(x, t) = \frac{e^{-\frac{x t}{1-t}}}{1-t} \tag{1}$$

nach Potenzen von t. Es ergibt sich

$$\begin{aligned} \psi(x, t) &= \sum_{k=0}^{\infty} \frac{(-1)^k x^k}{k!} \frac{t^k}{(1-t)^{k+1}} \\ &= \sum_{k=0}^{\infty} \frac{(-1)^k x^k}{k!} \left[1 + \sum_{m=1}^{\infty} \frac{(k+1)(k+2)\cdots(k+m)}{1\cdot 2\cdots m} t^m\right] t^k \\ &= \sum_{k=0}^{\infty} \frac{(-1)^k x^k}{k!} \sum_{n=k}^{\infty} \binom{n}{k} t^n \\ &= \sum_{n=0}^{\infty} \sum_{k=0}^{n} \frac{(-1)^k}{k!} \binom{n}{k} x^k t^n \\ &= \sum_{n=0}^{\infty} \frac{L_n(x)}{n!} t^n, \end{aligned} \tag{2}$$

indem wir

$$L_n(x) = n! \sum_{k=0}^{n} \frac{(-1)^k}{k!} \binom{n}{k} x^k$$

setzen. Nun ist aber nach der Multiplikationsregel der Differentialrechnung

$$e^x \frac{d^n (x^n e^{-x})}{d x^n} = \sum_{k=0}^{n} (-1)^k \binom{n}{k} n(n-1)\cdots(k+1) x^k = L_n(x) \tag{3}$$

oder auch

$$\begin{aligned} L_n(x) &= \sum_{k=0}^{n} (-1)^{n-k} \binom{n}{k} n(n-1)\cdots(n-k+1) x^{n-k} \\ &= \sum_{k=0}^{n} \frac{(-1)^{n-k}}{k!} [n(n-1)\cdots(n-k+1)]^2 x^{n-k} \\ &= (-1)^n \left[x^n - \frac{n^2}{1!} x^{n-1} + \frac{n^2(n-1)^2}{2!} x^{n-2} + \cdots + (-1)^n n!\right]. \end{aligned}$$

Für die ersten dieser Polynome ergibt sich so

$$\begin{aligned} L_0(x) &= 1, \\ L_1(x) &= -x + 1, \\ L_2(x) &= x^2 - 4x + 2, \\ L_3(x) &= -x^3 + 9x^2 - 18x + 6, \\ L_4(x) &= x^4 - 16x^3 + 72x^2 - 96x + 24, \\ &\ldots\ldots\ldots \end{aligned}$$

Um zu zeigen, daß die Polynome $L_n(x)$ wirklich die gesuchten sind, haben wir die Orthogonalität der Funktionen $e^{-\frac{x}{2}} L_n(x)$ nachzuweisen. Wir erhalten nach (3), wenn wir teilweise integrieren, für $n > k$

$$\int_0^\infty e^{-x} x^k L_n(x)\, dx = \int_0^\infty x^k \frac{d^n(x^n e^{-x})}{dx^n}\, dx \tag{4}$$

$$= -k \int_0^\infty x^{k-1} \frac{d^{n-1}(x^n e^{-x})}{dx^{n-1}}\, dx$$

$$= k(k-1) \int_0^\infty x^{k-2} \frac{d^{n-2}(x^n e^{-x})}{dx^{n-2}}\, dx$$

$$= \cdots\cdots\cdots\cdots\cdots$$

$$= (-1)^k k! \int_0^\infty \frac{d^{n-k}(x^n e^{-x})}{dx^{n-k}}\, dx = 0.$$

Daraus folgt sofort

$$\int_0^\infty e^{-x} L_n(x) L_m(x)\, dx = 0 \qquad \text{für } n > m,$$

weil sich dieses Integral als eine Summe von Integralen der Gestalt (4) mit konstanten Koeffizienten darstellen läßt. Damit ist die Behauptung erwiesen. Ähnlich ergibt sich, wenn wir (3) und (4) zu Hilfe nehmen,

$$\int_0^\infty e^{-x} L_n(x)^2\, dx = \int_0^\infty (-1)^n x^n \frac{d^n(x^n e^{-x})}{dx^n}\, dx$$

$$= n! \int_0^\infty x^n e^{-x}\, dx$$

$$= n!\, n \int_0^\infty x^{n-1} e^{-x}\, dx$$

$$= n!\, n(n-1) \int_0^\infty x^{n-2} e^{-x}\, dx$$

$$= \cdots\cdots\cdots$$

$$= (n!)^2.$$

Die Funktionen

$$\varphi_n(x) = \frac{e^{-\frac{x}{2}} L_{n-1}(x)}{(n-1)!} \qquad (n = 1, 2, \ldots)$$

bilden also das normierte Orthogonalsystem.

5. Eigenschaften der Laguerreschen Funktionen. Aus (4, 1) erhalten wir

$$(1-t)^2 \frac{\partial \psi(x, t)}{\partial t} = (1-t-x)\,\psi(x, t),$$

also

$$(1-t)^2 \sum_{n=1}^{\infty} \frac{L_n(x)}{(n-1)!} t^{n-1} = (1-t-x) \sum_{n=0}^{\infty} \frac{L_n(x)}{n!} t^n,$$

somit, wenn wir die Koeffizienten von t^n vergleichen,

$$(1) \qquad L_{n+1}(x) - (2n+1-x)\,L_n(x) + n^2 L_{n-1}(x) = 0 \qquad (n \geqq 1),$$

also eine Rekursionsformel für die $L_n(x)$.

Ähnlich ergibt sich aus (4, 1)

$$(1-t) \frac{\partial \psi(x, t)}{\partial x} = -t\,\psi(x, t),$$

hiermit, weil $\psi(x, t)$ analytische Funktion von x und t für $|t| < 1$ ist,

$$(1-t) \sum_{n=0}^{\infty} \frac{L_n'(x)}{n!} t^n = -t \sum_{n=0}^{\infty} \frac{L_n(x)}{n!} t^n$$

oder

$$(2) \qquad L_n'(x) - n\,L_{n-1}'(x) = -n\,L_{n-1}(x) \qquad (n \geqq 1).$$

Wenn wir die Rekursionsformel differenzieren, erhalten wir

$$(3) \qquad L_{n+1}'(x) - (2n+1-x)\,L_n'(x) + L_n(x) + n^2 L_{n-1}'(x) = 0.$$

Ferner ist nach (2), wenn wir n durch $n+1$ ersetzen,

$$(4) \qquad L_{n+1}'(x) - (n+1)\,L_n'(x) + (n+1)\,L_n(x) = 0,$$

daher, wenn (3) von (4) abgezogen wird,

$$(n-x)\,L_n'(x) + n\,L_n(x) - n^2 L_{n-1}'(x) = 0$$

oder nach (2)

$$(5) \qquad x\,L_n'(x) = n\,L_n(x) - n^2 L_{n-1}(x) \qquad (n \geqq 1),$$

somit nach (2) und (5)

$$\begin{aligned} \frac{d[x\,L_n'(x)]}{dx} &= n\,L_n'(x) - n^2 L_{n-1}'(x) \\ &= -n^2 L_{n-1}(x) \\ &= x\,L_n'(x) - n\,L_n(x), \end{aligned}$$

d. h. $L_n(x)$ genügt der homogenen linearen Differentialgleichung zweiter Ordnung

$$x y'' + (1-x)\,y' + n y = 0 \qquad (n = 0, 1, 2, \ldots).$$

Setzen wir

$$y = z e^{\frac{x}{2}},$$

also

$$y' = \left(\frac{z}{2} + z'\right) e^{\frac{x}{2}}$$

$$y'' = \left(\frac{z}{4} + z' + z''\right) e^{\frac{x}{2}},$$

so wird

$$x z'' + z' + \left(\frac{1}{2} - \frac{x}{4} + n\right) z = 0 \qquad (n = 0, 1, 2, \ldots).$$

Dieser Differentialgleichung genügen also die Laguerreschen Funktionen $e^{-\frac{x}{2}} L_n(x)$.

6. Hermitesche Funktionen. Wählen wir $p(x) = e^{-x^2}$ und lassen sämtliche reellen Werte von x zu, so erhalten wir im Intervall $-\infty$ bis $+\infty$ ein System von Orthogonalfunktionen der Gestalt $e^{-\frac{x^2}{2}} H_n(x)$, wo $H_n(x)$ ebenfalls ein Polynom n-ten Grades bedeutet. Man nennt sie die Hermiteschen Orthogonalfunktionen bzw. Hermiteschen Polynome[1]). Wir gehen wieder von einer erzeugenden Funktion aus, nämlich

$$(1) \qquad \begin{aligned} \psi(x, t) &= e^{-t^2 + 2tx} \\ &= e^{x^2} e^{-(t-x)^2} \\ &= e^{x^2} \sum_{n=0}^{\infty} \left[\frac{d^n e^{-(t-x)^2}}{dt^n}\right]_{t=0} \frac{t^n}{n!} \\ &= e^{x^2} \sum_{n=0}^{\infty} \frac{(-1)^n}{n!} \frac{d^n e^{-x^2}}{dx^n} t^n \\ &= \sum_{n=0}^{\infty} \frac{H_n(x)}{n!} t^n, \end{aligned}$$

indem wir

$$(2) \qquad H_n(x) = (-1)^n e^{x^2} \frac{d^n e^{-x^2}}{dx^n}, \qquad H_0(x) = 1$$

setzen. Ähnlich wie in Ziffer 4 werden wir zeigen, daß die so definierten Funktionen $H_n(x)$ tatsächlich die Hermiteschen Polynome sind, indem wir ihre Orthogonalitätseigenschaft nachweisen. Es ist nämlich $H_n(x)$ nach (2) ein Polynom n-ten Grades, ferner wegen (1)

$$\frac{\partial \psi(x, t)}{\partial x} = 2t\, \psi(x, t),$$

somit, weil $\psi(x, t)$ analytische Funktion von x und t ist,

$$(3) \qquad H_n'(x) = 2n H_{n-1}(x) \qquad (n \geqq 1),$$

---

[1]) Ch. Hermite, C. R. Acad. sc. Paris **58**, S. 93—100, 266—273; **60** (1865), S. 370 bis 377, 432—440, 461—466, 512—518 oder Werke **2** (Paris 1908), S. 293—312, 319—346.

daher für $n > m$, wenn wir teilweise integrieren,

$$\int_{-\infty}^{+\infty} H_m(x) H_n(x) e^{-x^2} dx = (-1)^n \int_{-\infty}^{+\infty} H_m(x) \frac{d^n e^{-x^2}}{dx^n} dx$$

$$= (-1)^{n-1} \cdot 2m \int_{-\infty}^{+\infty} H_{m-1}(x) \frac{d^{n-1} e^{-x^2}}{dx^{n-1}} dx$$

$$= \ldots\ldots\ldots\ldots\ldots\ldots\ldots$$

$$= (-1)^{n-m} \cdot 2^m m! \int_{-\infty}^{+\infty} H_0(x) \frac{d^{n-m} e^{-x^2}}{dx^{n-m}} dx = 0.$$

Damit ist die Behauptung bewiesen. Für $n = m$ ist

$$\int_{-\infty}^{+\infty} H_n(x)^2 e^{-x^2} dx = 2^n n! \int_{-\infty}^{+\infty} H_0(x) e^{-x^2} dx = 2^n n! \sqrt{\pi}.$$

Die Funktionen des normierten Orthogonalsystems sind daher

$$\varphi_n(x) = \frac{H_{n-1}(x) e^{\frac{-x^2}{2}}}{\sqrt{2^{n-1}(n-1)! \sqrt{\pi}}} \qquad (n = 1, 2, 3, \ldots).$$

7. Eigenschaften der Hermiteschen Funktionen. Aus (6, 1) folgt

$$\frac{\partial \psi(x, t)}{\partial t} + 2(t - x) \psi(x, t) = 0,$$

daher durch Koeffizientenvergleichung die Rekursionsformel

$$(1) \qquad H_{n+1}(x) - 2x H_n(x) + 2n H_{n-1}(x) = 0 \qquad (n \geqq 1).$$

Wenn man (1) differenziert, erhält man

$$H'_{n+1}(x) - 2x H'_n(x) - 2 H_n(x) + 2n H'_{n-1}(x) = 0$$

oder nach (6, 3)

$$2n H_n(x) - 2x H'_n(x) + 2n H'_{n-1}(x) = 0.$$

Ferner ist nach (6, 3)

$$H''_n(x) = 2n H'_{n-1}(x),$$

daher folgt aus den beiden letzten Gleichungen

$$(2) \qquad H''_n(x) - 2x H'_n(x) + 2n H_n(x) = 0,$$

d. h. $H_n(x)$ genügt der linearen homogenen Differentialgleichung zweiter Ordnung

$$y'' - 2xy' + 2ny = 0 \qquad (n = 0, 1, 2, \ldots).$$

Setzt man

$$y = z e^{\frac{x^2}{2}},$$

also

$$y' = (xz + z')\, e^{\frac{x^2}{2}},$$

$$y'' = [(x^2+1)\, z + 2xz' + z'']\, e^{\frac{x^2}{2}},$$

so wird

$$z'' + (2n + 1 - x^2)\, z = 0 \qquad (n = 0, 1, 2, \ldots).$$

Dieser Differentialgleichung genügen die Hermiteschen Funktionen $e^{-\frac{x^2}{2}} H_n(x)$.

Die ersten Hermiteschen Polynome ergeben sich aus (6, 2) und der Rekursionsformel (1) zu

$$\begin{aligned} H_0(x) &= 1, \\ H_1(x) &= 2x, \\ H_2(x) &= 4x^2 - 2, \\ H_3(x) &= 8x^3 - 12x, \\ H_4(x) &= 16x^4 - 48x^2 + 12, \\ &\ldots\ldots\ldots\ldots \end{aligned}$$

Allgemein ergibt sich so aus der Rekursionsformel $H_n(x)$ als Polynom n-ten Grades, in dem die Potenzen $x^{n-1}, x^{n-3}, \ldots$ fehlen; der Koeffizient von x^n ist 2^n. Um die übrigen Koeffizienten zu bestimmen, setzen wir

$$H_n(x) = \sum_{m=0}^{n} a_m x^{n-m}$$

und verwenden die Differentialgleichung (2). Man erhält

$$\sum_{m=0}^{n} (n-m)(n-m-1)\, a_m x^{n-m-2} - 2x \sum_{m=0}^{n} (n-m)\, a_m x^{n-m-1} + 2n \sum_{m=0}^{n} a_m x^{n-m} = 0$$

oder, wenn wir die Koeffizienten von x^{n-m} vergleichen,

$$(n-m+2)(n-m+1)\, a_{m-2} + 2m a_m = 0,$$

d. h.

$$a_m = -\frac{(n-m+2)(n-m+1)}{2m}\, a_{m-2},$$

daher wegen $a_0 = 2^n$

$$a_{2k} = \frac{(-1)^k}{k!}\, 2^{n-2k}\, n(n-1)\cdots(n-2k+1),$$

also

$$H_n(x) = \sum_{k=0}^{\left[\frac{n}{2}\right]} \frac{(-1)^k}{k!}\, n(n-1)\cdots(n-2k+1)\,(2x)^{n-2k}.$$

8. Tschebyscheffsche Polynome. Wählt man schließlich

$$p(x) = \frac{1}{\sqrt{1 - x^2}}$$

und orthogonalisiert im Intervall $-1 \leqq x \leqq +1$, so erhält man ein System von Polynomen $T_n(x)$, die man als Tschebyscheffsche Polynome[1]) bezeichnet. Setzen wir $x = \cos \vartheta$, so ist

$$(1) \qquad T_0(x) = 1, \quad T_n(x) = \frac{\cos n\vartheta}{2^{n-1}} \qquad (n = 1, 2, 3, \ldots).$$

Wie in Ziffer 4 und 6 wird die Behauptung bewiesen sein, wenn wir nachweisen, daß $T_n(x)$ ein Polynom n-ten Grades in x und orthogonal zu allen übrigen dieser Polynome bezüglich des Intervalles $-1 \leqq x \leqq +1$ und der Belegungsfunktion $p(x) = \frac{1}{\sqrt{1-x^2}}$ ist. $T_n(x)$ ist ein Polynom n-ten Grades in x. Denn aus

$$(\cos \vartheta + i \sin \vartheta)^n = \cos n\vartheta + i \sin n\vartheta$$

folgt

$$\cos n\vartheta = \cos^n \vartheta - \binom{n}{2} \cos^{n-2} \vartheta \sin^2 \vartheta + \binom{n}{4} \cos^{n-4} \vartheta \sin^4 \vartheta - \cdots,$$

d. h. $T_n(x)$ ist ein Polynom in x, das den n-ten Grad nicht übersteigt. Der Koeffizient von $x^n = \cos^n \vartheta$ ist

$$\frac{1}{2^{n-1}} \left[1 + \binom{n}{2} + \binom{n}{4} + \cdots \right] = 1,$$

denn

$$(1+1)^n = 1 + \binom{n}{1} + \binom{n}{2} + \binom{n}{3} + \cdots,$$

$$(1-1)^n = 1 - \binom{n}{1} + \binom{n}{2} - \binom{n}{3} + \cdots.$$

Ferner ist gemäß Formel (4) der Einleitung

$$\int_{-1}^{+1} T_m(x)\, T_n(x) \frac{dx}{\sqrt{1-x^2}} = \frac{1}{2^{m+n-2}} \int_0^{\pi} \cos m\vartheta \cos n\vartheta \, d\vartheta$$

$$= \frac{1}{2^{m+n-1}} \int_{-\pi}^{+\pi} \cos m\vartheta \cos n\vartheta \, d\vartheta = \begin{cases} 0 \text{ für } m \neq n \\ \dfrac{\pi}{2^{2n-1}} \text{ für } m = n \neq 0 \end{cases}$$

$$(m, n = 0, 1, 2, \ldots).$$

---

[1]) P. L. Tschebyscheff, Mém. Acad. sc. Pétersb. (6) **7** (1859), S. 199—291 oder Werke **1**, S. 273—378, St. Petersburg 1899.

Die Funktionen

$$\frac{1}{\sqrt{\pi}}, \quad \frac{2^n T_n(x)}{\sqrt{2\pi\sqrt{1-x^2}}} = \cos n\vartheta \sqrt{\frac{2}{\pi \sin\vartheta}} \qquad (n = 1, 2, 3, \ldots)$$

bilden also ein normiertes Orthogonalsystem.

Die Tschebyscheffschen Polynome treten auch als Entwicklungskoeffizienten der erzeugenden Funktion

$$\psi(x, t) = \frac{1 - t^2}{1 - 2xt + t^2}$$

auf. Man hat nämlich für $|t| < 1$

$$\begin{aligned}
\psi(x, t) &= -1 + \frac{2(1 - xt)}{1 - 2xt + t^2} \\
&= -1 + \frac{1}{1 - te^{i\vartheta}} + \frac{1}{1 - te^{-i\vartheta}} \\
&= 1 + \sum_{n=1}^{\infty} t^n e^{ni\vartheta} + \sum_{n=1}^{\infty} t^n e^{-ni\vartheta} \\
&= 1 + 2 \sum_{n=1}^{\infty} t^n \cos n\vartheta \\
&= \sum_{n=0}^{\infty} T_n(x)\,(2t)^n.
\end{aligned}$$

9. Eigenschaften der Tschebyscheffschen Polynome. Aus der Gleichung

$$\cos(n+1)\vartheta + \cos(n-1)\vartheta = 2\cos n\vartheta \cos\vartheta$$

folgern wir gemäß (8, 1) die Rekursionsformel

$$T_{n+1}(x) - x\,T_n(x) + \tfrac{1}{4}\,T_{n-1}(x) = 0.$$

Ferner ergibt sich aus

$$\frac{d^2 \cos n\vartheta}{d\vartheta^2} = -n^2 \cos n\vartheta$$

zufolge $x = \cos\vartheta$, $\dfrac{dy}{d\vartheta} = -\dfrac{dy}{dx}\sin\vartheta$,

$$\frac{d^2 y}{d\vartheta^2} = \frac{d^2 y}{dx^2}\sin^2\vartheta - \frac{dy}{dx}\cos\vartheta = (1 - x^2)\frac{d^2 y}{dx^2} - x\frac{dy}{dx},$$

daß $T_n(x)$ der Differentialgleichung

$$(1 - x^2)\,y'' - x\,y' + n^2 y = 0$$

genügt.

Für $\vartheta = \frac{k\pi}{n}$ $(k = 0, 1, 2, \ldots, n)$, d. h. $x = \cos\frac{k\pi}{n}$, nimmt $T_n(x)$ die Werte $\frac{(-1)^k}{2^{n-1}}$ an. Wiche nun ein Polynom $Q_n(x) = x^n + a_1 x^{n-1} + \cdots + a_n$ mit reellen Koeffizienten im Intervall $-1 \leqq x \leqq +1$ weniger von Null ab als $T_n(x)$, so wäre $T_n\left(\cos\frac{k\pi}{n}\right) - Q_n\left(\cos\frac{k\pi}{n}\right)$ abwechselnd positiv und negativ für $k = 0, 1, 2, \ldots, n$, d. h. $T_n(x) - Q_n(x)$ hätte in unserem Intervall mindestens n Nullstellen. Das ist aber ausgeschlossen, weil der Grad dieses Polynoms $n-1$ nicht übersteigt. Die Tschebyscheffschen Polynome sind daher dadurch ausgezeichnet, daß bei ihnen die Abweichung von Null, d. h. der größte Wert des absoluten Betrages, im Intervall $-1 \leqq x \leqq +1$ den kleinsten Wert annimmt, der bei einem Polynom n-ten Grades mit reellen Koeffizienten und höchstem Koeffizienten 1, wie es die $T_n(x)$ sind, überhaupt möglich ist.

IV. Abschnitt.

Besselsche Funktionen[1]).

1. Schwingungen einer Kette. Diese Funktionen kommen zum ersten Mal in einer von Daniel Bernoulli[2]) im Jahre 1732 behandelten mechanischen Aufgabe vor. Eine schwere Kette (Abb. 15) mit fester Längendichte ϱ sei an einem Ende aufgehängt und möge kleine Schwingungen um die Ruhelage ausführen. Der Bogen s auf der Kette wird vom untersten Punkt an nach oben gezählt. Auf das Massenelement $\varrho\, ds$ wirkt infolge der Schwere der Kette längs der Tangente die Spannung $T = \varrho g s$ (g Beschleunigung der Schwere), in der entgegengesetzten Richtung die Spannung $T + dT$. Für die Bewegungen senkrecht zur Lotrichtung (die entsprechende Entfernung von der Ruhelage möge mit y bezeichnet werden) kommt nur die waagrechte Komponente von T in Frage, d. h. $T\frac{\partial y}{\partial s}$. Es ist daher ($t$ Zeit)

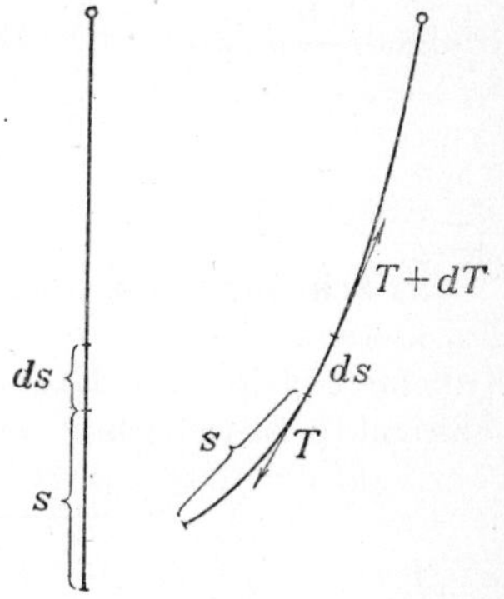

Abb. 15

$$\varrho\, ds\,\frac{\partial^2 y}{\partial t^2} = d\left(T\,\frac{\partial y}{\partial s}\right) \quad \text{oder} \quad \frac{\partial^2 y}{\partial t^2} = g\,\frac{\partial}{\partial s}\left(s\,\frac{\partial y}{\partial s}\right).$$

[1]) Bei der Abfassung dieses Abschnittes wurde weitgehend das große Werk von G. N. Watson, A Treatise on the Theory of Bessel Functions, Cambridge 1922, benutzt.

[2]) D. Bernoulli, Comm. Petrop. **6** (1732/33 [38]), S. 108—122, 8. Satz, S. 116.

Setzt man $y = f(s)\,h(t)$, wobei $f(s)$ nur von s, $h(t)$ nur von t abhängt, so ergibt sich $f(s)\,h''(t) = g\,h(t)\frac{d\,[s\,f'(s)]}{d\,s}$ oder $\frac{g}{f(s)}\frac{d\,[s\,f'(s)]}{d\,s} = \frac{h''(t)}{h(t)}$. Da die linke Seite dieser Gleichung nur von s, die rechte nur von t abhängt, müssen beide Seiten einer Konstanten $-k^2$ gleich sein. Es wird also $h''(t) + k^2 h(t) = 0$. Da es sich um Schwingungen handelt, muß die Konstante k^2 tatsächlich positiv sein, wie wir angenommen haben. Man erhält

$$h(t) = A \sin k t + B \cos k t$$

(A, B Integrationskonstante). Für $f(s)$ ergibt sich die Differentialgleichung

$$s f''(s) + f'(s) + \frac{k^2}{g} f(s) = 0.$$

Wir führen die neue Veränderliche x durch die Gleichung $s = \frac{g\,x^2}{4\,k^2}$ ein. Es ist daher

$$1 = \frac{g}{2\,k^2}\,x\,\frac{d\,x}{d\,s},$$

somit

$$\frac{d f}{d s} = \frac{d f}{d x}\,\frac{2\,k^2}{g\,x},$$

$$\frac{d^2 f}{d s^2} = \frac{d^2 f}{d x^2}\,\frac{4\,k^4}{g^2 x^2} - \frac{d f}{d x}\,\frac{4\,k^4}{g^2 x^3},$$

infolgedessen lautet die Differentialgleichung

$$\text{(1)} \qquad \frac{d^2 f(x)}{d x^2} + \frac{1}{x}\,\frac{d f(x)}{d x} + f(x) = 0.$$

2. Schwingungen einer Membran. L. Euler[1]) beschäftigte sich 1764 mit den kleinen Schwingungen einer gespannten kreisförmigen Membran um ihre Ruhelage. Die XY-Ebene möge mit der Membran zusammenfallen, die senkrechte Abweichung von der Ruhelage sei u. Dann genügt u bei passender Wahl der Maßeinheiten der Differentialgleichung

$$\text{(1)} \qquad \frac{\partial^2 u}{\partial x^2} + \frac{\partial^2 u}{\partial y^2} = \frac{\partial^2 u}{\partial t^2}$$

(Erweiterung der Gleichung der schwingenden Saite auf zwei Dimensionen).

Setzt man ähnlich wie in der vorigen Ziffer $u(x, y, t) = v(x, y)\,w(t)$, so erhält man

$$\text{(2)} \qquad \frac{1}{v}\left(\frac{\partial^2 v}{\partial x^2} + \frac{\partial^2 v}{\partial y^2}\right) = \frac{1}{w}\,\frac{d^2 w}{d t^2} = -k^2 \text{ (konstant)},$$

---

[1]) L. Euler, Petrop. N. Comm. **10** (1764 [66]), S. 243—260.

somit

$$(3) \qquad w'' + k^2 w = 0 \quad \text{oder} \quad w = A \sin kt + B \cos kt$$

und

$$(4) \qquad \frac{\partial^2 v}{\partial x^2} + \frac{\partial^2 v}{\partial y^2} + k^2 v = 0.$$

Hier führen wir im Falle einer kreisförmigen Membran statt der rechtwinkligen Koordinaten Polarkoordinaten ein. Aus (V, 2) entnehmen wir, falls wir $x = r\cos\varphi$, $y = r\sin\varphi$ setzen und beachten, daß v von z nicht abhängt,

$$\frac{\partial^2 v}{\partial r^2} + \frac{1}{r}\frac{\partial v}{\partial r} + \frac{1}{r^2}\frac{\partial^2 v}{\partial \varphi^2} + k^2 v = 0.$$

Der Ansatz $v = f(r)\, g(\varphi)$ liefert uns dann

$$\frac{r^2}{f(r)}\left[f''(r) + \frac{1}{r} f'(r) + k^2 f(r)\right] = -\frac{g''(\varphi)}{g(\varphi)} = n^2 \text{ (konstant)},$$

somit

$$g''(\varphi) + n^2 g(\varphi) = 0 \quad \text{oder} \quad g(\varphi) = C \sin n\varphi + D \cos n\varphi$$

und

$$f''(r) + \frac{f'(r)}{r} + \left(k^2 - \frac{n^2}{r^2}\right) f(r) = 0$$

oder mit $x = kr$ und $f(r) = h(x)$

$$(5) \qquad \frac{d^2 h(x)}{dx^2} + \frac{1}{x}\frac{dh(x)}{dx} + \left(1 - \frac{n^2}{x^2}\right) h(x) = 0.$$

3. Wärmeleitung. Im Jahre 1822 gelangte Fourier[1]) ebenfalls zur Differentialgleichung (2, 5), als er die Wärmeleitung in einem unendlich langen Kreiszylinder untersuchte. In diesem Fall tritt in der Differentialgleichung (2, 1) auf der rechten Seite $\frac{\partial u}{\partial t}$ statt $\frac{\partial^2 u}{\partial t^2}$ auf (u bedeutet jetzt die Temperatur), daher in (2, 2) $\frac{dw}{dt}$ statt $\frac{d^2 w}{dt^2}$, für (2, 3) erhält man

$$w' + k^2 w = 0 \quad \text{oder} \quad w = A e^{-k^2 t},$$

alles übrige bleibt gleich.

Kurz darauf untersuchte Poisson[2]) die Wärmeleitung in einer Kugel. In diesem Fall hat man die dreidimensionale Wärmeleitungsgleichung

$$\frac{\partial^2 u}{\partial x^2} + \frac{\partial^2 u}{\partial y^2} + \frac{\partial^2 u}{\partial z^2} = \frac{\partial u}{\partial t},$$

---

[1]) Vgl. Einleitung, Ziffer 2, Anmerkung 2.

[2]) S. D. Poisson, J. Ecole polytechn. **12** (1823), S. 249—403.

somit für $u(x, y, z, t) = v(x, y, z)\, w(t)$ statt (2, 4)

$$\frac{\partial^2 v}{\partial x^2} + \frac{\partial^2 v}{\partial y^2} + \frac{\partial^2 v}{\partial z^2} + k^2 v = 0.$$

Führen wir im Falle der Kugel nach (V, 3) Kugelkoordinaten ein, so ergibt sich

$$\frac{1}{r^2}\left[\frac{\partial}{\partial r}\left(r^2 \frac{\partial v}{\partial r}\right) + \frac{1}{\sin\vartheta}\frac{\partial}{\partial\vartheta}\left(\sin\vartheta \frac{\partial v}{\partial\vartheta}\right) + \frac{1}{\sin^2\vartheta}\frac{\partial^2 v}{\partial\varphi^2}\right] + k^2 v = 0$$

oder mit $v = f(r)\, g(\vartheta, \varphi)$

$$\frac{1}{f(r)}\frac{d}{dr}\left[r^2 \frac{df(r)}{dr}\right] + k^2 r^2$$

$$= -\frac{1}{g(\vartheta, \varphi)}\left\{\frac{1}{\sin\vartheta}\frac{\partial}{\partial\vartheta}\left[\sin\vartheta \frac{\partial g(\vartheta, \varphi)}{\partial\vartheta}\right] + \frac{1}{\sin^2\vartheta}\frac{\partial^2 g(\vartheta, \varphi)}{\partial\varphi^2}\right\}$$

$$= n(n+1) \text{ (konstant)},$$

daher für $f(r)$ die Differentialgleichung

$$\frac{1}{r^2}\frac{d}{dr}\left[r^2 \frac{df(r)}{dr}\right] + \left[k^2 - \frac{n(n+1)}{r^2}\right] f(r) = 0$$

oder mit $x = kr$ und $f(r) = h(x)$

$$\frac{1}{x^2}\frac{d}{dx}\left[x^2 \frac{dh(x)}{dx}\right] + \left[1 - \frac{n(n+1)}{x^2}\right] h(x) = 0.$$

Führen wir noch $y = \sqrt{x}\, h(x)$ ein, so erhalten wir

$$\frac{dh}{dx} = \frac{dy}{dx} x^{-\frac{1}{2}} - \tfrac{1}{2} y x^{-\frac{3}{2}},$$

$$\frac{d}{dx}\left(x^2 \frac{dh}{dx}\right) = \frac{d^2 y}{dx^2} x^{\frac{3}{2}} + \frac{dy}{dx} x^{\frac{1}{2}} - \tfrac{1}{4} y x^{-\frac{1}{2}},$$

daher schließlich die Differentialgleichung

$$(1) \qquad \frac{d^2 y}{dx^2} + \frac{1}{x}\frac{dy}{dx} + \left[1 - \frac{(2n+1)^2}{4x^2}\right] y = 0.$$

4. Besselsche Differentialgleichung. Wir sehen, daß wir in allen diesen Fällen (1, 1), (2, 5), (3, 1) auf eine Differentialgleichung der Gestalt

$$(1) \qquad \frac{d^2 w}{dz^2} + \frac{1}{z}\frac{dw}{dz} + \left(1 - \frac{\nu^2}{z^2}\right) w = 0$$

gestoßen sind. Wir wollen diese Differentialgleichung, die man Besselsche Differentialgleichung zu nennen pflegt, gleich ganz allgemein untersuchen, denken uns also w als Funktion der komplexen Veränderlichen z

und ν als komplexe Konstante. Wir setzen die Lösung in Form einer Potenzreihe an

$$w = c_0 z^\alpha + c_1 z^{\alpha+1} + c_2 z^{\alpha+2} + \cdots$$

und vergleichen die Koeffizienten der niedrigsten Potenz von z, d. h. von $z^{\alpha-2}$. Man erhält

$$\alpha(\alpha-1) + \alpha - \nu^2 = 0 \quad \text{oder} \quad \alpha = \pm \nu.$$

Wir entscheiden uns für einen der beiden Werte und sehen, daß der Faktor z^ν aus allen Gliedern der Reihe heraustritt. Wir können daher, indem wir mit H. Hankel[1]) auf den zweiten Faktor die Laplacesche Umformung anwenden, die Lösung in der Gestalt

$$w = z^\nu \int_a^b e^{izt} f(t)\, dt$$

ansetzen. Damit erhalten wir

$$\frac{dw}{dz} = \nu z^{\nu-1} \int_a^b e^{izt} f(t)\, dt + i z^\nu \int_a^b e^{izt}\, t f(t)\, dt,$$

$$\frac{d^2 w}{dz^2} = \nu(\nu-1) z^{\nu-2} \int_a^b e^{izt} f(t)\, dt + 2 i \nu z^{\nu-1} \int_a^b e^{izt}\, t f(t)\, dt - z^\nu \int_a^b e^{izt}\, t^2 f(t)\, dt.$$

Dann ist

$$z^2 \frac{d^2 w}{dz^2} + z \frac{dw}{dz} + (z^2 - \nu^2) w$$

$$= z^{\nu+2} \int_a^b e^{izt} (1-t^2) f(t)\, dt + (2\nu+1) i z^{\nu+1} \int_a^b e^{izt}\, t f(t)\, dt$$

$$= -i z^{\nu+1} \left[e^{izt} (1-t^2) f(t) \right]_a^b$$

$$+ i z^{\nu+1} \int_a^b e^{izt} \left\{ (2\nu+1)\, t f(t) - \frac{d}{dt} [(t^2-1) f(t)] \right\} dt.$$

Um diesen Ausdruck zum Verschwinden zu bringen, wählen wir zuerst $f(t)$ so, daß

$$\frac{d}{dt} [(t^2-1) f(t)] = (2\nu+1)\, t f(t)$$

ist, d. h.

$$(t^2-1) f'(t) = (2\nu-1)\, t f(t)$$

oder

$$f(t) = (t^2-1)^{\nu - \frac{1}{2}}.$$

[1]) H. Hankel, Math. Ann. **1** (1869), S. 473—485.

5. Erste Hankelsche Integraldarstellung. Wir haben jetzt noch die Bedingung $\left[e^{izt}(t^2-1)^{\nu+\frac{1}{2}}\right]_a^b = 0$ zu erfüllen. Wir nehmen als Integrationsweg eine geschlossene Kurve, also $a = b$, und zwar so, daß $e^{izt}(t^2-1)^{\nu+\frac{1}{2}}$ seinen ursprünglichen Wert wieder annimmt, wenn t die ganze Kurve durchlaufen hat. Zu diesem Zweck wählen wir die Kurve C_1 um die Punkte $+1$ und -1 (Abb. 16). Die vieldeutige Funktion $(t^2-1)^{\nu+\frac{1}{2}}$ sei dadurch bestimmt, daß die Winkel von $t-1$ und $t+1$ auf der reellen Achse rechts vom Punkt 1 den Wert Null haben. Damit ist unsere Forderung erfüllt. Denn beim Umlauf um den Punkt 1 ändert sich der Winkel der Funktion um $(2\nu+1)\pi$, beim Umlauf um den Punkt -1 um $-(2\nu+1)\pi$, so daß wieder derselbe Funktionswert auftritt, wenn der gesamte Integrationsweg durchlaufen ist. Wir müssen aber noch voraussetzen, daß $\nu \neq \frac{1}{2}, \frac{3}{2}, \frac{5}{2}, \ldots$ ist, denn sonst ist die Funktion in den Punkten ± 1 analytisch und daher

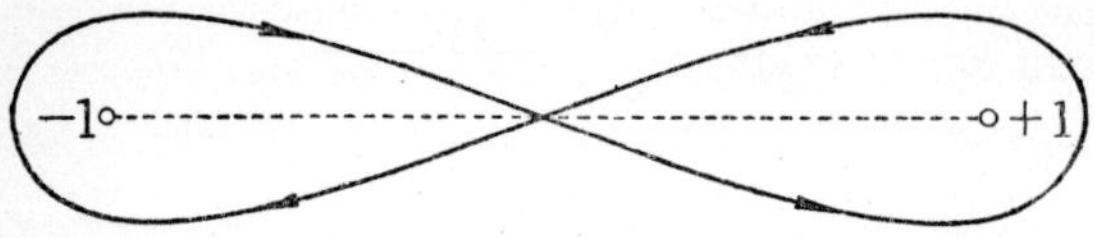

Abb. 16

$$\int_{C_1} e^{izt}(t^2-1)^{\nu-\frac{1}{2}}\,dt = 0.$$

Wir ziehen nun den Integrationsweg ganz eng um die Strecke zwischen -1 und $+1$ zusammen, d. h. er soll in kleinen Kreisen die Punkte $+1$ und -1 umschlingen und sonst ganz mit der reellen Achse zusammenfallen. Dabei ändert sich der Wert des Integrals nach dem Cauchyschen Integralsatz nicht. Schließlich lassen wir die Halbmesser der beiden kleinen Kreise gegen Null streben. Setzen wir den reellen Teil $\Re(\nu+\frac{1}{2}) > 0$ voraus, so bleibt der Integrand auch für $t = \pm 1$ integrierbar und die beiden Bestandteile des Integrals, die von den kleinen Kreisen herrühren, verschwinden in der Grenze (L. S. 230).

Denn mit den Zerlegungen

(1) $\quad z = x + iy,\quad \nu = \nu_1 + i\nu_2,\quad t = \xi + i\eta,\quad t-1 = re^{i\varphi},\quad t+1 = \varrho e^{i\psi}$

hat man

(2) $$\left| e^{izt}(t^2-1)^{\nu-\frac{1}{2}} \right| = r^{\nu_1-\frac{1}{2}}\varrho^{\nu_1-\frac{1}{2}} e^{-(x\eta+y\xi)-\nu_2(\varphi+\psi)};$$

somit gibt es, weil $\nu_1 + \frac{1}{2} > 0$ ist, eine Zahl $\alpha < 1$, so daß $\nu_1 - \frac{1}{2} + \alpha > 0$ ist. Infolgedessen bleibt $\left| e^{izt}(t^2-1)^{\nu-\frac{1}{2}}(t \mp 1)^{\alpha} \right|$ in einer hinreichend kleinen Umgebung von $t = \pm 1$ für festes z beschränkt.

Es bleiben also noch die Bestandteile des Integrals übrig, die von der Strecke -1 bis $+1$ herrühren. Obwohl diese Strecke zweimal entgegengesetzt durchlaufen wird, heben sich diese Bestandteile doch nicht auf. Der Umlauf um den Punkt $+1$ kommt ja so zustande, daß wir z. B. von 0 bis $+1$ integrieren, dann den Punkt $+1$ umlaufen und hierauf von $+1$ nach 0 gehen. Da nun nach Voraussetzung $t-1$ rechts von $+1$ auf der reellen Achse den Winkel 0 haben soll, müssen wir diese Funktion im Integral vor dem Umlauf auf der reellen Achse zwischen 0 und 1 durch $(1-t)\,e^{-\pi i}$ und nach dem Umlauf durch $(1-t)\,e^{\pi i}$ ersetzen. Hierauf haben wir von 0 bis -1 zu integrieren, den Punkt -1 zu umlaufen (dabei nimmt $1+t$ den Faktor $e^{-2\pi i}$ an) und schließlich von -1 nach 0 zurückzukehren. Wir erhalten also

$$\int_{C_1} e^{izt}(t^2-1)^{\nu-\frac{1}{2}}\,dt = e^{-\pi i\left(\nu-\frac{1}{2}\right)}\int_0^1 + e^{\pi i\left(\nu-\frac{1}{2}\right)}\int_1^{-1} + e^{-\pi i\left(\nu-\frac{1}{2}\right)}\int_{-1}^{0},$$

wobei unter dem Integralzeichen der rechten Seite jedesmal $e^{izt}(1-t^2)^{\nu-\frac{1}{2}}\,dt$ zu schreiben ist, somit

$$(3)\qquad \int_{C_1} e^{izt}(t^2-1)^{\nu-\frac{1}{2}}\,dt$$

$$= \left[e^{-\pi i\left(\nu-\frac{1}{2}\right)} - e^{\pi i\left(\nu-\frac{1}{2}\right)}\right]\int_{-1}^{+1} e^{izt}(1-t^2)^{\nu-\frac{1}{2}}\,dt$$

$$= -2\,i\sin\left(\nu-\tfrac{1}{2}\right)\pi\int_{-1}^{+1} e^{izt}(1-t^2)^{\nu-\frac{1}{2}}\,dt$$

$$= 2\,i\cos\nu\pi\int_{-1}^{+1} e^{izt}(1-t^2)^{\nu-\frac{1}{2}}\,dt$$

$$= 2\,i\cos\nu\pi\int_{-1}^{+1}\sum_{m=0}^{\infty}\frac{(iz)^m}{m!}\,t^m(1-t^2)^{\nu-\frac{1}{2}}\,dt.$$

Weil die Integrale $\int_{-1}^{+1} e^{izt}(1-t^2)^{\nu-\frac{1}{2}}\,dt,\ \int_{-1}^{+1}\sum_{m=0}^{N}\frac{(iz)^m}{m!}\,t^m(1-t^2)^{\nu-\frac{1}{2}}\,dt$

und $\int_{-1}^{+1}(1-t^2)^{\nu-\frac{1}{2}}\,dt$ absolut konvergieren und die Reihe für e^{izt} im Integrationsintervall gleichmäßig für festes z konvergiert, kann man gliedweise integrieren (L. S. 229). Beachtet man noch, daß

$$\int_{-1}^{+1} t^m(1-t^2)^{\nu-\frac{1}{2}}\,dt = 0$$

für ungerades m ist, weil in diesem Fall der Integrand mit t das Zeichen wechselt, so hat man

$$\int_{C_1} e^{izt}(t^2-1)^{\nu-\frac{1}{2}}\,dt = 2\,i\cos\nu\pi\sum_{m=0}^{\infty}\frac{(-1)^m z^{2m}}{(2m)!}\int_{-1}^{+1} t^{2m}(1-t^2)^{\nu-\frac{1}{2}}\,dt.$$

Nun ist nach (II, 10)

$$\int_{-1}^{+1} t^{2m}(1-t^2)^{\nu-\frac{1}{2}}\,dt = 2\int_0^1 t^{2m}(1-t^2)^{\nu-\frac{1}{2}}\,dt$$

$$=\int_0^1 u^{m-\frac{1}{2}}(1-u)^{\nu-\frac{1}{2}}\,du = B(m+\tfrac{1}{2},\nu+\tfrac{1}{2}) = \frac{\Gamma(m+\frac{1}{2})\,\Gamma(\nu+\frac{1}{2})}{\Gamma(m+\nu+1)},$$

also, weil

$$(4)\qquad \Gamma(m+\tfrac{1}{2}) = \tfrac{1}{2}\cdot\tfrac{3}{2}\cdots\frac{2m-1}{2}\sqrt{\pi} \quad\text{und}\quad \Gamma(\nu+\tfrac{1}{2})\,\Gamma(\tfrac{1}{2}-\nu) = \frac{\pi}{\cos\nu\pi}$$

nach (II, 4) ist,

$$(5)\qquad z^\nu\int_{C_1} e^{izt}(t^2-1)^{\nu-\frac{1}{2}}\,dt$$

$$= 2\,i\cos\nu\pi\,\Gamma(\nu+\tfrac{1}{2})\sum_{m=0}^{\infty}\frac{(-1)^m\,\Gamma(m+\frac{1}{2})}{(2m)!\,\Gamma(m+\nu+1)}\,z^{\nu+2m}$$

$$= \frac{2^{\nu+1}\pi^{\frac{3}{2}}\,i}{\Gamma(\frac{1}{2}-\nu)}\sum_{m=0}^{\infty}\frac{(-1)^m\left(\frac{z}{2}\right)^{\nu+2m}}{m!\,\Gamma(m+\nu+1)}.$$

6. Besselsche Funktionen. Wir haben in dem Ausdruck (5) der vorigen Ziffer eine Lösung der Besselschen Differentialgleichung erhalten. Sie ist gleichzeitig durch ein Integral und eine unendliche Reihe dargestellt. Die Summe bezeichnet man mit

$$(1)\qquad J_\nu(z) = \sum_{m=0}^{\infty}\frac{(-1)^m\left(\frac{z}{2}\right)^{\nu+2m}}{m!\,\Gamma(\nu+1+m)} = \frac{\Gamma(\frac{1}{2}-\nu)}{2^{\nu+1}\pi^{\frac{3}{2}}\,i}\,z^\nu\int_{C_1} e^{izt}(t^2-1)^{\nu-1/2}\,dt$$

und führt für sie die Benennung Besselsche Funktion ein, weil Bessel[1]) zuerst ihre Haupteigenschaften für ganzzahlige Zeiger $\nu \geqq 0$ untersucht hat, als er in der Theorie der elliptischen Planetenbewegung auf diese Funktion gestoßen war. In derselben Fragestellung tritt sie zum ersten Male schon bei Lagrange[2]) auf.

Die Summe

$$(2)\qquad \sum_{m=0}^{\infty}\frac{(-1)^m\left(\frac{z}{2}\right)^{2m}}{m!\,\Gamma(\nu+1+m)}$$

konvergiert absolut und gleichmäßig für alle $|z| \leqq R$ und $|\nu| \leqq N$, wo R und N beliebige positive Zahlen sind. Denn bildet man das Verhältnis zweier aufeinanderfolgenden Glieder, so ergibt sich nach (II, 4, 1)

---

[1]) Fr. W. Bessel, Abh. Preuß. Akad. Wiss. Phys.-math. Kl., 1824 [26], S. 1—52.

[2]) J. Lagrange, Hist. de l'Acad. R. des Sc. de Berlin **25** (1769 [71]), S. 204—233 oder Werke **3** (1869), S. 113—138.

$$\left| -\frac{z^2}{4\,m(\nu+m)} \right| \leqq \frac{R^2}{4\,m(m-N)} \leqq \beta < 1$$

für alle $m > m_0$, wenn nur die ganze Zahl m_0 genügend groß gewählt ist. Die Beträge dieser Glieder sind also nicht größer als die Glieder einer geometrischen Reihe mit dem Quotienten β und dem Anfangsglied $\dfrac{\left(\frac{R}{2}\right)^{2\,m_0}}{m_0!\,|\Gamma(\nu+1+m_0)|}$.

Da $\dfrac{1}{\Gamma(z)}$ nach (II, 2) analytische Funktion von z ist, liegt $\dfrac{1}{|\Gamma(\nu+1+m_0)|}$ für $|\nu| \leqq N$ unterhalb einer festen Schranke, somit auch das Anfangsglied unserer geometrischen Reihe. Die Glieder der Reihe (2) sind infolgedessen von einem bestimmten Wert an kleiner als die Glieder einer geometrischen Reihe mit festen Gliedern, d. h. die Reihe konvergiert in dem genannten Bereich absolut und gleichmäßig, ist hiernach eine analytische Funktion von z und ν und zwar für alle endlichen Werte von z und ν, da R und N beliebig groß sein können.

Somit ist auch $J_\nu(z)$ eine analytische Funktion für alle endlichen z und ν, gegebenenfalls ausgenommen $z = 0$ wegen des Faktors z^ν. Für z^ν wollen wir immer den Hauptwert, d. h. den Winkel von $\ln z$ in $e^{\nu \ln z}$ zwischen $-\pi$ und $+\pi$ wählen. Für ganzzahlige $\nu \geqq 0$ ist die Stelle $z = 0$ natürlich regulär. Da auch die rechte Seite der Gleichung (1) eine analytische Funktion von z und ν ist, gilt die Gleichung für alle Werte z und ν. Ausgenommen sind nur die Stellen $\nu = \frac{1}{2}, \frac{3}{2}, \frac{5}{2}, \ldots$, denn dort hat $\Gamma(\frac{1}{2} - \nu)$ Pole, während das Integral Null wird.

Berücksichtigen wir, daß $\dfrac{1}{\Gamma(z)}$ die Nullstellen $0, -1, -2, \ldots$ hat und $\Gamma(n+1) = n!$ ist, so erhalten wir für positives ganzzahliges n

$$\text{(3)} \qquad J_{-n}(z) = \sum_{m=0}^{\infty} \frac{(-1)^m \left(\frac{z}{2}\right)^{-n+2\,m}}{m!\,\Gamma(-n+m+1)}$$

$$= (-1)^n \sum_{m=0}^{\infty} \frac{(-1)^m \left(\frac{z}{2}\right)^{n+2\,m}}{m!\,(n+m)!} = (-1)^n J_n(z).$$

7. Poissonsche Integraldarstellung. Eine auch in diesem Fall gültige Integraldarstellung erhalten wir, allerdings unter der Voraussetzung $\Re(\nu + \frac{1}{2}) > 0$, aus den Gleichungen (5, 3), (5, 4) und (6, 1):

$$\text{(1)} \qquad J_\nu(z) = \frac{z^\nu}{2^\nu \sqrt{\pi}\,\Gamma(\nu+\frac{1}{2})} \int_{-1}^{+1} e^{izt} (1-t^2)^{\nu-1/2}\, dt$$

$$= \frac{z^\nu}{2^\nu \sqrt{\pi}\,\Gamma(\nu+\frac{1}{2})} \int_{-1}^{+1} \cos(zt)\,(1-t^2)^{\nu-1/2}\, dt;$$

denn $\int_{-1}^{+1} \sin(zt)\,(1-t^2)^{\nu-1/2}\,dt = 0$, weil der Integrand mit t sein Zeichen wechselt. Aus der Stetigkeit von $(1-t^2)^{\nu-1/2}$ folgert man durch Grenzübergang die Gültigkeit der Gleichung (1) auch für die früher ausgeschlossenen Werte $\nu = \frac{3}{2}, \frac{5}{2}, \ldots$.

Für $\nu = \frac{1}{2}$ erhält man aus (6, 1), (5, 4) und (II, 4, 1)

$$(2)\qquad J_{\frac{1}{2}}(z) = \frac{1}{\sqrt{2\pi z}} \sum_{m=0}^{\infty} \frac{(-1)^m z^{2m+1}}{m!\,2^{2m}\cdot\frac{1}{2}\cdot\frac{3}{2}\cdots\frac{2m+1}{2}}$$

$$= \sqrt{\frac{2}{\pi z}} \sum_{m=0}^{\infty} \frac{(-1)^m z^{2m+1}}{(2m+1)!} = \sqrt{\frac{2}{\pi z}} \sin z,$$

$$\frac{z^\nu}{2^\nu \sqrt{\pi}\,\Gamma(\nu+\frac{1}{2})} \int_{-1}^{+1} \cos(zt)\,(1-t^2)^{\nu-1/2}\,dt = \sqrt{\frac{z}{2\pi}} \left[\frac{\sin zt}{z}\right]_{-1}^{+1} = \sqrt{\frac{2}{\pi z}} \sin z,$$

d. h. Gleichung (1) gilt auch für $\nu = \frac{1}{2}$. Für $\nu = -\frac{1}{2}$ berechnet man ähnlich

$$(3)\qquad J_{-\frac{1}{2}}(z) = \sqrt{\frac{2}{\pi z}} \sum_{m=0}^{\infty} \frac{(-1)^m z^{2m}}{m!\,2^{2m}\cdot\frac{1}{2}\cdot\frac{3}{2}\cdots\frac{2m-1}{2}}$$

$$= \sqrt{\frac{2}{\pi z}} \sum_{m=0}^{\infty} \frac{(-1)^m z^{2m}}{(2m)!} = \sqrt{\frac{2}{\pi z}} \cos z.$$

Wir führen nun $t = \cos\varphi$ als neue Veränderliche in (1) ein und erhalten

$$J_\nu(z) = \frac{z^\nu}{2^\nu \sqrt{\pi}\,\Gamma(\nu+\frac{1}{2})} \int_0^\pi \cos(z\cos\varphi)\,\sin^{2\nu}\varphi\,d\varphi.$$

Von dem Ausdruck der rechten Seite zeigte zuerst E. Lommel[1]), daß er Lösung der Besselschen Differentialgleichung ist. Für nichtnegative Zeiger war diese Tatsache schon Poisson[2]) bekannt.

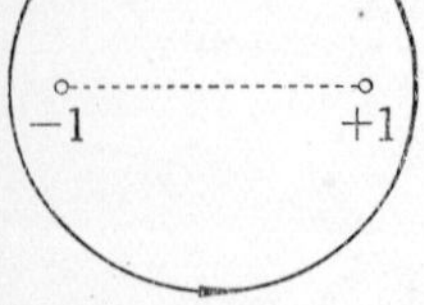

Abb. 17

8. Zweite Hankelsche Integraldarstellung. Wir können die Bedingung $[e^{izt}(t^2-1)^{\nu+1/2}]_a^b = 0$ von Ziffer 5 noch in anderer Weise erfüllen, nämlich dadurch, daß die Funktion an den beiden Grenzen verschwindet. Wir setzen $\Re(z) > 0$ voraus und wählen als Integrationsweg die Kurve C_2 (Abb. 17). Sie soll aus dem Unendlichen in der Richtung der positiven imaginären Achse kommen, die beiden Punkte -1 und $+1$ im positiven Sinn umkreisen und längs der positiven imaginären Achse ins Unendliche zurückkehren. Die Winkel von $t-1$ und $t+1$ sollen wie in Ziffer 5 gewählt sein.

Für alle genügend großen η, beschränkte ξ, z, ν und $x \geqq 2\delta > 0$ hat man nach (5, 1) und (5, 2)

$$(1)\qquad |e^{izt}(t^2-1)^{\nu-\frac{1}{2}}| < e^{-\delta\eta}.$$

[1]) E. Lommel, Studien über die Besselschen Funktionen, Leipzig 1868, S. 1ff.
[2]) S. D. Poisson, J. Ecole polytechn. **12** (1823), S. 300ff., 340ff.

Das Integral über den Weg C_2 konvergiert daher absolut und gleichmäßig in bezug auf z und ν, somit sind die in Ziffer 4 unter dem Integralzeichen vorgenommenen Differentiationen gerechtfertigt.

Aus denselben Gründen wie in Ziffer 5 müssen wir voraussetzen, daß $\nu \neq \frac{1}{2}, \frac{3}{2}, \frac{5}{2}, \cdots$ ist. Ferner nehmen wir noch an, daß C_2 vollständig außerhalb des Einheitskreises liegt. Dann ist mit $\operatorname{arc} t = 0$ für $t > 0$ gemäß (II, 4, 1)

$$(t^2 - 1)^{\nu - \frac{1}{2}} = t^{2\nu-1}(1 - t^{-2})^{\nu-\frac{1}{2}}$$

$$= t^{2\nu-1}\left[1 + \sum_{m=1}^{\infty} \frac{(-1)^m}{m!} (\nu - \tfrac{1}{2})(\nu - \tfrac{3}{2}) \cdots \left(\nu - \frac{2m-1}{2}\right) t^{-2m}\right]$$

$$= \sum_{m=0}^{\infty} \frac{\Gamma(\frac{1}{2} - \nu + m)}{m!\,\Gamma(\frac{1}{2} - \nu)} t^{2\nu-1-2m}.$$

Die Reihe in der eckigen Klammer konvergiert gleichmäßig auf C_2, die Integrale $\int_{C_2} e^{izt} t^{2\nu-1-2m}\,dt$ konvergieren absolut, weil wie in (1) nach (5, 1) und (5, 2) $|e^{izt}(t^2 - 1)^{2\nu-1-2m}| < e^{-\delta\eta}$ für genügend großes η und festes z und ν ist. Man kann also gliedweise integrieren (L. S. 224) und erhält

$$(1)\qquad \int_{C_2} e^{izt}(t^2 - 1)^{\nu-1/2}\,dt = \sum_{m=0}^{\infty} \frac{\Gamma(\frac{1}{2} - \nu + m)}{m!\,\Gamma(\frac{1}{2} - \nu)} \int_{C_2} e^{izt}\, t^{2\nu-1-2m}\,dt.$$

Wir setzen $z = |z|\,e^{i\alpha}$. Dann ist $|\alpha| < \frac{\pi}{2}$ nach unserer Voraussetzung über den reellen Teil von z. An Stelle von t führen wir die Veränderliche $\tau = izt$ ein. Für τ ergibt sich ein Integrationsweg C, der die beiden Punkte iz und $-iz$ und auch den Nullpunkt im positiven Sinn umschlingt (siehe Abb. 9). Er erstreckt sich aber nicht längs der positiven imaginären Achse ins Unendliche, sondern längs einer Geraden, die unter dem Winkel α gegen die negative reelle Achse geneigt ist. Denn der Winkel von τ ist um $\frac{\pi}{2} + \alpha$ größer als der von t. Wir erhalten also nach (II, 5, 2)

$$(2)\qquad \int_{C_2} e^{izt}\, t^{2\nu-1-2m}\,dt = (-1)^m e^{-\nu\pi i} z^{2m-2\nu} \int_C \tau^{2\nu-1-2m} e^{\tau}\,d\tau$$

$$= \frac{2\pi i(-1)^m e^{-\nu\pi i} z^{2m-2\nu}}{\Gamma(2m - 2\nu + 1)}.$$

Nun ist nach (II, 4, 9) $\dfrac{\Gamma(2m - 2\nu + 1)}{\Gamma(m - \nu + \frac{1}{2})\,\Gamma(m - \nu + 1)} = \dfrac{2^{2m-2\nu}}{\sqrt{\pi}}$,

daher nach (1), (2), (6, 1), (II, 4)

$$z^{\nu} \int_{C_2} e^{izt}(t^2 - 1)^{\nu-1/2}\,dt = \sum_{m=0}^{\infty} \frac{2\pi i(-1)^m e^{-\nu\pi i}\,\Gamma(\frac{1}{2} - \nu + m)}{m!\,\Gamma(\frac{1}{2} - \nu)\,\Gamma(2m - 2\nu + 1)} z^{-\nu+2m}$$

$$= \sum_{m=0}^{\infty} \frac{2^{\nu+1}\pi^{3/2}\, i\, e^{-\nu\pi i}(-1)^m \left(\frac{z}{2}\right)^{-\nu+2m}}{\Gamma(\frac{1}{2} - \nu)\, m!\,\Gamma(-\nu + 1 + m)} = \frac{2^{\nu+1}\pi^{3/2}\, i\, e^{-\nu\pi i}}{\Gamma(\frac{1}{2} - \nu)} J_{-\nu}(z).$$

Es gilt also für $\Re(z) > 0$ und $\nu \neq \frac{1}{2}, \frac{3}{2}, \frac{5}{2}, \ldots$

$$(3) \qquad J_{-\nu}(z) = \frac{\Gamma(\frac{1}{2} - \nu)\, e^{\nu \pi i}\, z^{\nu}}{2^{\nu+1} \pi^{3/2}\, i} \int_{C_2} e^{izt} (t^2 - 1)^{\nu - 1/2}\, dt.$$

Die Voraussetzung, daß C_2 ganz außerhalb des Einheitskreises verläuft, wurde nur gebraucht, um diese Formel herzuleiten. Wir können sie jetzt fallen lassen, weil das Integral nach dem Cauchyschen Integralsatz seinen Wert behält, auch wenn man C_2 näher um die Punkte $+1$ und -1 zusammenzieht.

9. Hankelsche Funktionen. Wir ändern den Integrationsweg C_1 von Ziffer 5 so ab, daß er die in Abb. 18 gezeichnete Gestalt annimmt. Nach dem Cauchyschen Satz ändert sich dabei das Integral in Formel (6, 1) nicht. Der

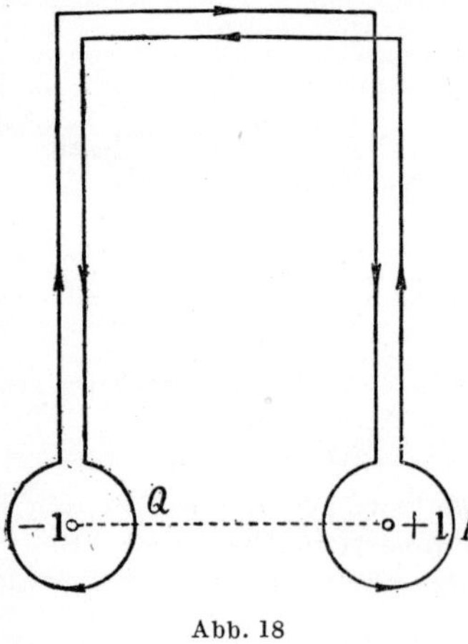

Abb. 18

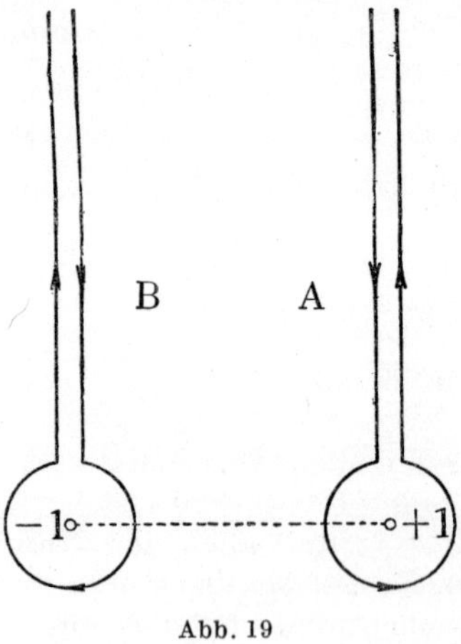

Abb. 19

Bestandteil des Integrals, der von den zur reellen Achse parallelen Stücken dieses Weges herrührt, strebt nach den Abschätzungen am Anfang von Ziffer 8 für $\eta \to +\infty$ gegen Null, wenn wir $\Re(z) = x > 0$ voraussetzen. Es bleiben also nur diejenigen Teile übrig, die von den Wegen A und B herrühren (Abb. 19), somit ist nach (6, 1)

$$(1) \qquad J_{\nu}(z) = \frac{\Gamma(\frac{1}{2} - \nu)\, z^{\nu}}{2^{\nu+1} \pi^{3/2}\, i}$$

$$\times \left[\int_A e^{izt} (t^2 - 1)^{\nu - 1/2}\, dt + \int_B e^{izt} (t^2 - 1)^{\nu - 1/2}\, dt \right].$$

Dabei ist der Winkel von $t - 1$ nach der in Ziffer 5 getroffenen Übereinkunft im Punkte P (Abb. 18) null, im Punkte Q daher π, wie man erkennt, wenn man den Weg von P nach Q durchläuft.

Ähnlich behandeln wir Formel (8, 3). Wir geben dem Integrationsweg C_2 die Gestalt der Abb. 20, wodurch das Integral nicht geändert

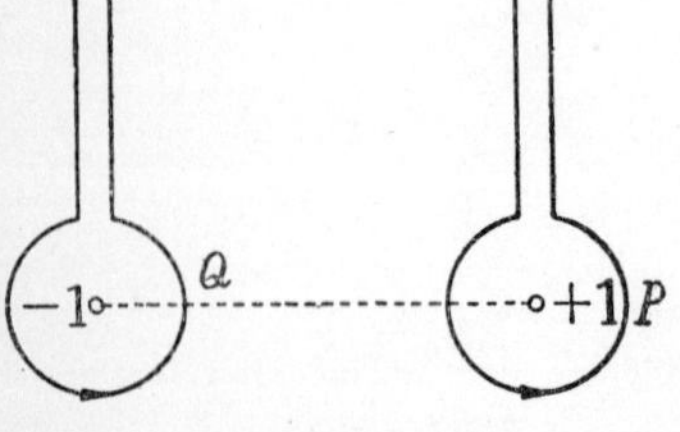

Abb. 20

wird. Aus ähnlichen Gründen wie früher streben die Bestandteile des Integrals, die von den zur reellen Achse parallelen Wegstücken und von der imaginären Achse herrühren, gegen null, wenn η über alle Schranken wächst. Es bleiben hier nur die Teile des Weges übrig, die in Abb. 19 gezeichnet sind, doch wird der Weg B entgegengesetzt durchlaufen. Wir erhalten sonach

$$J_{-\nu}(z) = \frac{\Gamma(\frac{1}{2}-\nu)\, e^{\nu\pi i} z^\nu}{2^{\nu+1}\pi^{3/2} i}\left[\int\limits_A e^{izt}(t^2-1)^{\nu-1/2}\,dt - \int\limits_B e^{izt}(t^2-1)^{\nu-1/2}\,dt\right].$$

Gemäß der Übereinkunft hat hier $t-1$ im Punkte P (Abb. 20) den Winkel Null, somit in Q den Winkel $-\pi$, wie sich leicht ergibt, wenn man den Weg von P nach Q zurückverfolgt. Wenn wir uns entschließen, auch hier im zweiten Integral den Winkel von $t-1$ im Punkte Q gleich π zu wählen wie im früheren Fall, so müssen wir das zweite Integral noch mit dem Faktor $e^{-2(\nu-1/2)\pi i}$ multiplizieren, erhalten daher

$$(2)\qquad J_{-\nu}(z) = \frac{\Gamma(\frac{1}{2}-\nu)\, z^\nu}{2^{\nu+1}\pi^{3/2} i}\Big[e^{\nu\pi i}\int\limits_A e^{izt}(t^2-1)^{\nu-1/2}\,dt + e^{-\nu\pi i}\int\limits_B e^{izt}(t^2-1)^{\nu-1/2}\,dt\Big].$$

Die Formeln (1) und (2) veranlassen uns, folgende Bezeichnungen einzuführen:

$$(3)\qquad \begin{cases} H_\nu^{(1)}(z) = \dfrac{\Gamma(\frac{1}{2}-\nu)\, z^\nu}{2^\nu \pi^{3/2} i}\displaystyle\int\limits_A e^{izt}(t^2-1)^{\nu-1/2}\,dt \\ H_\nu^{(2)}(z) = -\dfrac{\Gamma(\frac{1}{2}-\nu)\, z^\nu}{2^\nu \pi^{3/2} i}\displaystyle\int\limits_B e^{izt}(t^2-1)^{\nu-1/2}\,dt. \end{cases}$$

Dabei ist nach dem Obigen der Winkel von $t-1$ am Beginn des Weges A $-\frac{3\pi}{2}$, am Ende $\frac{\pi}{2}$, der von $t+1$ ist $\frac{\pi}{2}$ am Beginn des Weges B, am Ende $-\frac{3\pi}{2}$, der Winkel von $t+1$ ist null im Punkte P, π der von $t-1$ im Punkte Q. Man nennt diese beiden Funktionen nach N. Nielsen[1]) Hankelsche Funktionen. Die Formeln (1) und (2) schreiben sich jetzt so:

$$(4)\qquad \begin{cases} J_\nu(z) = \frac{1}{2}\left[H_\nu^{(1)}(z) + H_\nu^{(2)}(z)\right], \\ J_{-\nu}(z) = \frac{1}{2}\left[e^{\nu\pi i} H_\nu^{(1)}(z) + e^{-\nu\pi i} H_\nu^{(2)}(z)\right]. \end{cases}$$

Daraus folgt unter den früheren Voraussetzungen, solange ν keine ganze Zahl ist,

$$(5)\qquad \begin{cases} H_\nu^{(1)}(z) = \dfrac{J_{-\nu}(z) - e^{-\nu\pi i} J_\nu(z)}{i\sin\nu\pi}, \\ H_\nu^{(2)}(z) = \dfrac{e^{\nu\pi i} J_\nu(z) - J_{-\nu}(z)}{i\sin\nu\pi}. \end{cases}$$

1) N. Nielsen, Handbuch der Theorie der Zylinderfunktionen, Leipzig 1904.

10. Neumannsche Funktionen. Nach den Abschätzungen am Anfang von Ziffer 8 konvergieren die Integrale in (9, 3) gleichmäßig für alle beschränkten ν, sind daher analytische Funktionen von ν, somit ist nach (9, 5), indem man (6, 3) beachtet und die Taylorsche Entwicklung in einer Umgebung der Stelle $\nu = n$ verwendet,

$$(1) \qquad H_n^{(1)}(z) = \lim_{\nu \to n} \frac{J_{-\nu}(z) - e^{-\nu\pi i} J_\nu(z)}{i \sin \nu\pi}$$

$$= \lim_{\nu \to n} \frac{\dfrac{\partial J_{-\nu}(z)}{\partial \nu} - e^{-\nu\pi i} \dfrac{\partial J_\nu(z)}{\partial \nu} + \pi i e^{-\nu\pi i} J_\nu(z)}{i\pi \cos \nu\pi}$$

$$= J_n(z) + \frac{i}{\pi} \lim_{\nu \to n} \left[\frac{\partial J_\nu(z)}{\partial \nu} - (-1)^n \frac{\partial J_{-\nu}(z)}{\partial \nu}\right].$$

Den Grenzwert bezeichnen wir mit $\pi N_n(z)$ und berechnen ihn nach (6, 1). Da die Reihe für $J_\nu(z)$ gleichmäßig bezüglich z und ν konvergiert und die Glieder analytische Funktionen von ν sind, können wir gliedweise differenzieren und erhalten wieder eine gleichmäßig konvergente Reihe. In dieser können wir daher gliedweise zur Grenze übergehen. Auch die neue Reihe konvergiert gleichmäßig. So erhält man die analytische Funktion

$$(2) \quad \pi N_n(z) = \lim_{\nu \to n} \left[\frac{\partial J_\nu(z)}{\partial \nu} - (-1)^n \frac{\partial J_{-\nu}(z)}{\partial \nu}\right]$$

$$= \sum_{m=0}^{\infty} \lim_{\nu \to n} \left\{\frac{(-1)^m \left(\frac{z}{2}\right)^{\nu+2m}}{m!\,\Gamma(\nu+m+1)} \left[\ln \frac{z}{2} - \frac{\Gamma'(\nu+m+1)}{\Gamma(\nu+m+1)}\right]\right\}$$

$$+ (-1)^n \sum_{m=0}^{\infty} \lim_{\nu \to n} \left\{\frac{(-1)^m \left(\frac{z}{2}\right)^{-\nu+2m}}{m!\,\Gamma(-\nu+m+1)} \left[\ln \frac{z}{2} - \frac{\Gamma'(-\nu+m+1)}{\Gamma(-\nu+m+1)}\right]\right\}.$$

Wir wollen nun $n \geqq 0$ voraussetzen. Dann ist, wie man aus (2) leicht erkennt,

$$N_{-n}(z) = (-1)^n N_n(z).$$

Nach (II, 2) gilt in einer genügend kleinen Umgebung von $-n$ ($n = 0, 1, 2, \ldots$) die Entwicklung

$$\Gamma(z) = \frac{(-1)^n}{n!\,(z+n)} + \mathfrak{P}(z+n).$$

Dabei bedeutet $\mathfrak{P}(z+n)$ eine nach positiven Potenzen von $z+n$ fortschreitende Potenzreihe. Es ist daher

$$-\lim_{z \to -n} \frac{\Gamma'(z)}{\Gamma(z)^2} = (-1)^n n!.$$

Berücksichtigen wir noch (6, 3), so erhalten wir aus (2) für positives ganzzahliges n

$$(3)\quad \pi N_n(z) = 2 J_n(z) \ln\frac{z}{2} - \left(\frac{z}{2}\right)^n \sum_{m=0}^{\infty} \frac{(-1)^m \Gamma'(n+m+1)}{m!\,(n+m)!\,\Gamma(n+m+1)} \left(\frac{z}{2}\right)^{2m}$$

$$-\left(\frac{z}{2}\right)^{-n} \sum_{m=0}^{n-1} \frac{(n-m-1)!}{m!} \left(\frac{z}{2}\right)^{2m} - \left(\frac{z}{2}\right)^n \sum_{m=0}^{\infty} \frac{(-1)^m \left(\frac{z}{2}\right)^{2m}}{m!\,(n+m)!} \, \frac{\Gamma'(m+1)}{\Gamma(m+1)}.$$

Aus (II, 7, 1) ergibt sich

$$(4)\quad \frac{\Gamma'(n+m+1)}{\Gamma(n+m+1)} = -C + \sum_{s=1}^{\infty}\left(\frac{1}{s} - \frac{1}{n+m+s}\right) = -C + \sum_{s=1}^{n+m}\frac{1}{s},$$

daher aus (6, 1), (3) und (4) für positive ganzzahlige n

$$(5)\quad \frac{\pi}{2} N_n(z) + (\ln 2 - C)\, J_n(z)$$

$$= J_n(z) \ln z - \sum_{m=0}^{n-1} \frac{(n-m-1)!}{2m!} \left(\frac{z}{2}\right)^{2m-n}$$

$$- \sum_{m=0}^{\infty} \frac{(-1)^m \left(\frac{z}{2}\right)^{n+2m}}{2m!\,(n+m)!} \left(\sum_{s=1}^{n+m}\frac{1}{s} + \sum_{s=1}^{m}\frac{1}{s}\right).$$

Für $n = 0$ ist die zweite Summe in (3) und die erste Summe in (5) wegzulassen, wie man aus (2) leicht erkennt. In der zweiten Summe von (5) fehlt in diesem Fall das Glied $m = 0$, wie sich aus (4) ergibt. In Formel (5) ist aus demselben Grunde $\sum_{s=1}^{m}\frac{1}{s}$ auch für $n \neq 0$ wegzulassen, wenn $m = 0$ ist. C ist die Eulersche Konstante (I, 7).

Ähnlich erhalten wir

$$(6)\quad H_n^{(2)}(z) = \lim_{\nu\to n} \frac{e^{\nu\pi i} J_\nu(z) - J_{-\nu}(z)}{i \sin \nu\pi}$$

$$= \lim_{\nu\to n} \frac{e^{\nu\pi i}\frac{\partial J_\nu(z)}{\partial \nu} + \pi i e^{\nu\pi i} J_\nu(z) - \frac{\partial J_{-\nu}(z)}{\partial \nu}}{i\pi \cos\nu\pi}$$

$$= J_n(z) - \frac{i}{\pi} \lim_{\nu\to n}\left[\frac{\partial J_\nu(z)}{\partial \nu} - (-1)^n \frac{\partial J_{-\nu}(z)}{\partial \nu}\right]$$

$$= J_n(z) - i N_n(z).$$

Die Formeln (1) und (6) legen es nahe, die Funktion

$$(7)\quad N_\nu(z) = \frac{J_\nu(z)\cos\nu\pi - J_{-\nu}(z)}{\sin\nu\pi}$$

einzuführen. Denn dann wird

$$J_{-\nu}(z) = J_\nu(z)\cos\nu\pi - N_\nu(z)\sin\nu\pi,$$

$Y_\nu = \frac{2}{\pi}\{N_\nu - (\log 2 - \gamma) J_\nu(z)\}$ = Weber Function hiernach

$$(8)\qquad \begin{cases} H_\nu^{(1)}(z) = J_\nu(z) + i N_\nu(z), \\ H_\nu^{(2)}(z) = J_\nu(z) - i N_\nu(z). \end{cases}$$

Aus (1), (6) und (8) folgert man

$$(9)\qquad \lim_{\nu \to n} N_\nu(z) = N_n(z).$$

Da $J_\nu(z)$ und $N_\nu(z)$ zufolge (6, 1), (7), (9) für alle Werte von z und ν definiert sind, wird durch die Formeln (8) die Definition der Hankelschen Funktionen, die bisher nur für $\Re(z) > 0$ und $\nu \neq \frac{1}{2}, \frac{3}{2}, \frac{5}{2}, \ldots$ definiert waren, auf alle Werte der Veränderlichen und des Zeigers ausgedehnt. Sie sind analytische Funktionen für alle Werte von z und ν (höchstens $z = 0$ ausgenommen), daher gemäß den Formeln (7), (8), (9) für alle ν Lösungen der Besselschen Differentialgleichung. Die Funktion (5) tritt zum ersten Male bei C. Neumann[1]) auf, $N_\nu(z)$ wurde von H. Weber[2]) eingeführt und pflegt jetzt allgemein Neumannsche Funktion genannt zu werden.

Aus (9, 5) folgern wir

$$(10)\qquad \begin{cases} H_{-\nu}^{(1)}(z) = e^{\nu\pi i} H_\nu^{(1)}(z) \\ H_{-\nu}^{(2)}(z) = e^{-\nu\pi i} H_\nu^{(2)}(z). \end{cases}$$

Da nach (6, 1), (5), (7) $J_\nu(z)$ und $N_\nu(z)$ für reelle ν und z reelle Werte haben, sind $H_\nu^{(1)}(z)$ und $H_\nu^{(2)}(z)$ gemäß (8) für reelle ν und z zueinander konjugiert komplex.

11. Vollständige Lösung der Besselschen Differentialgleichung. Zwei Lösungen w_1 und w_2 der Besselschen Differentialgleichung sind linear unabhängig, wenn ihre Wronskische Determinante $W = w_1 w_2' - w_2 w_1'$ nicht verschwindet. Für W erhält man aus einer bekannten Formel (L. S. 239) $W = \frac{C}{z}$ (C unabhängig von z).

Wir wollen jetzt W für

$$w_1 = J_\nu(z),$$
$$w_2 = J_{-\nu}(z)$$

berechnen, setzen also nach (6, 1)

$$J_\nu(z) = \frac{z^\nu}{2^\nu \Gamma(\nu+1)} + \cdots, \quad J_\nu'(z) = \frac{\nu z^{\nu-1}}{2^\nu \Gamma(\nu+1)} + \cdots,$$

$$J_{-\nu}(z) = \frac{z^{-\nu}}{2^{-\nu}\Gamma(-\nu+1)} + \cdots, \quad J_{-\nu}'(z) = \frac{-\nu z^{-\nu-1}}{2^{-\nu}\Gamma(-\nu+1)} + \cdots,$$

daher ist

$$W = -\frac{2\nu}{\Gamma(\nu+1)\,\Gamma(-\nu+1)\,z} + \cdots.$$

---

[1]) C. Neumann, Theorie der Besselschen Funktionen, Leipzig 1867, S. 42—44.

[2]) H. Weber, J. reine angew. Math. **76** (1873), S. 9; Math. Ann. **6** (1873), S. 148.

Alle weggelassenen Glieder liefern höhere Potenzen von z als die (-1)-te. Da aber W von der Gestalt $\frac{C}{z}$ ist, müssen die Koeffizienten dieser Glieder Null sein. Es ist also genau

$$(1) \qquad J_\nu(z)\,J'_{-\nu}(z) - J_{-\nu}(z)\,J'_\nu(z)$$

$$= -\frac{2\nu}{\Gamma(\nu+1)\,\Gamma(-\nu+1)\,z} = -\frac{2}{\Gamma(\nu)\,\Gamma(1-\nu)\,z} = -\frac{2\sin\nu\pi}{\pi z},$$

wenn wir noch (II, 4) verwenden.

Für $w_1 = J_\nu(z)$, $w_2 = N_\nu(z)$ ergibt sich aus (10, 7) und (1)

$$(2) \qquad J_\nu(z)\,N'_\nu(z) - N_\nu(z)\,J'_\nu(z)$$

$$= -\frac{1}{\sin\nu\pi}[J_\nu(z)\,J'_{-\nu}(z) - J_{-\nu}(z)\,J'_\nu(z)] = \frac{2}{\pi z}$$

und für $w_1 = H_\nu^{(1)}(z)$, $w_2 = H_\nu^{(2)}(z)$ aus (10, 8) und (2)

$$(3) \qquad H_\nu^{(1)}(z)\,H_\nu^{(2)\prime}(z) - H_\nu^{(2)}(z)\,H_\nu^{(1)\prime}(z)$$

$$= -2i[J_\nu(z)\,N'_\nu(z) - N_\nu(z)\,J'_\nu(z)] = -\frac{4i}{\pi z}.$$

$H_\nu^{(1)}(z)$ und $H_\nu^{(2)}(z)$ bzw. $J_\nu(z)$ und $N_\nu(z)$ sind also je ein linear unabhängiges Lösungspaar der Besselschen Differentialgleichung für alle Werte des Zeigers.

12. Rekursionsformeln. Aus (6, 1) berechnen wir

$$(1) \qquad \frac{d}{dz}[z^\nu J_\nu(z)] = \frac{d}{dz}\sum_{m=0}^{\infty}\frac{(-1)^m z^{2\nu+2m}}{2^{\nu+2m}\,m!\,\Gamma(\nu+1+m)}$$

$$= \sum_{m=0}^{\infty}\frac{(-1)^m z^{2\nu-1+2m}}{2^{\nu-1+2m}\,m!\,\Gamma(\nu+m)} = z^\nu J_{\nu-1}(z),$$

$$\frac{d}{dz}[z^{-\nu} J_\nu(z)] = \frac{d}{dz}\sum_{m=0}^{\infty}\frac{(-1)^m z^{2m}}{2^{\nu+2m}\,m!\,\Gamma(\nu+1+m)}$$

$$= \sum_{m=1}^{\infty}\frac{(-1)^m z^{2m-1}}{2^{\nu+2m-1}(m-1)!\,\Gamma(\nu+1+m)}$$

$$= \sum_{m=0}^{\infty}\frac{(-1)^{m+1} z^{2m+1}}{2^{\nu+1+2m}\,m!\,\Gamma(\nu+2+m)} = -z^{-\nu}J_{\nu+1}(z)$$

und daraus

$$z\,J'_\nu(z) + \nu J_\nu(z) = z\,J_{\nu-1}(z),$$

$$z\,J'_\nu(z) - \nu J_\nu(z) = -z\,J_{\nu+1}(z)$$

oder

$$
(2) \qquad \begin{cases} J_{\nu-1}(z) + J_{\nu+1}(z) = \dfrac{2\nu}{z} J_\nu(z), \\[2ex] J_{\nu-1}(z) - J_{\nu+1}(z) = 2\, J'_\nu(z). \end{cases}
$$

(1) läßt sich auch schreiben

$$
\frac{d}{z\,dz}[z^\nu J_\nu(z)] = z^{\nu-1} J_{\nu-1}(z),
$$

$$
\frac{d}{z\,dz}[z^{-\nu} J_\nu(z)] = -z^{-(\nu+1)} J_{\nu+1}(z)
$$

oder bei k-maliger Wiederholung ($k = 1, 2, 3, \ldots$)

$$
(3) \qquad \left(\frac{d}{z\,dz}\right)^k [z^\nu J_\nu(z)] = z^{\nu-k} J_{\nu-k}(z),
$$

$$
\left(\frac{d}{z\,dz}\right)^k [z^{-\nu} J_\nu(z)] = (-1)^k z^{-(\nu+k)} J_{\nu+k}(z).
$$

Aus (9, 5) und (1) ergibt sich

$$
(4) \qquad \frac{d}{dz}[z^\nu H_\nu^{(1)}(z)]
$$

$$
= \frac{1}{i \sin \nu\pi}[-z^\nu J_{-\nu+1}(z) - e^{-\nu\pi i} z^\nu J_{\nu-1}(z)] = z^\nu H_{\nu-1}^{(1)}(z),
$$

$$
\frac{d}{dz}[z^{-\nu} H_\nu^{(1)}(z)]
$$

$$
= \frac{1}{i \sin \nu\pi}[z^{-\nu} J_{-\nu-1}(z) + e^{-\nu\pi i} z^{-\nu} J_{\nu+1}(z)] = -z^{-\nu} H_{\nu+1}^{(1)}(z).
$$

Da $H_\nu^{(2)}(z)$ für reelle ν und z konjugiert komplex zu $H_\nu^{(1)}(z)$ ist, gelten dieselben Formeln bei reellen ν und z auch für $H_\nu^{(2)}(z)$ und daher nach den Regeln der analytischen Fortsetzung für alle ν und z, d. h. die Hankelschen Funktionen und zufolge (10, 8) auch die Neumannschen Funktionen genügen denselben Rekursionsformeln wie die Besselschen Funktionen.

13. Zylinderfunktionen. Man kann sich umgekehrt fragen, welche analytischen Funktionen $Z_\nu(z)$ den Rekursionsformeln der Besselschen Funktionen genügen:

$$
(1) \qquad \begin{cases} Z_{\nu-1}(z) + Z_{\nu+1}(z) = \dfrac{2\nu}{z} Z_\nu(z), \\[2ex] Z_{\nu-1}(z) - Z_{\nu+1}(z) = 2\, Z'_\nu(z). \end{cases}
$$

Dann muß

$$
(2) \qquad \begin{aligned} z\, Z'_\nu(z) + \nu\, Z_\nu(z) &= z\, Z_{\nu-1}(z), \\ z\, Z'_\nu(z) - \nu\, Z_\nu(z) &= -z\, Z_{\nu+1}(z) \end{aligned}
$$

oder

$$(3)\qquad \begin{cases} \dfrac{d}{dz}[z^{\nu} Z_{\nu}(z)] = z^{\nu} Z_{\nu-1}(z), \\[2ex] \dfrac{d}{dz}[z^{-\nu} Z_{\nu}(z)] = -z^{-\nu} Z_{\nu+1}(z) \end{cases}$$

sein. Ersetzen wir aber in der letzten dieser beiden Gleichungen ν durch $\nu - 1$, so erhalten wir

$$\frac{d}{dz}[z^{1-\nu} Z_{\nu-1}(z)] = -z^{1-\nu} Z_{\nu}(z)$$

oder mit Hilfe der ersten

$$\frac{d}{dz}\left\{z^{1-2\nu}\frac{d}{dz}[z^{\nu} Z_{\nu}(z)]\right\} = -z^{1-\nu} Z_{\nu}(z),$$

somit

$$Z_{\nu}''(z) + \frac{1}{z} Z_{\nu}'(z) + \left(1 - \frac{\nu^2}{z^2}\right) Z_{\nu}(z) = 0.$$

Die Funktion $Z_{\nu}(z)$ muß also der Besselschen Differentialgleichung genügen, d. h. nach Ziffer 11 muß

$$(4)\qquad Z_{\nu}(z) = a_{\nu} H_{\nu}^{(1)}(z) + b_{\nu} H_{\nu}^{(2)}(z)$$

sein, wobei die a_{ν} und b_{ν} von z nicht abhängen. Wenn wir dieses Ergebnis in die erste Formel von (2) einsetzen und dabei beachten, daß nach Ziffer 12 die Hankelschen Funktionen dieselbe Gleichung befriedigen, erhalten wir

$$a_{\nu} H_{\nu-1}^{(1)}(z) + b_{\nu} H_{\nu-1}^{(2)}(z) = a_{\nu-1} H_{\nu-1}^{(1)}(z) + b_{\nu-1} H_{\nu-1}^{(2)}(z).$$

Da aber die Hankelschen Funktionen linear unabhängig sind, muß $a_{\nu} = a_{\nu-1}$ und $b_{\nu} = b_{\nu-1}$ sein, d. h. a_{ν} und b_{ν} sind periodische Funktionen von ν mit der Periode 1. Umgekehrt genügt jede Funktion (4), in der a_{ν} und b_{ν} diese Eigenschaften haben, den beiden Rekursionsformeln. Die allgemeine Lösung von (1) ist daher durch (4) gegeben. Solche Funktionen wurden von N. Sonine und N. Nielsen[1]) Zylinderfunktionen genannt. Gewöhnlich pflegt man aber jetzt jede Lösung der Besselschen Differentialgleichung als Zylinderfunktion zu bezeichnen und in diesem Sinn wollen auch wir diese Bezeichnung verwenden.

Sonine hat folgende Formel für die Besselschen Funktionen aufgestellt, wobei ν keine negative Zahl sein soll:

$$(5)\qquad \left(\frac{z}{2}\right)^{-n} J_{\nu+n}(z) = \sum_{k=0}^{n} \binom{n}{k} \frac{(\nu + 2k)\, J_{\nu+2k}(z)}{(\nu+k)(\nu+k+1)\ldots(\nu+k+n)}.$$

Man beweist sie durch den Schluß von n auf $n+1$. Sie ist richtig für $n = 0$. Nehmen wir nun an, sie sei für eine bestimmte, positive, ganze Zahl n richtig,

[1]) N. Sonine, Math. Ann. **16** (1880), S. 1—80. N. Nielsen, Handbuch der Theorie der Zylinderfunktionen, Leipzig 1904, S. 1, 42ff.

so können wir zeigen, daß sie auch für $n + 1$ gilt. Ersetzen wir nämlich ν durch $\nu + 2$ in (5), so haben wir

$$(6)\quad \left(\frac{z}{2}\right)^{-n} J_{\nu+n+2}(z) = \sum_{k=0}^{n} \binom{n}{k} \frac{(\nu + 2k + 2) J_{\nu+2k+2}(z)}{(\nu + k + 2)(\nu + k + 3)\ldots(\nu + k + n + 2)},$$

daher nach (12, 2)

$$(\nu + n + 1)\left(\frac{z}{2}\right)^{-n-1} J_{\nu+n+1}(z) = \left(\frac{z}{2}\right)^{-n} J_{\nu+n}(z) + \left(\frac{z}{2}\right)^{-n} J_{\nu+n+2}(z)$$

$$= \frac{\nu J_\nu(z)}{\nu(\nu+1)\ldots(\nu+n)} + \sum_{k=1}^{n}\binom{n}{k}\frac{(\nu + 2k) J_{\nu+2k}(z)}{(\nu + k)(\nu + k + 1)\ldots(\nu + k + n)}$$

$$+ \sum_{k=1}^{n}\binom{n}{k-1}\frac{(\nu + 2k) J_{\nu+2k}(z)}{(\nu + k + 1)(\nu + k + 2)\ldots(\nu + k + n + 1)}$$

$$+ \frac{(\nu + 2n + 2) J_{\nu+2n+2}(z)}{(\nu + n + 2)(\nu + n + 3)\ldots(\nu + 2n + 2)}$$

$$= \sum_{k=0}^{n+1}\binom{n+1}{k}\frac{(\nu + 2k)(\nu + n + 1) J_{\nu+2k}(z)}{(\nu + k)(\nu + k + 1)\ldots(\nu + k + n + 1)},$$

weil

$$\binom{n}{k}\frac{1}{(\nu+k)(\nu+k+1)\ldots(\nu+k+n)} + \binom{n}{k-1}\frac{1}{(\nu+k+1)(\nu+k+2)\ldots(\nu+k+n+1)}$$

$$= \frac{n!}{k!\,(n-k+1)!}\,\frac{(n-k+1)(\nu+k+n+1) + k(\nu+k)}{(\nu+k)(\nu+k+1)\ldots(\nu+k+n+1)}$$

$$= \frac{(n+1)!}{k!\,(n-k+1)!}\,\frac{\nu+n+1}{(\nu+k)(\nu+k+1)\ldots(\nu+k+n+1)}$$

ist. Die Behauptung ist damit bewiesen.

Wir beweisen noch einen Satz über Zylinderfunktionen, den wir später brauchen werden. Wir betrachten die reelle Funktion

$$f(x) = [Z_\nu(x)]^2 + \frac{x^2 [Z_\nu'(x)]^2}{x^2 - \nu^2}$$

für reelle Werte des Zeigers und der Veränderlichen. Es ist gemäß der Besselschen Differentialgleichung für $x > 0$

$$f'(x) = -\frac{2x^3 [Z_\nu'(x)]^2}{(x^2 - \nu^2)^2},$$

d. h. $f(x)$ nimmt fortwährend ab, wenn x von $|\nu|$ an wächst. Diejenigen Werte von $Z_\nu(x)$, für welche $Z_\nu'(x) = 0$ ist, nehmen also ihren absoluten Beträgen nach mit wachsendem x fortwährend ab, wenn $x \geqq |\nu|$ ist[1]).

[1]) G. N. Watson, Proc. London Math. Soc. (2) **16** (1917), S. 170—171.

14. Erweiterung der Hankelschen Integraldarstellungen. Um die Integraldarstellungen der Hankelschen Funktionen von der Voraussetzung $\Re(z) > 0$ zu befreien, drehen wir den Integrationsweg A im positiven Sinn um den Winkel β_1, den wir auf $-\frac{3\pi}{2} < \beta_1 < \frac{\pi}{2}$ beschränken müssen, um den singulären Punkt -1 nicht zu überstreichen.

Der Wert des Integrals ändert sich bei dieser Drehung nicht, sobald noch $|\alpha + \beta_1| < \frac{\pi}{2}$ bleibt, wobei $\alpha = \operatorname{arc} z$ ist. Denn auf dem Kreisbogen vom Halbmesser R (Abb. 21) ist $|t - 1| = R$, $\frac{1}{2} R < |t| < 2R$, $\frac{1}{2} R < |t + 1| < 2R$ für alle genügend großen R; ferner ist dort $\Re(izt) = |zt| \cos(\pi + \alpha + \chi)$, wobei der Winkel χ alle Werte von 0 bis β_1 durchläuft und die Grenzen dieses Intervalls noch um einen Winkel ω überschreiten kann, der für $R \to +\infty$ gegen Null strebt. Weil $|\alpha|$ und $|\alpha + \beta_1|$ unterhalb $\frac{\pi}{2}$ liegen, gibt es daher eine feste positive Zahl δ, so daß auf dem Kreisbogen $\cos(\pi + \alpha + \chi) \leqq -\delta$ für genügend großes R ist; somit ist $\Re(izt) < -\frac{1}{2}|z| R\delta$ und nach (5, 1) auf dem Kreisbogen

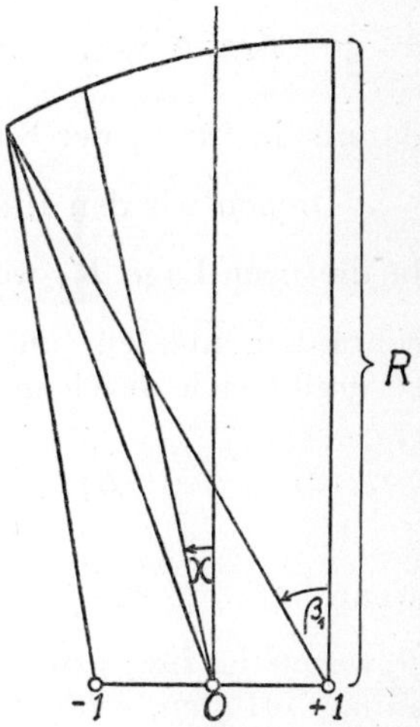

Abb. 21

$$|e^{izt}(t^2 - 1)^{\nu - \frac{1}{2}}| < e^{-\frac{1}{2}|z|R\delta + |\nu_2|(|\varphi| + |\psi|)} (2R)^{|2\nu_1 - 1|} < e^{-\frac{1}{4}|z|R\delta}$$

für alle hinreichend großen R, da $|\varphi|$ und $|\psi|$ gemäß ihrer Bedeutung (5, 1) unterhalb einer festen Schranke bleiben. Damit ist die Behauptung bewiesen (L. S. 231).

Wir beschränken nun z auf den Bereich $|z| \geqq \varepsilon > 0$ (ε fest). Setzen wir $|t - 1| = \tau$, so ist auf dem neuen Weg A' für $\tau \geqq R$ bei genügend großem R: $\frac{1}{2}\tau < |t| < 2\tau$, $\frac{1}{2}\tau < |t + 1| < 2\tau$; ferner unterscheidet sich $\operatorname{arc}(izt)$ von $\pi + \alpha + \beta_1$ höchstens um einen Winkel ω, der nur von β_1 und R abhängt und mit $R \to +\infty$ gegen Null strebt. Daher gibt es, sobald $|\alpha + \beta_1| < \frac{\pi}{2}$ ist, eine feste positive Zahl δ, so daß $\Re(izt) \leqq -|zt|\,\delta$, danach

$$|e^{izt}(t^2 - 1)^{\nu - \frac{1}{2}}| < e^{-\frac{1}{2}\varepsilon\tau\delta + |\nu_2|(|\varphi| + |\psi|)} (2\tau)^{|2\nu_1 - 1|} < e^{-\frac{1}{4}\delta\varepsilon\tau}$$

bei beschränktem ν ist.

Das Integral konvergiert infolgedessen gleichmäßig bezüglich z und ν, wenn ν beschränkt ist, ist daher analytische Funktion von z und ν, d. h. die Formel

$$(1) \qquad H_\nu^{(1)}(z) = \frac{\Gamma(\frac{1}{2} - \nu)\, z^\nu}{2^\nu \pi^{3/2}\, i} \int_{A'} e^{izt} (t^2 - 1)^{\nu - 1/2}\, dt$$

gilt nach den Regeln der analytischen Fortsetzung, solange beide Seiten analytische Funktionen von z sind, also unter der Bedingung $|\alpha+\beta_1| < \frac{\pi}{2}$ allein. Damit sind wir von der Bedingung $|\alpha| < \frac{\pi}{2}$ frei geworden. Denn durch passende Wahl des Winkels β_1 können wir immer die Bedingung $-\frac{\pi}{2}-\beta_1 < \alpha < \frac{\pi}{2}-\beta_1$ erfüllen, solange α zwischen $-\pi$ und $+2\pi$ liegt, da uns ja für β_1 der Spielraum zwischen $\frac{\pi}{2}$ und $-\frac{3\pi}{2}$ zur Verfügung steht.

Drehen wir den Integrationsweg B im positiven Sinn um den Winkel β_2 in die neue Lage B', wobei wir jetzt β_2 auf die Werte $-\frac{\pi}{2} < \beta_2 < \frac{3\pi}{2}$ beschränken müssen, um nicht den singulären Punkt $+1$ zu überstreichen, so ergibt sich durch ganz ähnliche Überlegungen die Gültigkeit der Formel

$$(2) \qquad H_\nu^{(2)}(z) = \frac{\Gamma(\frac{1}{2}-\nu)\, z^\nu}{2^\nu \pi^{3/2}\, i} \int_{B'} e^{izt}(t^2-1)^{\nu-1/2}\, dt,$$

wenn $|\alpha+\beta_2| < \frac{\pi}{2}$ und $|z| \geqq \varepsilon$ ist. Wir können durch passende Wahl von β_2 wegen des für β_2 zur Verfügung stehenden Spielraumes die Winkelbedingung immer erfüllen, solange α zwischen -2π und $+\pi$ liegt.

Wir führen nun im Integral der Formel (1) die neue Veränderliche u durch die Gleichung $t-1=\frac{iu}{z}$ ein und setzen $\gamma_1=\alpha+\beta_1$. Wenn t den Weg A' durchläuft, beschreibt u einen ähnlichen Weg A'', der den Nullpunkt im positiven Sinn umkreist und dessen geradliniges, ins Unendliche reichende Stück mit der positiven reellen Achse den Winkel γ_1 einschließt. Man erhält so

$$H_\nu^{(1)}(z) = \frac{e^{i\nu\pi}\Gamma(\frac{1}{2}-\nu)\, e^{i\left(z-\frac{\nu\pi}{2}-\frac{\pi}{4}\right)}}{\pi\sqrt{2\pi z}} \int_{A''} e^{-u}\, u^{\nu-1/2}\left(1+\frac{iu}{2z}\right)^{\nu-1/2} du$$

für $|\gamma_1| < \frac{\pi}{2}$, $-\frac{\pi}{2}+\gamma_1 < \alpha < \frac{3\pi}{2}+\gamma_1$ mit Rücksicht auf den Spielraum von β_1. Der Winkel von $\sqrt{z}$ ist $\frac{\alpha}{2}$, der Winkel von u am Beginn des Weges A'' $\gamma_1-2\pi$, am Ende γ_1, der Winkel von $1+\frac{iu}{2z}$ ist der von $t+1$, d. h. Null für $u=0$.

Ähnlich führen wir im Integral der Formel (2) die neue Veränderliche u durch die Gleichung $t+1=\frac{iu}{z}$ ein und setzen $\gamma_2=\alpha+\beta_2$. Wenn t den Weg B'' durchläuft, beschreibt u in diesem Fall einen ähnlichen Weg B'', der den Nullpunkt im negativen Sinn umkreist und dessen geradliniges, ins

Unendliche reichende Stück mit der positiven reellen Achse den Winkel γ_2 einschließt. Man erhält, wenn man $e^{\pi i(\nu-1/2)}$ heraushebt,

$$H_\nu^{(2)}(z) = -\frac{e^{i\nu\pi}\Gamma(\frac{1}{2}-\nu)\,e^{-i\left(z-\frac{\nu\pi}{2}-\frac{\pi}{4}\right)}}{\pi\sqrt{2\pi z}}\int_{B''} e^{-u}u^{\nu-1/2}\left(1-\frac{iu}{2z}\right)^{\nu-1/2}du$$

für $|\gamma_2| < \frac{\pi}{2}$, $-\frac{3\pi}{2}+\gamma_2 < \alpha < \frac{\pi}{2}+\gamma_2$ mit Rücksicht auf den Spielraum von β_2. Der Winkel von $\sqrt{z}$ ist $\frac{\alpha}{2}$, der Winkel von u ist γ_2 am Beginn des Weges B'', am Ende $\gamma_2 - 2\pi$, der Winkel von $1-\frac{iu}{2z}$ ist der von $t-1$, vermindert um π, d. h. Null für $u = 0$.

Die Integrale über die Kurven A'' und B'' lassen sich noch in folgender Weise umformen, sobald wir $\Re(\nu+\frac{1}{2}) > 0$ voraussetzen. Wenn wir den Teil des Integrationsweges, der von der Umkreisung des Nullpunktes herrührt, um den Nullpunkt beliebig eng zusammenziehen, strebt der entsprechende Bestandteil der Integrale gegen Null, weil der Integrand wegen $\Re(\nu+\frac{1}{2}) > 0$ integrierbar bleibt. Eine ähnliche Betrachtung wurde schon in Ziffer 5 angestellt. Von den Kurven A'' und B'' bleiben in beiden Fällen nur die Halbstrahlen G_1 und G_2 übrig, die vom Nullpunkt ins Unendliche reichen und mit der positiven reellen Achse die Winkel γ_1 und γ_2 einschließen. Wir erhalten daher nach der obigen Bemerkung über den Winkel von u

$$\int_{A''} = -e^{-2\pi(\nu-1/2)i}\int_{G_1} + \int_{G_1} = e^{-2\nu\pi i}\int_{G_1} + \int_{G_1} = 2\,e^{-\nu\pi i}\cos\nu\pi\int_{G_1},$$

wobei γ_1 der Winkel von u auf G_1 ist, und ähnlich

$$\int_{B''} = -\int_{G_2} + e^{-2\pi(\nu-1/2)i}\int_{G_2} = -\int_{G_2} - e^{-2\nu\pi i}\int_{G_2} = -2\,e^{-\nu\pi i}\cos\nu\pi\int_{G_2},$$

wobei γ_2 der Winkel von u auf G_2 ist, daher mit Rücksicht auf (II, 4, 4)

$$(3)\qquad H_\nu^{(1)}(z) = \sqrt{\frac{2}{\pi z}}\,\frac{e^{i\left(z-\frac{\nu\pi}{2}-\frac{\pi}{4}\right)}}{\Gamma(\nu+\frac{1}{2})}\int_{G_1} e^{-u}u^{\nu-1/2}\left(1+\frac{iu}{2z}\right)^{\nu-1/2}du$$

und

$$(4)\qquad H_\nu^{(2)}(z) = \sqrt{\frac{2}{\pi z}}\,\frac{e^{-i\left(z-\frac{\nu\pi}{2}-\frac{\pi}{4}\right)}}{\Gamma(\nu+\frac{1}{2})}\int_{G_2} e^{-u}u^{\nu-1/2}\left(1-\frac{iu}{2z}\right)^{\nu-1/2}du.$$

Gemäß ähnlichen Abschätzungen wie früher ist der Betrag des Integranden in (3) und (4) bei beschränktem ν und $\Re(\nu+\frac{1}{2}) \geqq 2\,\delta > 0$ kleiner als $|u|^{\delta-1}$ in genügend kleiner Umgebung von $u = 0$ und kleiner als $e^{-\frac{1}{2}|u|\cos\gamma_1}$ bzw. $e^{-\frac{1}{2}|u|\cos\gamma_2}$ für alle hinreichend großen $|u|$; somit konvergieren die Integrale gleichmäßig bezüglich ν für beschränkte ν und $\Re(\nu+\frac{1}{2}) \geqq \varepsilon > 0$, sind daher analytische Funktionen von ν, also gelten die beiden letzten Formeln auch für die bisher ausgeschlossenen Werte $\nu = \frac{3}{2}, \frac{5}{2}, \cdots$. Für $\nu = \frac{1}{2}$ erhält man aus (3) und (4)

$$H_{\frac{1}{2}}^{(1)}(z) = \sqrt{\frac{2}{\pi z}}\,\frac{e^{iz}}{i}, \qquad H_{\frac{1}{2}}^{(2)}(z) = -\sqrt{\frac{2}{\pi z}}\,\frac{e^{-iz}}{i} \tag{5}$$

und aus (9, 5), (7, 2) und (7, 3) dieselben Ergebnisse, d. h. die Formeln (3) und (4) gelten auch für alle Werte des Zeigers.

Die Formeln (1) und (2) liefern für $\nu = 0$

$$H_0^{(1)}(z) = \frac{1}{\pi i}\int\limits_{A'} \frac{e^{izt}}{\sqrt{t^2-1}}\,dt, \qquad H_0^{(2)}(z) = \frac{1}{\pi i}\int\limits_{B'} \frac{e^{izt}}{\sqrt{t^2-1}}\,dt.$$

Zieht man die Kreise der Wege A' und B' um die Punkte $+1$ und -1 zusammen, so daß ihre Halbmesser gegen Null streben, so fallen die betreffenden Bestandteile der Integrale in der Grenze aus ähnlichen Gründen wie in Ziffer 5 weg und es bleiben nur diejenigen Bestandteile übrig, welche von der Integration längs der geradlinigen Teile der Wege herrühren. Setzt man im ersten $\beta_1 = -\frac{\pi}{2}$, im zweiten $\beta_2 = \frac{\pi}{2}$ und berücksichtigt die Winkel von $t-1$ und $t+1$ gemäß der Übereinkunft in Ziffer 9, so erhält man

$$H_0^{(1)}(z) = \frac{2}{\pi i}\int\limits_1^\infty \frac{e^{izt}}{\sqrt{t^2-1}}\,dt, \qquad H_0^{(2)}(z) = -\frac{2}{\pi i}\int\limits_1^\infty \frac{e^{-izt}}{\sqrt{t^2-1}}\,dt,$$

daher nach (10, 8)

$$J_0(z) = \frac{2}{\pi}\int\limits_1^\infty \frac{\sin(zt)}{\sqrt{t^2-1}}\,dt.$$

15. Asymptotische Darstellungen. Wir wollen nun untersuchen, wie sich die Hankelschen, Besselschen und Neumannschen Funktionen im Unendlichen verhalten, also Entwicklungen für große Werte von $|z|$ zu gewinnen trachten. Zu diesem Zweck verwenden wir die Formeln (3) und (4) der vorigen Ziffer und entwickeln $\left(1 \pm \frac{iu}{2z}\right)^{\nu - 1/2}$ nach dem Taylorschen Satz.

Wir wollen uns zuerst eine passende Form des Restgliedes suchen. $f(z)$ sei eine analytische Funktion von z. Wir setzen an

$$f(\zeta) = f(z) + \sum_{m=1}^{n} \frac{(\zeta - z)^m}{m!} \overset{(m)}{f}(z) + R_n(\zeta, z).$$

Wenn wir nach z differenzieren, erhalten wir

$$0 = f'(z) - \sum_{m=1}^{n} \frac{(\zeta - z)^{m-1}}{(m-1)!} \overset{(m)}{f}(z) + \sum_{m=1}^{n} \frac{(\zeta - z)^m}{m!} \overset{(m+1)}{f}(z) + \frac{\partial R_n}{\partial z}$$

oder

$$\frac{\partial R_n}{\partial z} = -\frac{(\zeta - z)^n}{n!} \overset{(n+1)}{f}(z),$$

sonach, weil $R_n(\zeta,\zeta)=0$ ist, mit $h=\zeta-z, \tau=z+ht$

$$R_n=\int\limits_z^\zeta \frac{(\zeta-\tau)^n}{n!}\overset{(n+1)}{f}(\tau)\,d\tau=\frac{h^{n+1}}{n!}\int\limits_0^1(1-t)^n\overset{(n+1)}{f}(z+ht)\,dt$$

Danach ist für $n=p-1$ $(p\geqq 2)$

$$\left(1+\frac{iu}{2z}\right)^{\nu-1/2}=1+\sum_{m=1}^{p-1}\frac{(\nu-\frac{1}{2})(\nu-\frac{3}{2})\cdots(\nu-m+\frac{1}{2})}{m!}\left(\frac{iu}{2z}\right)^m$$

$$+\frac{(\nu-\frac{1}{2})(\nu-\frac{3}{2})\cdots(\nu-p+\frac{1}{2})}{(p-1)!}\left(\frac{iu}{2z}\right)^p\int\limits_0^1(1-t)^{p-1}\left(1+\frac{iut}{2z}\right)^{\nu-p-1/2}dt.$$

Der Gebrauch des Taylorschen Satzes ist gerechtfertigt, denn es ist $1+\frac{iut}{2z}\neq 0$ für $0\leqq t\leqq 1$, weil $\gamma_1<\alpha+\frac{\pi}{2}$ ist. Wenn wir den erhaltenen Ausdruck in (14, 3) einsetzen, ergibt sich

$$H_\nu^{(1)}(z)=\sqrt{\frac{2}{\pi z}}\,e^{i\left(z-\frac{\nu\pi}{2}-\frac{\pi}{4}\right)}\left[\frac{1}{\Gamma(\nu+\frac{1}{2})}\int\limits_{G_1}e^{-u}u^{\nu-1/2}\,du\right.$$

$$\left.+\sum_{m=1}^{p-1}\frac{i^m(\nu-\frac{1}{2})(\nu-\frac{3}{2})\cdots(\nu-m+\frac{1}{2})}{m!\,\Gamma(\nu+\frac{1}{2})(2z)^m}\int\limits_{G_1}e^{-u}u^{\nu-1/2+m}\,du+R_p^{(1)}\right]$$

mit

$$(1)\quad R_p^{(1)}=\frac{i^p(\nu-\frac{1}{2})(\nu-\frac{3}{2})\cdots(\nu-p+\frac{1}{2})}{(p-1)!\,\Gamma(\nu+\frac{1}{2})(2z)^p}\int\limits_{G_1}e^{-u}u^{\nu-1/2+p}\left[\int\limits_0^1(1-t)^{p-1}\left(1+\frac{iut}{2z}\right)^{\nu-p-1/2}dt\right]du.$$

Nach (II, 5, 3) ist $\int\limits_{G_1}e^{-u}u^{\nu-1/2+m}\,du=\Gamma(\frac{1}{2}+\nu+m)$,

daher wegen (II, 4, 1)

$$(2)\qquad \frac{i^m(\nu-\frac{1}{2})(\nu-\frac{3}{2})\cdots(\nu-m+\frac{1}{2})}{m!\,\Gamma(\nu+\frac{1}{2})}\int\limits_{G_1}e^{-u}u^{\nu-1/2+m}\,du$$

$$=\frac{(-i)^m}{m!}(\tfrac{1}{2}-\nu)(\tfrac{3}{2}-\nu)\cdots(m-\tfrac{1}{2}-\nu)(\tfrac{1}{2}+\nu)(\tfrac{3}{2}+\nu)\cdots(m-\tfrac{1}{2}+\nu)$$

$$=\frac{i^m}{2^{2m}\,m!}(4\nu^2-1^2)(4\nu^2-3^2)\cdots[4\nu^2-(2m-1)^2],$$

somit

$$(3)\qquad H_\nu^{(1)}(z)=\sqrt{\frac{2}{\pi z}}\,e^{i\left(z-\frac{\nu\pi}{2}-\frac{\pi}{4}\right)}\left[1+\sum_{m=1}^{p-1}\frac{(-i)^m}{m!}(\tfrac{1}{2}-\nu)(\tfrac{3}{2}-\nu)\cdots\right.$$

$$\left.(m-\tfrac{1}{2}-\nu)(\tfrac{1}{2}+\nu)(\tfrac{3}{2}+\nu)\cdots(m-\tfrac{1}{2}+\nu)(2z)^{-m}+R_p^{(1)}\right].$$

Ebenso ergibt sich

$$(4)\quad H_\nu^{(2)}(z) = \sqrt{\frac{2}{\pi z}}\, e^{-i\left(z-\frac{\nu\pi}{2}-\frac{\pi}{4}\right)}\Big[1 + \sum_{m=1}^{p-1} \frac{i^m}{m!} (\tfrac{1}{2}-\nu)(\tfrac{3}{2}-\nu)\cdots$$

$$(m-\tfrac{1}{2}-\nu)(\tfrac{1}{2}+\nu)(\tfrac{3}{2}+\nu)\cdots(m-\tfrac{1}{2}+\nu)(2z)^{-m} + R_p^{(2)}\Big]$$

mit

$$R_p^{(2)} = \frac{(-i)^p(\nu-\frac{1}{2})(\nu-\frac{3}{2})\ldots(\nu-p+\frac{1}{2})}{(p-1)!\,\Gamma(\nu+\frac{1}{2})\,(2z)^p}\int_{G_2} e^{-u}u^{\nu-1/2+p}\left[\int_0^1 (1-t)^{p-1}\left(1-\frac{iut}{2z}\right)^{\nu-p-1/2} dt\right] du.$$

Auch hier ist die Anwendung des Taylorschen Satzes gerechtfertigt, solange $1 - \frac{iut}{2z} \neq 0$ ist für $0 \leqq t \leqq 1$, was wegen $\frac{\pi}{2} + \gamma_2 > \alpha$ der Fall ist.

Ist $\nu = n + \frac{1}{2}$ ($n \geqq 0$ und ganz), so bricht die Entwicklung von $\left(1 \pm \frac{iu}{2z}\right)^{\nu-1/2}$ beim $(n+1)$-ten Glied ab, man erhält für $p = n+1$

$$(5)\qquad H_{n+1/2}^{(1)}(z) = \sqrt{\frac{2}{\pi z}}\, e^{iz} \sum_{m=0}^{n} \frac{i^{m-n-1}(n+m)!}{m!\,(n-m)!\,(2z)^m}.$$

Die Formel gilt nach den Regeln der analytischen Fortsetzung für alle z, solange beide Seiten analytische Funktionen sind. Ferner ist nach (11, 2)

$$(6)\qquad H_{-n-1/2}^{(1)}(z) = (-1)^n\, i H_{n+1/2}^{(1)}(z) = \sqrt{\frac{2}{\pi z}}\, e^{iz} \sum_{m=0}^{n} \frac{i^{m+n}(n+m)!}{m!\,(n-m)!\,(2z)^m}.$$

Denkt man sich in diesen beiden Formeln z reell, so ergeben sich nach Ziffer 11 die Formeln für $H_{\pm(n+1/2)}^{(2)}(z)$ dadurch, daß man $+i$ mit $-i$ vertauscht, und daher nach den Regeln der analytischen Fortsetzung auch bei komplexem z.

16. Abschätzung des Restgliedes. Nun handelt es sich darum, die Restglieder $R_p^{(1)}$ und $R_p^{(2)}$ abzuschätzen. Da $|\gamma_1| < \frac{\pi}{2}$ und $-\frac{\pi}{2} < \alpha - \gamma_1 < \frac{3\pi}{2}$ ist (vgl. Ziffer 14), können wir einen positiven Winkel δ so finden, daß

$$(1)\qquad -\frac{\pi}{2} + \delta \leqq \gamma_1 \leqq \frac{\pi}{2} - \delta$$

und

$$(2)\qquad -\pi + \delta \leqq \alpha - \gamma_1 - \frac{\pi}{2} \leqq \pi - \delta$$

ist, somit

$$(3)\qquad -\pi + 2\delta \leqq \alpha \leqq 2\pi - 2\delta$$

wird. Umgekehrt, wenn α bei beliebigem, entsprechend kleinem δ der Ungleichung (3) genügt, können wir erreichen, daß α auch der Ungleichung (2) genügt, indem wir γ_1 passend im Intervall (1) wählen.

Wir schätzen jetzt $1+\dfrac{i\,u\,t}{2\,z}$ ab. Weil sich u im Integral auf der Geraden G_1 bewegt, somit den Winkel γ_1 hat, ist $\dfrac{\pi}{2}+\gamma_1-\alpha$ der Winkel von $\dfrac{i\,u\,t}{2\,z}$, daher nach (2) dem Betrage nach $\leqq \pi-\delta$. Der Punkt $1+\dfrac{i\,u\,t}{2\,z}$ liegt auf der durch die Punkte 1 und P gehenden Geraden der Abb. 22. Die Winkel bei P und Q sind rechte. Nun ist $\overline{OP} \geqq \overline{OQ} = \sin\delta$, daher $\left|1+\dfrac{i\,u\,t}{2\,z}\right| \geqq \overline{OP} \geqq \sin\delta$. In Abb. 22 sind die Verhältnisse für positives $\dfrac{\pi}{2}+\gamma_1-\alpha$ gezeichnet. Für negatives $\dfrac{\pi}{2}+\gamma_1-\alpha$ ist die Zeichnung an der reellen Achse zu spiegeln. Aus der Abb. 22 erkennt man ferner: wenn φ den Winkel von $1+\dfrac{i\,u\,t}{2\,z}$ bedeutet, ist

$$|\varphi| \leqq \left|\frac{\pi}{2}+\gamma_1-\alpha\right| < \pi.$$

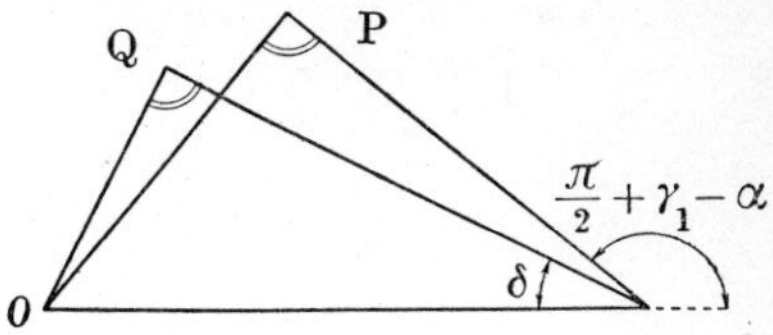

Abb. 22

Es ist somit auf G_1

$$\left|\left(1+\frac{i\,u\,t}{2\,z}\right)^{\nu-p-1/2}\right| = \left|1+\frac{i\,u\,t}{2\,z}\right|^{\nu_1-p-1/2} e^{-\varphi\,\nu_2}.$$

Wir wählen nun die ganze Zahl $p \geqq 2$ so, daß $\nu_1-p-\frac{1}{2} \leqq 0$ ist; dann wird

$$\left|\left(1+\frac{i\,u\,t}{2\,z}\right)^{\nu-p-1/2}\right| < (\sin\delta)^{\nu_1-p-1/2}\, e^{\pi\,|\nu_2|} = A_p.$$

Es ist also nach (15, 1)

$$|R_p^{(1)}| < \frac{A_p}{(p-1)!}\left|\frac{(\nu-\frac{1}{2})(\nu-\frac{3}{2})\cdots(\nu-p+\frac{1}{2})}{\Gamma(\nu+\frac{1}{2})\,(2\,z)^p}\int\limits_0^1 (1-t)^{p-1}\,dt \int\limits_{G_1} |e^{-u}\,u^{\nu+p-1/2}\,du|\right|.$$

Jetzt schätzen wir noch $\int\limits_{G_1} |\,e^{-u}\,u^{\nu+p-1/2}\,du\,|$ ab.

Wir setzen $u = t e^{i\gamma_1}$ und erhalten

$$\int\limits_{G_1} |\,e^{-u}\,u^{\nu+p-1/2}\,du\,| = \int\limits_0^\infty e^{-t\cos\gamma_1-\gamma_1\nu_2}\,t^{\nu_1+p-1/2}\,dt < e^{\frac{\pi}{2}|\nu_2|}\int\limits_0^\infty e^{-t\sin\delta}\,t^{\nu_1+p-1/2}\,dt.$$

Es wird also $|\,R_p^{(1)}\,| < B_p\,|\,z\,|^{-p}$. Dabei hängt B_p nur von ν, p und δ, aber nicht von z ab.

Ganz ähnliche Überlegungen lassen sich bei $R_p^{(2)}$ anstellen. Es tritt hier nur γ_2 an Stelle von γ_1, G_2 an Stelle von G_1. Die Ungleichung (3) lautet jetzt

$$-2\,\pi+2\,\delta \leqq \alpha \leqq \pi-2\,\delta.$$

An Stelle von $1+\frac{iut}{2z}$ tritt $1-\frac{iut}{2z}=1+\frac{ut}{2iz}$, der Winkel von $\frac{ut}{2z}$ ist daher $\gamma_2-\frac{\pi}{2}-\alpha$. Für den Winkel φ von $1-\frac{iut}{2z}$ ergibt sich somit $|\varphi|\leqq\left|\gamma_2-\frac{\pi}{2}-\alpha\right|<\pi$. Man erhält sonach dieselbe Abschätzung für $|R_p^{(2)}|$.

In beiden Fällen können wir uns von den Voraussetzungen

$$\nu_1-p-\tfrac{1}{2}\leqq 0 \quad \text{und} \quad p\geqq 2$$

befreien. Sollten sie nämlich nicht erfüllt sein, so wählen wir eine positive ganze Zahl $q\geqq 2$ und $q>p$, so daß $\nu_1-q-\frac{1}{2}\leqq 0$ wird. Für den Klammerausdruck in den Formeln (3) und (4) der vorigen Ziffer erhält man

$$1+\sum_{m=1}^{q-1}+R_q=1+\sum_{m=1}^{p-1}+\sum_{m=p}^{q-1}+R_q=1+\sum_{m=1}^{p-1}+R_p,$$

wobei $$|R_p|=\left|\sum_{m=p}^{q-1}+R_q\right|$$

$$\leqq\sum_{m=p}^{q-1}\frac{|(\nu-\frac{1}{2})(\nu-\frac{3}{2})\cdots(\nu-m+\frac{1}{2})|}{m!\,|2z|^m}+|R_q|<\frac{C_p}{|z|^p} \text{ ist.}$$

C_p hängt für alle genügend großen $|z|$ nur von ν, p und δ, aber nicht von z ab. Die erhaltenen asymptotischen Formeln samt den Restgliedabschätzungen gelten also für jedes positive p. Der Gültigkeitsbereich ist $-\pi<\alpha<2\pi$ für die erste, $-2\pi<\alpha<\pi$ für die zweite der Hankelschen Funktionen.

Ferner kann man die Voraussetzung $\Re(\nu+\frac{1}{2})>0$, die von der Zusammenziehung der Integrationswege A'' und B'' auf G_1 und G_2 herrührt, entbehren. Denn ist $\Re(\nu+\frac{1}{2})\leqq 0$, so ist $\Re(-\nu+\frac{1}{2})>0$. Ändert man aber in den Formeln (3) und (4) der vorigen Ziffer das Zeichen von ν und wendet dann (11, 2) an, so erhält man wieder dieselben Formeln.

Werden beide Formeln, wie z. B. bei der asymptotischen Entwicklung der Besselschen Funktionen, gleichzeitig angewendet, so ist ihr Geltungsbereich durch $|\alpha|<\pi$ festgelegt. Entwickelt man bis $p=1$, nimmt also nur jeweils das erste Glied dieser Entwicklung, so folgt aus (10, 8)

$$(4)\quad \begin{cases} J_\nu(z)=\sqrt{\dfrac{2}{\pi z}}\cos\left(z-\dfrac{\nu\pi}{2}-\dfrac{\pi}{4}\right)+\cdots, \\ N_\nu(z)=\sqrt{\dfrac{2}{\pi z}}\sin\left(z-\dfrac{\nu\pi}{2}-\dfrac{\pi}{4}\right)+\cdots. \end{cases}$$

Die in den asymptotischen Entwicklungen der Hankelschen Funktionen auftretenden Summen sind tatsächlich asymptotische Entwicklungen im Sinne von (I, 1). Denn sie divergieren für $p\to+\infty$. Der Betrag des allgemeinen Gliedes ist nämlich nach (15, 2), (II, 4) und (II, 6)

$$\left|\frac{(\frac{1}{2}-\nu)(\frac{3}{2}-\nu)\cdots(m-\frac{1}{2}-\nu)\,\Gamma(m+\nu+\frac{1}{2})}{m!\,\Gamma(\nu+\frac{1}{2})}\right|$$
$$=\left|\frac{\Gamma(m+\frac{1}{2}-\nu)\,\Gamma(m+\frac{1}{2}+\nu)}{\pi\,\Gamma(m+1)}\cos\nu\pi\right|\to+\infty \text{ für } m\to+\infty.$$

Bricht man die Reihe ab, so ist der Fehler gemäß der erhaltenen Abschätzung des Restgliedes von der Größenordnung des ersten vernachlässigten Gliedes. Wir sind also tatsächlich berechtigt, von asymptotischen Reihen zu sprechen.

Aus den asymptotischen Darstellungen erkennt man folgendes: Da $e^{iz}\to 0$ für $|z|\to+\infty$, wenn $0<\delta\leqq\alpha\leqq\pi-\delta$ ist, weil dann $|e^{iz}|=e^{-r\sin\alpha}$ ist, und ebenso $e^{-iz}\to 0$ für $|z|\to+\infty$ gilt, wenn $-\pi+\delta\leqq\alpha\leqq-\delta$ ist, so ist im ersten Fall $H_\nu^{(1)}(z)\to 0$, im zweiten $H_\nu^{(2)}(z)\to 0$.
Durch diese Eigenschaften sind die Hankelschen Funktionen bis auf einen von z unabhängigen Faktor unter den Lösungen der Besselschen Differentialgleichung ausgezeichnet. Denn irgend eine Lösung der Differentialgleichung hat die Gestalt $c_1H_\nu^{(1)}(z)+c_2H_\nu^{(2)}(z)$, wobei c_1 und c_2 von z nicht abhängen. Soll die Lösung also die erste Bedingung erfüllen, so muß $c_2=0$ sein, weil in diesem Fall

$$|e^{-iz}|\to+\infty \text{ und } |H_\nu^{(2)}(z)|\to+\infty$$

gilt, dagegen muß bei der zweiten Bedingung $c_1=0$ sein, weil dann $e^{iz}|\to+\infty$ und $|H_\nu^{(1)}(z)|\to+\infty$ gilt.

17. Sommerfeldsche Integraldarstellung. Wir gehen von der Reihenentwicklung (6, 1) aus und ersetzen in ihr $\dfrac{1}{\Gamma(\nu+1+m)}$ gemäß (II, 5, 1) durch $\dfrac{1}{2\pi i}\int\limits_C e^\tau\tau^{-\nu-1-m}\,d\tau$ mit $\alpha=0$. Der Halbmesser des Kreises im Integrationsweg C sei $\left|\dfrac{z}{2}\right|$. Es wird infolgedessen

$$J_\nu(z)=\frac{1}{2\pi i}\left(\frac{z}{2}\right)^\nu\sum_{m=0}^{\infty}\frac{(-1)^m}{m!}\left(\frac{z}{2}\right)^{2m}\int\limits_C e^\tau\tau^{-(\nu+1+m)}\,d\tau. \tag{1}$$

Die Reihe

$$e^{-\left(\frac{z}{2}\right)^2\frac{1}{\tau}}=\sum_{m=0}^{\infty}\frac{(-1)^m}{m!}\left(\frac{z}{2}\right)^{2m}\tau^{-m} \tag{2}$$

konvergiert gleichmäßig für beschränkte z und alle τ auf C. Ferner konvergieren $\int\limits_C e^{\tau-\left(\frac{z}{2}\right)^2\frac{1}{\tau}}\tau^{-(\nu+1)}\,d\tau$ und $\int\limits_C e^\tau\tau^{-(\nu+1)}\,d\tau$ absolut. Somit ist (L. S. 229)

$$\int\limits_C e^{\tau-\left(\frac{z}{2}\right)^2\frac{1}{\tau}}\tau^{-(\nu+1)}\,d\tau=\sum_{m=0}^{\infty}\frac{(-1)^m}{m!}\left(\frac{z}{2}\right)^{2m}\int\limits_C e^\tau\tau^{-(\nu+1+m)}\,d\tau, \tag{3}$$

daher schließlich

$$J_\nu(z)=\frac{1}{2\pi i}\left(\frac{z}{2}\right)^\nu\int\limits_C e^{\tau-\left(\frac{z}{2}\right)^2\frac{1}{\tau}}\tau^{-(\nu+1)}\,d\tau. \tag{4}$$

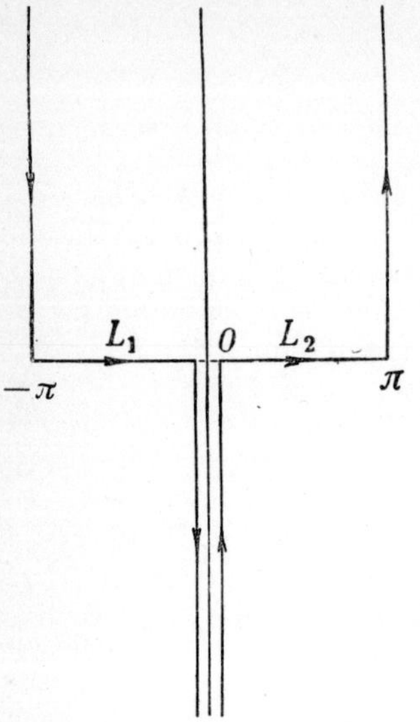

Abb. 23

Nun führen wir die Veränderliche u durch die Gleichung $\tau = \frac{z}{2} e^{-iu}$ ein und setzen $z > 0$ voraus. Wenn τ den Weg C beschreibt, so durchläuft u zuerst eine zur imaginären Achse im Abstand π gezogene parallele Gerade der oberen Halbebene vom Unendlichen bis zum Punkt $+\pi$, hierauf die reelle Achse von $+\pi$ bis $-\pi$ und entfernt sich schließlich wieder parallel zur imaginären Achse auf der oberen Halbebene ins Unendliche. Wir können uns diesen Weg L aus den beiden Wegen L_1 und L_2 (Abb. 23) zusammengesetzt denken, wobei L_1 und L_2 auf der negativen imaginären Achse ins Unendliche gehen und der Durchlaufungssinn umgekehrt wurde. Es wird dann nach (4)

$$(5) \qquad J_\nu(z) = \frac{1}{2\pi} \int\limits_{L_1 + L_2} e^{i(\nu u - z \sin u)}\, du.$$

$\int\limits_{L_1} e^{i(\nu u - z \sin u)}\, du$ und $\int\limits_{L_2} e^{i(\nu u - z \sin u)}\, du$ konvergieren gleichmäßig für $\Re(z) \geqq \delta > 0$ und beschränkte $|\nu|$. Denn auf den ins Unendliche führenden Teilen der Wege ist $u = \pm\pi + i\eta$ bzw. $u = -i\eta$ mit $\eta \geqq 0$, der reelle Teil des Exponenten von e für alle genügend großen η daher kleiner als

$$\pi\,|\nu_2| + |\nu_1|\,\eta - \delta\, \mathfrak{Sin}\, \eta < -\frac{\delta}{2}\, \mathfrak{Sin}\, \eta < -\frac{\delta}{2}\, \eta.$$

Wir erhalten somit aus (5) für $z > 0$

$$(6) \qquad J_\nu(z) = \tfrac{1}{2} \left[\frac{1}{\pi} \int\limits_{L_1} e^{i(\nu u - z \sin u)}\, du + \frac{1}{\pi} \int\limits_{L_2} e^{i(\nu u - z \sin u)}\, du \right].$$

Wir vertauschen im ersten dieser beiden Integrale ν mit $-\nu$ und setzen $u = v - \pi$. Dann wird der Integrationsweg L_1 um π nach rechts verschoben, und es ergibt sich

$$e^{i\nu\pi} \int\limits_{L_1 + \pi} e^{i(-\nu v + z \sin v)}\, dv = -e^{i\nu\pi} \int\limits_{-(L_1 + \pi)} e^{i(\nu v - z \sin v)}\, dv,$$

wobei auf der rechten Seite $-v$ statt v eingeführt wurde. Der Weg $L_1 + \pi$ wird dabei am Nullpunkt gespiegelt. Der neue Weg $-(L_1 + \pi)$ ist aber der Weg L_1, nur im entgegengesetzten Sinn durchlaufen. Somit erhält man

$$(7) \qquad \frac{1}{\pi} \int\limits_{L_1} e^{i(-\nu u - z \sin u)}\, du = \frac{e^{i\nu\pi}}{\pi} \int\limits_{L_1} e^{i(\nu u - z \sin u)}\, du.$$

Ähnlich folgt für das zweite der Integrale in (6), wenn wir $u = v + \pi$ einführen,

$$(8)\qquad \frac{1}{\pi}\int_{L_2} e^{i(-\nu u - z\sin u)}\,du = \frac{e^{-i\nu\pi}}{\pi}\int_{L_2} e^{i(\nu u - z\sin u)}\,du.$$

Aus (6), (7), (8) folgt daher für $z > 0$

$$(9)\qquad J_{-\nu}(z) = \tfrac{1}{2}\left[\frac{e^{i\nu\pi}}{\pi}\int_{L_1} e^{i(\nu u - z\sin u)}\,du + \frac{e^{-i\nu\pi}}{\pi}\int_{L_2} e^{i(\nu u - z\sin u)}\,du\right].$$

Vergleichen wir (6) und (9) mit den Formeln (9, 4) und bedenken wir, daß aus diesen Formeln die Hankelschen Funktionen bei nicht ganzzahligen Zeigern ν eindeutig berechnet werden können, so ergibt sich für $z > 0$

$$(10)\qquad \begin{cases} H_\nu^{(1)}(z) = \dfrac{1}{\pi}\displaystyle\int_{L_1} e^{i(\nu u - z\sin u)}\,du \\[2ex] H_\nu^{(2)}(z) = \dfrac{1}{\pi}\displaystyle\int_{L_2} e^{i(\nu u - z\sin u)}\,du \end{cases}$$

Weil die Integrale für $\Re(z) \geqq \delta > 0$ und beschränkte $|\nu|$ gleichmäßig konvergieren, sind sie für diese Werte von Zeiger und Veränderlicher analytische Funktionen von ν und z, und daher gelten die Formeln (10) auch in diesem Bereich. Die Integraldarstellung (10) geht auf A. Sommerfeld[1]) zurück. Mit einem um 90^0 gedrehten Integrationsweg tritt Formel (5) schon bei Schläfli[2]) auf.

18. Erweiterung des Gültigkeitsbereiches. Wenn wir die Integrationswege L_1 und L_2 geeignet abändern, können wir uns von der Voraussetzung $\Re(z) > 0$ befreien, wollen aber die singuläre Stelle $z = 0$ durch die Annahme $|z| \geqq k > 0$ ausschalten. Wir zerspalten z, u, ν in den reellen und imaginären Teil: $z = x + iy = |z|\,e^{i\varphi}$, $u = \xi + i\eta$, $\nu = \nu_1 + i\nu_2$. Für den reellen Teil des Exponenten des Integranden in den Formeln (10) der vorigen Ziffer erhält man

$$-\nu_2\xi - \nu_1\eta + x\cos\xi\,\mathfrak{Sin}\,\eta + y\sin\xi\,\mathfrak{Cof}\,\eta$$

oder für beschränkte $|\nu|$

$$\pm\frac{|z|}{2}\cos(\varphi \mp \xi)\,e^{|\eta|}(1+\varepsilon),$$

wobei $|\varepsilon|$ unterhalb einer beliebig kleinen Schranke bleibt für alle $|\eta| \geqq N$, sobald nur N genügend groß ist. Dabei gelten die oberen Zeichen für positive, die unteren für negative η.

Das Integral der Formeln (17, 10) konvergiert gleichmäßig, sobald wir den Integrationsweg in der oberen Halbebene so ins Unendliche führen, daß er ganz in einem Streifen liegt, für den $\cos(\varphi - \xi) \leqq -\delta$ $(0 < \delta < 1)$, in der unteren dagegen in einem Streifen, der durch $\cos(\varphi + \xi) \geqq \delta$ gegeben ist, und gleichzeitig dafür sorgen, daß der Winkel zwischen Integrationsweg und imaginärer Achse dem Betrage nach beliebig klein wird, sobald $|\eta| \geqq N$ ist.

---

[1]) A. Sommerfeld, Math. Ann. **47** (1896), S. 327—357.

[2]) L. Schläfli, Math. Ann. **3** (1871), S. 134—149; Ann. di Mat. (2), **5** (1873), S. 199 bis 205.

Unter diesen Voraussetzungen ist nämlich der Betrag des Integranden $< e^{-\frac{k\delta}{4} e^{|\eta|}}$ für $|\eta| \geqq N$, der Bogen des Integrationsweges, von $|\eta| = N$ an gegen das Unendliche gezählt, $s < 2(|\eta| - N)$, somit der Betrag des Integrals auf den ins Unendliche führenden Kurventeilen

$$< \int_0^\infty e^{-\frac{k\delta}{4} e^{N+\frac{s}{2}}}\, ds < \int_0^\infty e^{-\frac{k\delta}{4}\left(N+\frac{s}{2}\right)}\, ds$$

$$= e^{-\frac{k\delta}{4}N}\left[-\frac{8}{k\delta}\, e^{-\frac{k\delta s}{8}}\right]_0^\infty = \frac{8}{k\delta}\, e^{-\frac{k\delta}{4}N},$$

strebt also gegen Null mit $N \to +\infty$.

Das Integral hängt nicht davon ab, welchen zugelassenen Integrationsweg wir in den betreffenden Streifen wählen. Nehmen wir nämlich statt des Weges I in Abb. 24 den Weg II, so ändert sich das Integral nicht, weil auf den zur reellen Achse parallelen Strecken der Integrand kleiner als $e^{-\frac{k\delta}{4} e^N}$ für alle genügend großen N ist (L. S. 233).

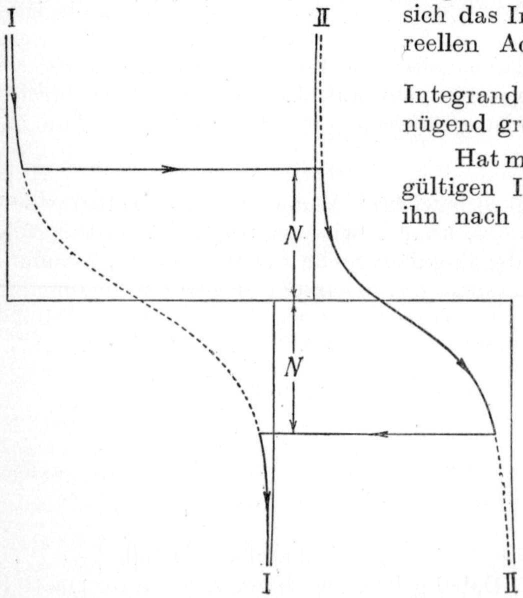

Abb. 24

Hat man also für einen Winkel φ einen gültigen Integrationsweg, so kann man ihn nach diesen Vorschriften stetig beliebig abändern, wenn man dabei nur in der oberen Halbebene in einem Streifen bleibt, für den $\cos(\varphi - \xi) < 0$ ist, in deren unteren dagegen in einem Streifen, für den $\cos(\varphi + \xi) > 0$ ist. Da bei dem Weg L_1 oben $\xi = -\pi$, unten $\xi = 0$ und $|\varphi| < \frac{\pi}{2}$ ist, lassen sich diese Streifen auch durch $\frac{\pi}{2} < \varphi - \xi < \frac{3\pi}{2}$ (oben) und $-\frac{\pi}{2} < \varphi + \xi < \frac{\pi}{2}$ (unten) kennzeichnen. Bei dem Weg L_2 kommt wegen $\xi = \pi$ oben $\frac{\pi}{2} < \xi - \varphi < \frac{3\pi}{2}$, während die Ungleichung für unten bleibt. Beim Weg $L = L_1 + L_2$ der Formel (17, 5) kann man einen Weg wählen, der wie der abgeänderte Weg L_1 in der oberen Halbebene aus dem Unendlichen kommt, und ihn dann irgendwie in den Teil des abgeänderten Weges von L_2 überführen, der in der oberen Halbebene ins Unendliche läuft. Gemäß den durchgeführten Überlegungen dürfen sich die Wege den Grenzen der Streifen nicht asymptotisch nähern.

Daß man auf diese Weise wirklich die analytische Fortsetzung der Hankelschen und Besselschen Funktionen erhält, kann man so erkennen: Dadurch, daß man die Wege auf solche Weise abändern kann, hat man die Möglichkeit, die Integraldarstellung durch analytische Fortsetzung auf alle Werte des Winkels φ zu übertragen. Ist z. B. $\varphi = \frac{\pi}{2} - \delta \left(0 < \delta < \frac{\pi}{2}\right)$, so kann man statt der Geraden $\xi = -\pi$ den Weg irgendwo im Streifen $-\pi - \delta < \xi < -\delta$ wählen, statt der Geraden $\xi = 0$ irgendwo im Streifen $-\pi + \delta < \xi < \delta$. Nehmen wir also z. B. in beiden Fällen die Gerade $\xi = -\frac{\pi}{2}$. Dann stellt das Integral unsere Funktion durch analytische Fortsetzung für $0 < \varphi < \pi$ dar, weil bei dem stetigen Wachsen von φ bis zur neuen Grenze dauernd $\cos(\varphi - \xi) < 0$ und $\cos(\varphi + \xi) > 0$ bleibt. Ist $\varphi = \pi - \delta$, so erhält man für ξ oben das Intervall $-\frac{\pi}{2} - \delta < \xi < \frac{\pi}{2} - \delta$, unten $-\frac{3\pi}{2} + \delta < \xi < -\frac{\pi}{2} + \delta$. Wählen wir also z. B. oben $\xi = 0$, unten $\xi = -\pi$, so stellt das Integral die Funktion aus demselben Grunde für $\frac{\pi}{2} < \varphi < \frac{3\pi}{2}$ dar. So kann man weitergehen und durch analytische Fortsetzung Integraldarstellungen für jeden positiven Wert von φ erhalten. Ähnlich bei negativen Werten von φ, indem man von $\varphi = -\frac{\pi}{2} + \delta$ ausgeht.

19. Airysche Integrale. Wir wollen jetzt $J_{\frac{1}{3}}(z)$ und $J_{-\frac{1}{3}}(z)$ für positive z berechnen. Mit (17, 6) hat man

$$J_{\pm\frac{1}{3}}(z) = \frac{1}{2\pi} \int_L e^{i(\pm\frac{1}{3}u - z \sin u)} du. \tag{1}$$

Nach dem Cauchyschen Satz können wir den Integrationsweg L in den Weg von Abb. 25 verbiegen (L. S. 232). Es verschwinden nämlich diejenigen Bestandteile des Integrals, welche von den zur reellen Achse parallelen Wegstücken herrühren, für $N \to +\infty$. Denn auf ihnen ist wegen $z > 0$ der Betrag des Integranden nicht größer als $e^{\mp\frac{1}{3}N + z\cos\xi\,\mathfrak{Sin}\,N}$ $(\xi = \Re u)$, der Betrag der betreffenden Bestandteile des Integrals daher nicht größer als $e^{\mp\frac{1}{3}N} \int_0^{\frac{\pi}{2}} e^{-z\sin\xi\,\mathfrak{Sin}\,N} d\xi$. Beachten wir, daß $\frac{\sin\xi}{\xi}$ für $0 \leqq \xi \leqq \frac{\pi}{2}$ fortwährend abnimmt, wenn ξ wächst, so ergibt sich der Betrag des letzten Ausdruckes nicht größer als $e^{\mp\frac{1}{3}N} \int_0^{\frac{\pi}{2}} e^{-\frac{2z\xi}{\pi}\mathfrak{Sin}\,N} d\xi = \frac{\pi e^{\mp\frac{1}{3}N}}{2z\,\mathfrak{Sin}\,N}(1 - e^{-z\,\mathfrak{Sin}\,N})$, womit die Behauptung bewiesen ist.

Bei diesem Grenzübergang verwandelt sich der neue Weg in den Weg L', der sich von L nur dadurch unterscheidet, daß die zur imaginären Achse parallelen Stücke durch die Punkte $\pm \frac{3}{2}\pi$ gehen. Es wird somit nach (1), wenn wir noch $t = \sin\frac{u}{3}$ einführen,

$$J_{\frac{1}{3}}(z) + J_{-\frac{1}{3}}(z) = \frac{1}{\pi}\int_{L'} e^{-iz\sin u}\cos\frac{u}{3}\,du \tag{2}$$

$$= \frac{3}{\pi}\int_{-\infty}^{+\infty} e^{iz(4t^3-3t)}\,dt = \frac{6}{\pi}\int_0^{\infty}\cos[z(4t^3-3t)]\,dt.$$

Führen wir im letzten Integral $u = t\sqrt[3]{4z}$ ein und setzen $x = \frac{3z^{2/3}}{\sqrt[3]{4}}$, so ergibt sich schließlich für $x > 0$

$$\int_0^{\infty}\cos(u^3 - xu)\,du = \frac{\pi}{3}\sqrt{\frac{x}{3}}\left[J_{\frac{1}{3}}\left(\frac{2x}{3}\sqrt{\frac{x}{3}}\right) + J_{-\frac{1}{3}}\left(\frac{2x}{3}\sqrt{\frac{x}{3}}\right)\right]. \tag{3}$$

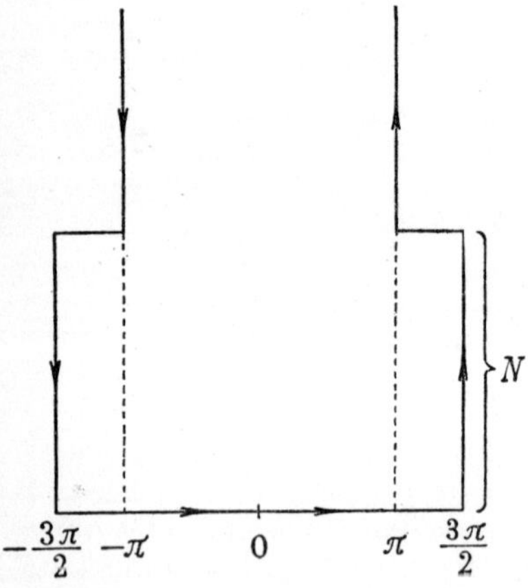

Abb. 25

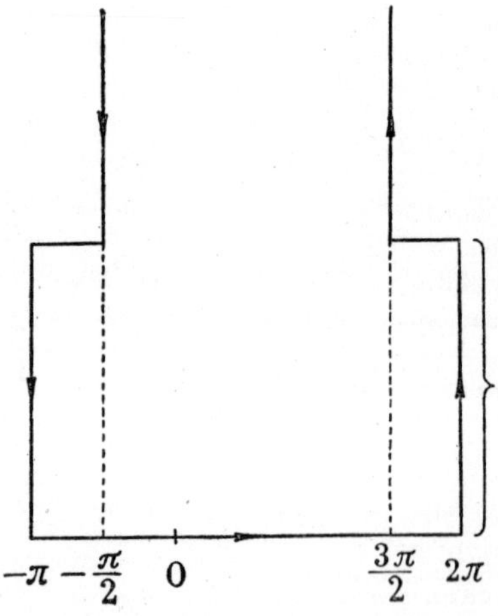

Abb. 26

Das Integral (3) tritt zum erstenmal in der Form $\int_0^{\infty}\cos\frac{\pi}{2}(w^3 - mw)\,dw$ bei Airy[1]) in seinen Untersuchungen über den Regenbogen auf. Setzt man $u = \left(\frac{\pi}{2}\right)^{1/3} w$ und $x = \left(\frac{\pi}{2}\right)^{2/3} m$, so erhält man aus (3)

$$\int_0^{\infty}\cos\frac{\pi}{2}(w^3 - mw)\,dw = \frac{\pi}{3}\sqrt{\frac{m}{3}}\left[J_{\frac{1}{3}}\left(\frac{\pi m}{3}\sqrt{\frac{m}{3}}\right) + J_{-\frac{1}{3}}\left(\frac{\pi m}{3}\sqrt{\frac{m}{3}}\right)\right]. \tag{4}$$

[1]) G. B. Airy, Trans. Camb. Phil. Soc. **6** (1838), S. 379—402.

Airy[1]) berechnete das Integral (4) mit Hilfe einer Reihe. Stokes[2]) führte es auf eine Funktion zurück, die der Besselschen Differentialgleichung genügt; er scheint aber den Begriff der Besselschen Funktion nicht zu kennen. Die genaue Darstellung durch Besselsche Funktionen mittels der Formel (4) stammt von W. Wirtinger[3]).

Wir können Gleichung (3) auch auf negative x ausdehnen. Zu diesem Zwecke berechnen wir $J_{\pm\frac{1}{3}}(z)$ für rein imaginäre z, und zwar setzen wir $z = i\,|\,z\,|$. Nach den Überlegungen der vorigen Ziffer erhalten wir einen gültigen Integrationsweg, wenn wir den Weg L um $\frac{\pi}{2}$ nach rechts verschieben. Den neuen Weg können wir aber in den Weg der Abb. 26 verbiegen (L. S. 232). Die Bestandteile auf den zur reellen Achse parallelen Stücken sind nämlich dem Betrag nach nicht größer als $e^{\mp\frac{1}{3}N}\int\limits_0^{\frac{\pi}{2}} e^{-v\sin\xi\,\mathfrak{Cos}\,N}\,d\xi$, sobald $x = 0$ ist, streben daher mit $N \to +\infty$ gegen Null. Wir erhalten schließlich

$$(5)\qquad J_{\pm\frac{1}{3}}(i\,|\,z\,|) = \frac{1}{2\pi}\int\limits_{L''} e^{\pm\frac{i}{3}u + |z|\sin u}\,du,$$

wobei sich der Weg L'' von L nur dadurch unterscheidet, daß der eine zur imaginären Achse parallele Teil durch den Punkt 2π statt durch den Punkt π geht.

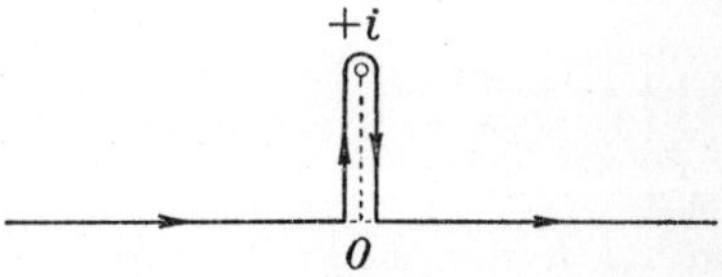

Abb. 27

Aus (5) erhalten wir nun

$$(6)\qquad J_{\frac{1}{3}}(i\,|\,z\,|)\,e^{-\frac{i\pi}{6}} - J_{-\frac{1}{3}}(i\,|\,z\,|)\,e^{\frac{i\pi}{6}} = \frac{i}{\pi}\int\limits_{L''} e^{|z|\cos\left(u-\frac{\pi}{2}\right)}\sin\left(\frac{u}{3}-\frac{\pi}{6}\right)du.$$

Führen wir $t = i\cos\left(\frac{u}{3}-\frac{\pi}{6}\right)$ ein, so ist der entsprechende Weg für t die im positiven Sinn durchlaufene reelle Achse der t-Ebene, dazu noch das Stück von 0 bis i und wieder zurück auf der imaginären Achse der t-Ebene (Abb. 27). Da aber dieses Stück zweimal im entgegengesetzten Sinn durchlaufen wird, fällt der betreffende Bestandteil des Integrals weg und es bleibt für (6)

$$(7)\qquad -\frac{3}{\pi}\int\limits_{-\infty}^{+\infty} e^{i|z|(4t^3+3t)}\,dt = -\frac{6}{\pi}\int\limits_0^{\infty}\cos\left[\,|\,z\,|\,(4\,t^3+3\,t)\right]dt.$$

---

[1]) G. B. Airy, Trans. Camb. Phil. Soc. 8 (1849), S. 595—599.

[2]) G. G. Stokes, Trans. Camb. Phil. Soc. 9 (1856), S. 166—187 oder Werke 2, S. 329—349.

[3]) W. Wirtinger, Berichte des naturw.-med. Vereines in Innsbruck 23 (1896/97).

Führen wir $u = t\sqrt[3]{4\,|\,z\,|}$ und $x = \frac{3\,|\,z\,|^{2/3}}{\sqrt[3]{4}}$ ein, so erhalten wir aus (6) und (7) und mit $x > 0$

$$\int_0^\infty \cos(u^3 + xu)\,du = -\frac{\pi}{3}\sqrt{\frac{x}{3}}\left[J_{\frac{1}{3}}\left(\frac{2x}{3}\sqrt{\frac{x}{3}}\,i\right)e^{-\frac{i\pi}{6}}\right.$$

$$\left.- J_{-\frac{1}{3}}\left(\frac{2x}{3}\sqrt{\frac{x}{3}}\,i\right)e^{\frac{i\pi}{6}}\right] = -\frac{\pi}{6}e^{-\frac{i\pi}{3}}\sqrt{x}\,H^{(1)}_{\frac{1}{3}}\left(\frac{2x}{3}\sqrt{\frac{x}{3}}\,i\right).$$

20. Ganzzahlige Zeiger. Ist ν eine ganze Zahl n, so nimmt der Integrand in der Formel (4) von Ziffer 17 mit dem Umlauf um den Nullpunkt wieder dieselben Werte an; die beiden längs der negativen reellen Achse ins Unendliche erstreckten Teile des Integrals heben sich also auf, weil der betreffende Weg zweimal entgegengesetzt durchlaufen wird, und es bleibt nur der über den Kreis K' um den Nullpunkt erstreckte Bestandteil übrig:

$$J_n(z) = \frac{1}{2\pi i}\left(\frac{z}{2}\right)^n \int_{K'} e^{\tau - \left(\frac{z}{2}\right)^2 \frac{1}{\tau}}\,\tau^{-(n+1)}\,d\tau. \tag{1}$$

Führen wir $\tau = \frac{z}{2}t$ ein, so wird aus (1)

$$J_n(z) = \frac{1}{2\pi i}\int_K e^{\frac{z}{2}\left(t - \frac{1}{t}\right)}\,t^{-(n+1)}\,dt, \tag{2}$$

wobei K den Einheitskreis der t-Ebene bedeutet. Aus (2) erkennt man: Die Funktionen $J_n(z)$ sind die Koeffizienten in der Laurentschen Reihenentwicklung der Funktionen $e^{\frac{z}{2}\left(t - \frac{1}{t}\right)}$ um den Nullpunkt, also

$$e^{\frac{z}{2}\left(t - \frac{1}{t}\right)} = \sum_{n=-\infty}^{+\infty} J_n(z)\,t^n. \tag{3}$$

Man kann somit die Besselschen Funktionen mit ganzzahligem Zeiger aus der erzeugenden Funktion $e^{\frac{z}{2}\left(t - \frac{1}{t}\right)}$ gewinnen. Für (3) kann man nach (11, 1) schreiben

$$e^{\frac{z}{2}\left(t - \frac{1}{t}\right)} = J_0(z) + \sum_{n=1}^{\infty} J_n(z)\,[t^n + (-1)^n t^{-n}],$$

daher mit $t = e^{\pm i\varphi}$

$$e^{\pm iz\sin\varphi} = J_0(z) + \sum_{n=1}^{\infty} J_n(z)\,[e^{\pm in\varphi} + (-1)^n e^{\mp in\varphi}]$$

oder

$$\left\{\begin{aligned} \cos(z\sin\varphi) &= J_0(z) + 2\sum_{n=1}^{\infty} J_{2n}(z)\cos 2n\varphi, \\ \sin(z\sin\varphi) &= \phantom{J_0(z) +{}} 2\sum_{n=1}^{\infty} J_{2n-1}(z)\sin(2n-1)\varphi. \end{aligned}\right. \tag{4}$$

Schreiben wir $\frac{\pi}{2} - \varphi$ statt φ, so folgt

$$(5)\quad \begin{cases} \cos(z\cos\varphi) = J_0(z) + 2\sum\limits_{n=1}^{\infty}(-1)^n J_{2n}(z)\cos 2n\varphi, \\ \sin(z\cos\varphi) = \qquad\quad 2\sum\limits_{n=1}^{\infty}(-1)^{n-1} J_{2n-1}(z)\cos(2n-1)\varphi. \end{cases}$$

Die Reihen (4) und (5) gehen auf Jacobi[1]) zurück. Die erste der Gleichungen (4) liefert für $\varphi = 0$ das besondere Ergebnis

$$(6)\qquad 1 = J_0(z) + 2\sum_{n=1}^{\infty} J_{2n}(z).$$

Setzen wir in den Gleichungen (5) $\varphi = 0$, so erhalten wir die Entwicklungen von $\cos z$ und $\sin z$ nach Besselschen Funktionen, nämlich

$$\begin{cases} \cos z = J_0(z) + 2\sum\limits_{n=1}^{\infty}(-1)^n J_{2n}(z). \\ \sin z = \qquad\quad 2\sum\limits_{n=1}^{\infty}(-1)^{n-1} J_{2n-1}(z). \end{cases}$$

Setzen wir in (2) $t = e^{-i\varphi}$, so erhalten wir die von Bessel[2]) stammende Integraldarstellung

$$(7)\qquad J_n(z) = \frac{1}{2\pi}\int_{-\pi}^{+\pi} e^{i(n\varphi - z\sin\varphi)}\,d\varphi$$

$$= \frac{1}{2\pi}\int_0^{\pi} e^{i(n\varphi - z\sin\varphi)}\,d\varphi + \frac{1}{2\pi}\int_0^{\pi} e^{-i(n\varphi - z\sin\varphi)}\,d\varphi$$

$$= \frac{1}{\pi}\int_0^{\pi}\cos(n\varphi - z\sin\varphi)\,d\varphi,$$

also z. B.

$$J_0(z) = \frac{2}{\pi}\int_0^{\frac{\pi}{2}}\cos(z\sin\varphi)\,d\varphi = \frac{2}{\pi}\int_0^{1}\frac{\cos(zt)}{\sqrt{1-t^2}}\,dt.$$

Aus (3) ergibt sich

$$e^{\frac{z_1+z_2}{2}\left(t-\frac{1}{t}\right)} = \sum_{n=-\infty}^{+\infty} J_n(z_1+z_2)\,t^n$$

$$= e^{\frac{z_1}{2}\left(t-\frac{1}{t}\right)}\cdot e^{\frac{z_2}{2}\left(t-\frac{1}{t}\right)} = \sum_{n=-\infty}^{+\infty} J_n(z_1)\,t^n\cdot\sum_{n=-\infty}^{+\infty} J_n(z_2)\,t^n,$$

---

[1]) J. Jacobi, J. reine angew. Math. **25** (1836), S. 12 oder Werke **6** (1891), S. 101.

[2]) Vgl. Anmerkung 1) von Ziffer 6.

somit, weil die Laurentsche Entwicklung absolut konvergiert und eindeutig ist,

$$J_n(z_1 + z_2) = \sum_{m=-\infty}^{+\infty} J_m(z_1) J_{n-m}(z_2).$$

Ferner ist

$$\int_K u^{m-1} e^{\frac{z}{u}} du = \int_K u^{m-1} \sum_{n=0}^{\infty} \frac{1}{n!} \left(\frac{z}{u}\right)^n du = \frac{2\pi i}{m!} z^m,$$

wenn K einen genügend kleinen Kreis um den Nullpunkt der u-Ebene bedeutet und m positiv ganz ist, daher

$$z^m = \frac{m!}{2\pi i} \int_K u^{m-1} e^{\frac{z}{u}} du.$$

Setzen wir nun $u = \frac{2t}{1-t^2}$, so wird eine genügend kleine Umgebung des Nullpunktes der u-Ebene auf eine solche der t-Ebene konform abgebildet, daher K, wenn dieser Kreis in der genannten Umgebung liegt, auf eine doppelpunktsfreie Kurve C, welche den Nullpunkt der t-Ebene einmal umkreist. Wir können also schreiben

$$z^m = \frac{m!}{2\pi i} \int_C e^{-\frac{z}{2}\left(t-\frac{1}{t}\right)} \frac{1}{m} \frac{du^m}{dt} dt$$

oder nach (2), weil

$$\begin{aligned} u^m &= 2^m t^m (1-t^2)^{-m} \\ &= 2^m t^m \sum_{n=0}^{\infty} (-1)^n \binom{-m}{n} t^{2n} \\ &= 2^m \sum_{n=0}^{\infty} \frac{(m+n-1)!}{(m-1)!\, n!} t^{m+2n} \end{aligned}$$

ist,

$$\begin{aligned} z^m &= \frac{2^m}{2\pi i} \int_C e^{-\frac{z}{2}\left(t-\frac{1}{t}\right)} \sum_{n=0}^{\infty} \frac{(m+2n)(m+n-1)!}{n!} t^{m+2n-1} dt \\ &= 2^m \sum_{n=0}^{\infty} \frac{(m+2n)(m+n-1)!}{n!} J_{-m-2n}(-z), \end{aligned}$$

somit nach (11, 1)

$$\left(\frac{z}{2}\right)^m = \sum_{n=0}^{\infty} \frac{(m+2n)(m+n-1)!}{n!} J_{m+2n}(z).$$

Diese Formel kommt schon bei C. Neumann[1]) vor, der Gedankengang für ihre Herleitung rührt von A. C. Dixon[2]) her. Sie gilt nicht für $m = 0$, wie der Vergleich mit (6) lehrt.

---

[1]) C. Neumann, Theorie der Besselschen Funktionen, Leipzig 1867, S. 38.

[2]) A. C. Dixon, Messenger 32 (1903), S. 8.

21. Sattelpunktsverfahren. In Ziffer 15 haben wir Formeln für die Hankelschen Funktionen entwickelt, die uns gestatten, die Funktionswerte für große absolute Beträge der Veränderlichen bei festem Zeiger zu berechnen. Jetzt wollen wir ähnliche Formeln für den Fall herleiten, daß Zeiger und Veränderliche gleichzeitig groß werden, wir setzen also $z = a\nu$, wobei a eine feste, positive, reelle Zahl sein und ν positiv reell ins Unendliche streben soll. Wir benützen dazu die Sommerfeldsche Integraldarstellung aus Ziffer 17. Setzen wir zur Abkürzung

$$f(\tau) = i(\tau - a \sin \tau), \tag{1}$$

so haben wir Integrale von der Gestalt $\int e^{\nu f(\tau)} d\tau$ zu berechnen. Wir zerspalten τ und $f(\tau)$ in den reellen und imaginären Teil, schreiben demnach

$$\tau = x + iy, \quad f(\tau) = u + iv, \tag{2}$$
$$u = a \cos x \operatorname{Sin} y - y, \quad v = x - a \sin x \operatorname{Cos} y.$$

Die Integrationswege L_1 und L_2 verlaufen auf beiden Seiten ins Unendliche, wobei u gegen $-\infty$ strebt. Wir suchen sie derart abzuändern, daß gemäß dem Cauchyschen Satz das Integral seinen Wert behält, daß der Weg aber über einen Punkt τ_0 läuft, von dem aus u nach beiden Seiten möglichst rasch abfällt. Dann wird für die Berechnung des Integrals nur der in unmittelbarer Umgebung dieses Punktes gelegene Teil des Weges ins Gewicht fallen. Auf dem Wege sind x und y Funktionen des Bogens s. Die Linie raschesten Falles (Fallinie) ist durch die Richtung des Gradienten gegeben, also $\frac{dx}{ds} : \frac{dy}{ds} = \frac{\partial u}{\partial x} : \frac{\partial u}{\partial y}$. Nun ist aber

$$\frac{\partial u}{\partial x} = \frac{\partial v}{\partial y}, \quad \frac{\partial u}{\partial y} = -\frac{\partial v}{\partial x},$$

weil $f(\tau)$ eine analytische Funktion ist, somit

$$\frac{\partial v}{\partial x}\frac{dx}{ds} + \frac{\partial v}{\partial y}\frac{dy}{ds} = \frac{dv}{ds} = 0,$$

d. h. die gesuchte Linie ist durch $v = \text{const.}$ gekennzeichnet. In τ_0 soll u seinen größten Wert annehmen, es muß infolgedessen dort $\frac{du}{ds} = 0$, also zusammen mit $\frac{dv}{ds} = 0$ auch $\frac{df}{ds} = 0$ sein. Da aber $f(\tau)$ eine analytische Funktion ist, die Ableitung also von der Richtung nicht abhängt, ist $f'(\tau_0) = 0$.

Die Fläche $u = u(x, y)$ hat in diesem Punkt einen Sattelpunkt. Denn u nimmt wohl seinen größten Wert an, verglichen mit allen Punkten der Kurve $v = \text{const.}$ einer genügend kleinen Umgebung, aber nicht verglichen mit allen Punkten einer zweidimensionalen genügend kleinen Umgebung. Der reelle Teil einer analytischen Funktion ist ja eine Potentialfunktion und eine solche nimmt in einer genügend kleinen Umgebung einer regulären Stelle Werte an, die größer, und solche, die kleiner sind, als der Wert an der Stelle selbst. τ' liegt also auf einer Paßhöhe und der Weg $v = \text{const.}$ oder genauer $v(x, y) = v(\tau_0)$ führt auf beiden Seiten am raschesten ins Tal. Man nennt daher diese Art und Weise, das Integral zu berechnen, das Sattelpunktsverfahren.

Längs einer Fallinie, auf der kein weiterer Sattelpunkt liegt, nimmt u fortwährend ab. Denn in einer genügend kleinen Umgebung von τ_0 ist $\frac{du}{ds} < 0$ (s vom Sattelpunkt aus gezählt). Da nun auf der Fallinie $\frac{dv}{ds} = 0$ ist und kein weiterer Sattelpunkt liegt, ist auf ihr $f'(\tau) \neq 0$ für $\tau \neq \tau_0$, daher auch $\frac{du}{ds} \neq 0$ und somit dauernd negativ für $\tau \neq \tau_0$.

Funktionentheoretisch ist τ_0 gemäß Ziffer II, 9 wegen $f'(\tau_0) = 0$ ein Kreuzungspunkt. Ist $f''(\tau_0) \neq 0$, so schneiden sich nach den Ausführungen der genannten Ziffer die Linien $u = \text{const.}$ und $v = \text{const.}$ in τ_0 unter 45^0 und senden je zwei Zweige durch den Punkt, die sich unter 90^0 schneiden. Ist auch $f''(\tau_0) = 0$, aber $f'''(\tau_0) \neq 0$, so schneiden sich die Linien unter 30^0 und die Zweige unter 60^0.

Die Kurven $v = \text{const.}$ haben, wie wir in der nächsten Ziffer sehen werden, die ins Unendliche führenden geradlinigen Teile der Wege L_1 oder L_2 zu Asymptoten oder fallen mit ihnen zusammen. Die ins Unendliche laufenden Teile der Kurven $v = \text{const.}$ liegen in den in Ziffer 18 genannten Streifen. Daher ist das Integral über die Kurven $v = \text{const.}$ gleich dem über L_1 und L_2.

Um das Integral über die Kurve $v = \text{const.}$ zu berechnen, führen wir die neue Veränderliche

$$w = f(\tau_0) - f(\tau) \tag{3}$$

ein. Weil auf den durch τ_0 gehenden Fallinien die Beziehung $v(\tau) = v(\tau_0)$ gilt, ist auf diesen Kurven w reell. Da ferner auf diesen Fallinien, wenn auf ihnen kein Sattelpunkt mehr liegt, $\Re\, f(\tau)$ von τ_0 an fortwährend abnimmt, wächst $\Re(w)$ auf ihnen von Null an fortwährend, und zwar bis ins Unendliche. Weil nämlich die Fallinien in den Streifen der Ziffer 18 liegen, strebt auf ihnen u gegen $-\infty$.

Nun gilt in einer genügend kleinen Umgebung des Sattelpunktes τ_0 wegen $f'(\tau_0) = 0$ die Entwicklung $w = -\frac{1}{2} f''(\tau_0)(\tau - \tau_0)^2 + \cdots$, falls $f''(\tau_0) \neq 0$ ist, somit

$$\tau - \tau_0 = \pm i \sqrt{\frac{2}{f''(\tau_0)}}\, w^{1/2} + \cdots. \tag{4}$$

Allgemein ergibt sich für $\tau - \tau_0$ eine Reihenentwicklung der Gestalt

$$\tau - \tau_0 = \pm a_1 w^{1/2} + a_2 w \pm a_3 w^{3/2} + a_4 w^2 \pm \cdots; \tag{5}$$

dabei gehen die oberen Zeichen in die unteren über, wenn man auf den Kurven $v = \text{const.}$ durch den Punkt τ_0 hindurchgeht, wie man leicht erkennt, wenn man den Punkt in einem kleinen Halbkreis umläuft und dann den Halbmesser dieses Kreises gegen Null streben läßt. In der w-Ebene wird dabei der Nullpunkt in einem kleinen Kreis umlaufen. Bezeichnen wir die beiden Funktionszweige mit τ_1 (oberes Zeichen) und τ_2 (unteres Zeichen), so erhält man für das über die ganze Kurve $v = \text{const.}$ erstreckte Integral

$$(6) \qquad \int e^{\nu f(\tau)}\, d\tau = e^{\nu f(\tau_0)} \int_0^\infty e^{-\nu w} \left(\frac{d\tau_1}{dw} - \frac{d\tau_2}{dw}\right) dw.$$

Dabei ist das Zeichen der Quadratwurzel in (4) so zu wählen, daß der Winkel von a_1 gleich wird dem Winkel, den der mit dem richtigen Durchlaufungssinn versehene Integrationsweg im Sattelpunkt mit der positiven reellen Achse der τ-Ebene bildet.

Wir setzen zur Abkürzung

$$(7) \qquad g(w) = \frac{d\tau_1}{dw} - \frac{d\tau_2}{dw}.$$

Man erhält dafür aus (4) die Entwicklung

$$(8) \qquad g(w) = a_1 w^{-\frac{1}{2}} + \sum_{n=0}^{\infty} a_n' \, w^{n+\frac{1}{2}},$$

wobei die Reihe für $0 \leqq |w| \leqq \delta$ konvergiert, wenn δ eine entsprechend kleine positive Zahl bedeutet. Wir wollen diese Entwicklung nach k Gliedern abbrechen und den Rest mit R_1 bezeichnen. Es ist also

$$(9) \qquad R_1 = g(w) - a_1 w^{-\frac{1}{2}} - \sum_{n=0}^{k-2} a_n' \, w^{n+\frac{1}{2}}.$$

Aus (8) folgt für R_1 die Abschätzung

$$(10) \qquad |R_1| < c\, |w|^{k-\frac{1}{2}} \text{ für } 0 \leqq |w| \leqq \delta,$$

wobei c eine feste positive Zahl bedeutet, die von ν nicht abhängt.

Aus (3) und (1) erhält man

$$(11) \qquad \frac{d\tau}{dw} = -\frac{1}{f'(\tau)} = \frac{i}{1 - a\cos\tau}.$$

Daraus ersieht man, daß $\frac{d\tau}{dw}$ beschränkt bleibt, wenn man sich auf den Kurven ins Unendliche entfernt, die in Ziffer 22 als Integrationswege benützt werden. Schließen wir die Sattelpunkte durch hinreichend kleine Kreise vom Halbmesser δ aus, so ist daher auf den genannten Kurven außerhalb dieser Kreise sicher

$$(12) \qquad \left|\frac{d\tau}{dw}\right| < K e^{b|w|},$$

wobei die festen positiven Zahlen K und b von ν und τ nicht abhängen. Zufolge (9) gilt eine solche Abschätzung auch für R_1, denn sie ist nach (7) für $g(w)$, aber auch für die übrigen Glieder von R_1 in Kraft.

Wir können also gemäß (7) bis (9) für (6) schreiben

$$(13)\qquad \int e^{\nu f(\tau)}\,d\tau = e^{\nu f(\tau_0)}\Big[a_1 \int_0^\infty e^{-\nu w}\, w^{-1/2}\,dw$$

$$+ \sum_{n=0}^{k-2} a'_n \int_0^\infty e^{-\nu w}\, w^{n+1/2}\,dw + \int_0^\infty R_1\, e^{-\nu w}\,dw\Big].$$

Dabei ist nach (II, 2, 1) für $n = -1, 0, 1, 2, \ldots$

$$(14)\qquad \int_0^\infty e^{-\nu w}\, w^{n+1/2}\,dw = \nu^{-n-3/2} \int_0^\infty e^{-t}\, t^{n+1/2}\,dt = \nu^{-n-3/2}\,\Gamma\left(n+\tfrac{3}{2}\right);$$

ferner

$$(15)\qquad R_2 = \int_0^\infty R_1\, e^{-\nu w}\,dw = \int_0^\delta R_1\, e^{-\nu w}\,dw + \int_\delta^\infty R_1\, e^{-\nu w}\,dw.$$

wobei nach (10) und (14)

$$(16)\qquad \left|\int_0^\delta R_1\, e^{-\nu w}\,dw\right| < c \int_0^\delta e^{-\nu w}\, w^{k-1/2}\,dw$$

$$< c \int_0^\infty e^{-\nu w}\, w^{k-1/2}\,dw = c\,\nu^{-k-1/2}\,\Gamma\left(k+\tfrac{1}{2}\right)$$

und zufolge der Bemerkung nach Formel (12)

$$(17)\qquad \left|\int_\delta^\infty R_1\, e^{-\nu w}\,dw\right| < K \int_\delta^\infty e^{-(\nu-b)w}\,dw = K\,\frac{e^{-(\nu-b)\delta}}{\nu-b}$$

ist. Aus (15) bis (17) ergibt sich für R_2 die Schranke

$$(18)\qquad |R_2| < C\,\nu^{-k-1/2}$$

für alle genügend großen ν, wobei die feste positive Zahl C von ν nicht abhängt.

Damit erhält man schließlich aus (13) bis (15)

$$(19)\qquad \int e^{\nu f(\tau)}\,d\tau = e^{\nu f(\tau_0)}\left[a_1 \sqrt{\frac{\pi}{\nu}} + \sum_{n=0}^{k-2} a'_n\,\Gamma\left(n+\tfrac{3}{2}\right)\nu^{-n-3/2} + R_2\right],$$

mit der Abschätzung (18) für R_2. Bricht man beim ersten Glied ab, so ist der Rest demgemäß $|R_2| < C\,\nu^{-3/2}$. Wir schreiben dann kurz

$$(20)\qquad \int e^{\nu f(\tau)}\,d\tau \sim a_1 \sqrt{\frac{\pi}{\nu}}\, e^{\nu f(\tau_0)}.$$

Der Formel (4) entnehmen wir

$$a_1 = i\sqrt{\frac{2}{f''(\tau_0)}},$$

erhalten demnach aus (20)

$$(21)\qquad \int e^{\nu f(\tau)}\,d\tau \sim i\sqrt{\frac{2\pi}{\nu f''(\tau_0)}}\, e^{\nu f(\tau_0)},$$

wobei das Zeichen der Quadratwurzel gemäß der nach Formel (6) gemachten Bemerkung zu wählen ist. Der Gedankengang der durchgeführten Entwicklungen stammt von Watson[1]).

Nun wollen wir noch den Fall $f''(\tau_0) = 0$, $f'''(\tau_0) \neq 0$ betrachten. Jetzt ist

$$
(22)\quad \left\{
\begin{aligned}
w &= -\tfrac{1}{6} f'''(\tau_0)(\tau - \tau_0)^3 + \cdots, \\
\tau - \tau_0 &= -\sqrt[3]{\frac{6}{f'''(\tau_0)}}\, w^{1/3} + \cdots, \\
\frac{d\tau_1}{dw} &= -\tfrac{1}{3}\sqrt[3]{\frac{6}{f'''(\tau_0)}}\, w^{-2/3} + \cdots, \\
\frac{d\tau_2}{dw} &= -\tfrac{1}{3} e^{-\frac{2\pi i}{3}} \sqrt[3]{\frac{6}{f'''(\tau_0)}}\, w^{-2/3} + \cdots;
\end{aligned}
\right.
$$

denn die beiden Zweige der Kurve $v = \text{const.}$, die in τ_0 einlaufen und als Integrationsweg dienen, schließen miteinander einen Winkel von 120^0 ein. Die dritte Wurzel ist so zu wählen, daß der Winkel von $-\sqrt[3]{\frac{6}{f'''(\tau_0)}}$ gleich wird dem Winkel, den der gemäß dem Durchlaufungssinn aus dem Sattelpunkt τ_0 auslaufende Integrationsweg mit der positiven reellen Achse der τ-Ebene bildet. Damit erhalten wir

$$
(23)\qquad g(w) = \frac{d\tau_1}{dw} - \frac{d\tau_2}{dw} = b_1 w^{-2/3} + b_2 w^{-1/3} + \cdots,
$$

und wenn wir so vorgehen wie früher,

$$
(24)\qquad \int e^{\nu f(\tau)}\, d\tau = e^{\nu f(\tau_0)} \left[\sum_{n=1}^{k} b_n \Gamma\left(\frac{n}{3}\right) \nu^{-\frac{n}{3}} + R_3 \right],
$$

wobei $|R_3| < C\nu^{-\frac{k+1}{3}}$ ist, oder

$$
(25)\qquad \int e^{\nu f(\tau)}\, d\tau \sim b_1 \Gamma(\tfrac{1}{3})\, \nu^{-1/3} e^{\nu f(\tau_0)},
$$

wenn wir mit dem ersten Glied abbrechen. Von den Koeffizienten b_n der Entwicklung (23) verschwindet jeder dritte, d. h. es ist $b_n = 0$, wenn n durch 3 teilbar ist; auch hier ist wie in der Entwicklung (19) das Restglied von der Ordnung des ersten vernachlässigten Gliedes.

Den Formeln (22) und (23) entnehmen wir

$$
(26)\qquad b_1 = -\tfrac{1}{3}\sqrt[3]{\frac{6}{f'''(\tau_0)}} \left(1 - e^{-\frac{2\pi i}{3}}\right) = -\frac{e^{\frac{\pi i}{6}}}{\sqrt{3}} \sqrt[3]{\frac{6}{f'''(\tau_0)}},
$$

daher wird aus (25)

$$
(27)\qquad \int e^{\nu f(\tau)} d\tau \sim -\frac{e^{\frac{\pi i}{6}}}{\sqrt{3}} \sqrt[3]{\frac{6}{\nu f'''(\tau_0)}}\, \Gamma(\tfrac{1}{3})\, e^{\nu f(\tau_0)},
$$

wobei die dritte Wurzel gemäß der obigen Bemerkung zu wählen ist.

[1]) G. N. Watson, Proc. London Math. Soc. (2) **17** (1918), S. 133.

22. Asymptotische Entwicklung der Hankelschen und Besselschen Funktionen für große Werte des Zeigers und der Veränderlichen. Jetzt müssen wir die drei Fälle $a \gtreqless 1$ unterscheiden. Allgemein ist

$$\begin{cases} f(\tau) = i(\tau - a \sin \tau), \\ f'(\tau) = i(1 - a \cos \tau), \\ f''(\tau) = i\, a \sin \tau, \\ f'''(\tau) = i\, a \cos \tau. \end{cases}$$

Die Sattelpunkte sind also die Lösungen der Gleichung $1 - a \cos \tau = 0$. Im Falle $a < 1$ setzen wir $a = \dfrac{1}{\mathfrak{Cof}\, \alpha}$ $(\alpha > 0)$, im Falle $a > 1$ dagegen $a = \dfrac{1}{\cos \alpha}\left(0 < \alpha < \dfrac{\pi}{2}\right)$. Man erhält

	τ_0	$f(\tau_0)$	$f''(\tau_0)$	$v(x, y) = v(\tau_0)$
$a < 1$	$\pm \alpha i$	$\mp(\alpha - \mathfrak{Tg}\, \alpha)$	$\mp \mathfrak{Tg}\, \alpha$	$x - a \sin x\, \mathfrak{Cof}\, y = 0$
$a > 1$	$\pm \alpha$	$\mp i(\operatorname{tg} \alpha - \alpha)$	$\pm i \operatorname{tg} \alpha$	$x - a \sin x\, \mathfrak{Cof}\, y = \mp(\operatorname{tg} \alpha - \alpha)$
$a = 1$	0	0	0	$x - \sin x\, \mathfrak{Cof}\, y = 0$

Wir können uns darauf beschränken, $H_\nu^{(1)}(a\nu)$ zu berechnen, da $H_\nu^{(2)}(a\nu)$ gemäß Ziffer 11 dazu konjugiert komplex ist. $J_\nu(a\nu)$ ergibt sich aus beiden Funktionen durch Mittelbildung gemäß (9, 4), muß aber im Fall $a < 1$, wie

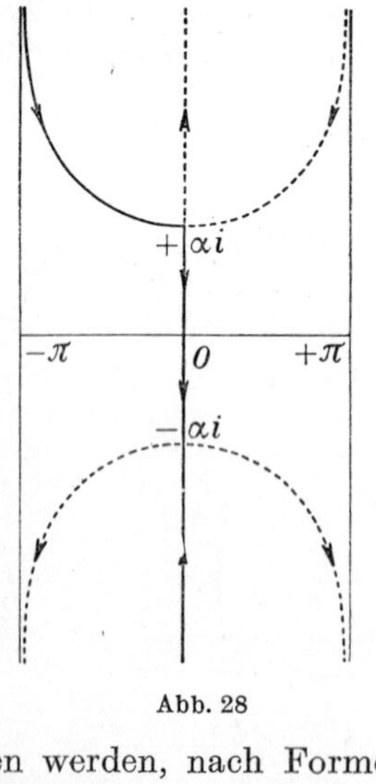

Abb. 28

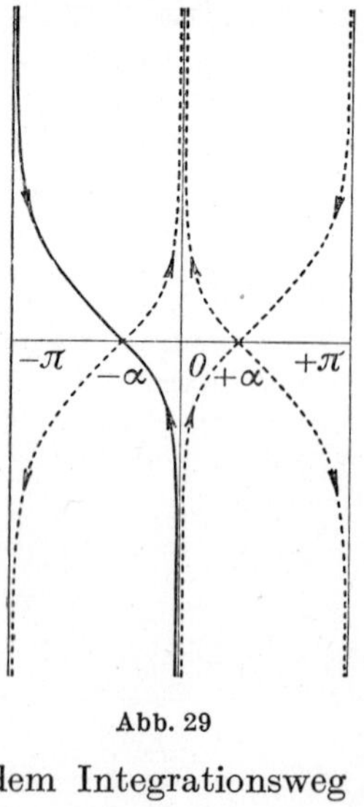

Abb. 29

wir sehen werden, nach Formel (17, 5) mit dem Integrationsweg L eigens berechnet werden.

Wir haben also $H_\nu^{(1)}(a\nu)$ für $a < 1$ (Fall I), $a > 1$ (Fall II), $a = 1$ (Fall III) und $J_\nu(a\nu)$ für $a < 1$ (Fall IV) zu berechnen. In den ersten drei Fällen ist der

Integrationsweg L_1, im letzten $L_1 + L_2$ ohne den Teil auf der Y-Achse. Den vier Fällen entsprechen die Abb. 28—31. In der Richtung der Pfeile wächst der reelle Teil u. Als Sattelpunkte kommen die Punkte $-\alpha i$, $-\alpha$, 0, αi in Frage, als Fallinien die durch diese Punkte hindurchgehenden stark ausge-

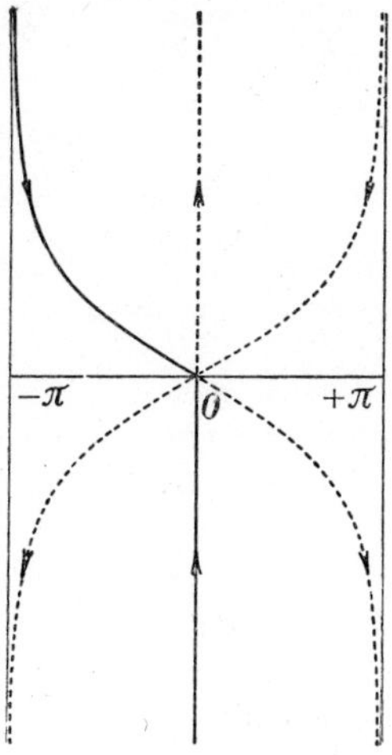

Abb. 30

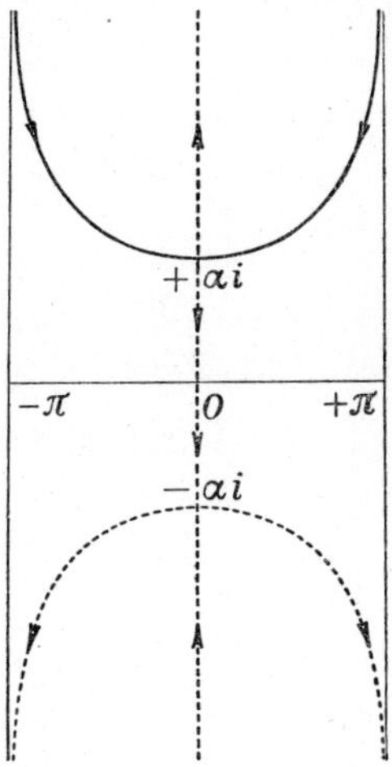

Abb. 31

zogenen Kurven. Für $a \leqq 1$ ist unter den Kurven $v(x, y) = v(\tau_0)$ die Y-Achse vorhanden, für $a > 1$ unter den Kurven $u(x, y) = u(\tau_0)$ oder $a \cos x \,\mathfrak{Sin}\, y - y = 0$ die X-Achse. Die Fallinien schneiden daher nach den Bemerkungen der vorigen Ziffer für $a < 1$ die Y-Achse unter 90^0, dagegen für $a > 1$ die X-Achse unter 45^0. Für $a = 1$ schließen sie mit der Y-Achse einen Winkel von 60^0 ein. Sie liegen alle spiegelbildlich zu den beiden Achsen und haben die Geraden $x = \pm \pi$, bzw. $x = 0$ zu Asymptoten.

Die Winkel, welche die mit dem richtigen Durchlaufungssinn versehenen Integrationswege im Sattelpunkt mit der positiven X-Achse einschließen, sind daher gemäß den vier Abbildungen $-\frac{\pi}{2}$, $-\frac{\pi}{4}$, $-\frac{\pi}{2}$, 0. Für den Koeffizienten a_1 ergeben sich nach der obigen Tabelle in den Fällen I, II, IV:

$$a_1 = -i \sqrt{\frac{2}{\mathfrak{Tg}\,\alpha}}, \quad e^{-\frac{\pi i}{4}} \sqrt{\frac{2}{\operatorname{tg} \alpha}}, \quad \sqrt{\frac{2}{\mathfrak{Tg}\,\alpha}}.$$

Im Fall III haben wir $f'''(\tau_0) = i$, daher ist der Winkel des Faktors $-\frac{1}{3}\sqrt[3]{\frac{6}{f'''(\tau_0)}}$ in den Formeln (22) und (26) der vorigen Ziffer gleich $-\frac{\pi}{2}$, somit $b_1 = \frac{e^{-\frac{\pi i}{3}}}{\sqrt{3}} \sqrt[3]{6}$.

Im Fall I ist noch eine Schwierigkeit zu beseitigen[1]). Der Integrationsweg führt nämlich hier noch über einen zweiten Sattelpunkt, nämlich αi (siehe Abb. 28). Es wird also die Abschätzung (21, 12) ungültig, weil $f'(\alpha i) = 0$ ist, somit $\frac{d\tau}{dw}$ und $g(w)$ in diesem Punkte unendlich werden. In diesem Fall ist

$$w = \alpha - \mathfrak{Tg}\,\alpha - i\left(\tau - \frac{\sin\tau}{\mathfrak{Cof}\,\alpha}\right),$$

$$(1) \qquad \frac{dw}{d\tau} = -i\left(1 - \frac{\cos\tau}{\mathfrak{Cof}\,\alpha}\right),$$

$$\frac{d^2 w}{d\tau^2} = -i\frac{\sin\tau}{\mathfrak{Cof}\,\alpha}.$$

Die Verzweigungspunkte der w-Ebene erhält man also für $\tau = \pm\alpha i + 2n\pi$ (n ganz) zu $w = 2(\alpha - \mathfrak{Tg}\,\alpha) - 2n\pi i$ und $w = -2n\pi i$. Sie sind von der ersten Ordnung, d. h. in ihnen entspricht einem Winkel der τ-Ebene ein doppelt so großer der w-Ebene. Der Integrationsweg der τ-Ebene wird auf die doppelt überdeckte positive reelle Achse der w-Ebene abgebildet.

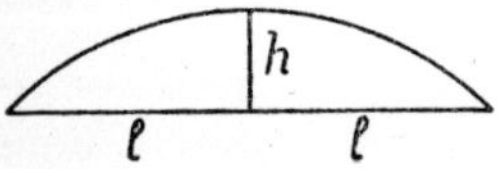

Abb. 32

Wir verbiegen nun den Integrationsweg in der Nähe des zweiten Sattelpunktes $+\alpha i$ so, daß er außerhalb des um ihn geschlagenen Kreises vom Halbmesser δ verläuft, und behalten uns vor, ihm noch eine passende Gestalt zu geben. Dabei ändert sich $\int e^{\nu f(\tau)}\,d\tau$ nach dem Cauchyschen Satze nicht, weil $e^{\nu f(\tau)}$ im Endlichen überall regulär ist. Damit erleidet nun auch der Integrationsweg in der w-Ebene, die positive reelle Achse, eine Ausbuchtung um den Punkt $w = 2(\alpha - \mathfrak{Tg}\,\alpha)$, der gemäß (1) dem Punkt $\tau = +\alpha i$ entspricht. Wir wollen also jetzt unter den von 0 bis ∞ erstreckten Integralen in (21,13) Integrale verstehen, die längs der mit dieser Ausbuchtung versehenen positiven reellen Achse der w-Ebene erstreckt sind. Dadurch erhält aber rückwirkend der Integrationsweg in der τ-Ebene noch unterhalb des Sattelpunktes $-\alpha i$ eine Ausbuchtung. Denn $\int_0^\infty e^{-\nu w}\frac{d\tau_1}{dw}\,dw$ entspricht in der τ-Ebene dem Integral, das über den unterhalb $-\alpha i$ liegenden Teil des Weges erstreckt ist, $-\int_0^\infty e^{-\nu w}\frac{d\tau_2}{dw}\,dw$ dem Integral, das über den oberhalb gelegenen Teil erstreckt ist. Auch durch diese neue Ausbuchtung wird der Wert des Integrals (21, 13) nach dem Cauchyschen Satz nicht geändert.

Über die noch willkürliche Gestalt des in der Nähe von $\tau = +\alpha i$ abgeänderten Integrationsweges verfügen wir nun so, daß in der w-Ebene ein kleiner Kreisbogen von der Höhe h und der Sehne $2l$ (Abb. 32) entsteht. Die

[1]) Vgl. hierzu R. Weyrich, Die Zylinderfunktionen und ihre Anwendungen, Leipzig und Berlin 1937, B. G. Teubner, S. 57.

Sehne soll in der reellen Achse der w-Ebene liegen, ihr Mittelpunkt sei der dem Sattelpunkt $\tau = +\alpha i$ entsprechende Punkt $w = 2(\alpha - \mathfrak{Tg}\,\alpha)$. Der Öffnungswinkel des Kreisbogens sei $\frac{\pi}{2}$, dann ist $\frac{h}{l} = \sqrt{2} - 1$ und die Steigung des Kreisbogens übertrifft dem Betrage nach niemals 1. Das Verhältnis der Bogendifferentiale von Bogen und Sehne in Punkten, die senkrecht übereinander liegen, ist infolgedessen $\leqq \sqrt{2}$. Ferner können wir durch passende Wahl von l und δ erreichen, daß der linke Endpunkt der Sehne rechts vom Punkte δ der reellen Achse liegt und $h < \pi$ ist.

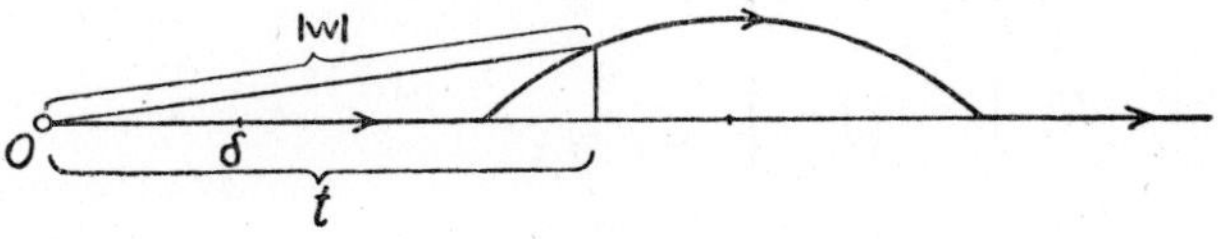

Abb. 33

Nun wollen wir die Integrale in (21, 13) berechnen. Bei $\int_0^\infty e^{-\nu w} w^{n+\frac{1}{2}} dw$ $(n = -1, 0, 1, 2, \ldots)$ können wir die Ausbuchtung nach dem Cauchyschen Satz wieder rückgängig machen, weil der Integrand in dem in Betracht kommenden Bereich regulär ist, d. h. wir können längs der reellen Achse integrieren, somit Formel (21, 14) anwenden. Ferner bleibt $\int_0^\delta R_1 e^{-\nu w} dw$ in (21, 15) ungeändert. Im darauffolgenden Integral dieser Formel müssen wir aber über die ausgebuchtete reelle Achse integrieren. Bedeutet t den reellen Teil von w und s den von $w = 0$ an gezählten Bogen des Integrationsweges, so gilt auf dem ganzen Weg zufolge der von uns gewählten Gestalt und Größe der Ausbuchtung (Abb. 33) $|w| \leqq t\sqrt{2}$, $\frac{ds}{dt} \leqq \sqrt{2}$, infolgedessen wegen der für $|R_1(w)|$ auf dem Wege geltenden Abschätzung (21, 12)

$$\left|\int_\delta^\infty R_1(w) e^{-\nu w} dw\right| \leqq \int_\delta^\infty |R_1(w)| e^{-\nu t} ds < K \int_\delta^\infty e^{b|w| - \nu t} \frac{ds}{dt} dt$$

$$< K\sqrt{2} \int_\delta^\infty e^{-(\nu - b\sqrt{2})t} dt = K\sqrt{2}\, \frac{e^{-(\nu - b\sqrt{2})\delta}}{\nu - b\sqrt{2}}.$$

Gemäß (21, 16) und dieser Abschätzung gilt also wieder (21, 18) und daher auch (21, 19) und (21, 20).

Damit ergeben sich nach den Gleichungen (21) und (27) der vorigen Ziffer für große positive ν folgende Formeln, die auf P. Debye[1]) zurückgehen:

[1]) P. Debye, Math. Ann. **67** (1909), S. 535—558.

$$H_\nu^{(1)}\left(\frac{\nu}{\operatorname{Cof}\alpha}\right) \sim -i\sqrt{\frac{2}{\pi\nu\operatorname{Tg}\alpha}}\,e^{\nu(\alpha-\operatorname{Tg}\alpha)},$$

$$H_\nu^{(2)}\left(\frac{\nu}{\operatorname{Cof}\alpha}\right) \sim i\sqrt{\frac{2}{\pi\nu\operatorname{Tg}\alpha}}\,e^{\nu(\alpha-\operatorname{Tg}\alpha)},$$

$$J_\nu\left(\frac{\nu}{\operatorname{Cof}\alpha}\right) \sim \frac{1}{\sqrt{2\pi\nu\operatorname{Tg}\alpha}}\,e^{-\nu(\alpha-\operatorname{Tg}\alpha)},$$

$$H_\nu^{(1)}\left(\frac{\nu}{\cos\alpha}\right) \sim \sqrt{\frac{2}{\pi\nu\operatorname{tg}\alpha}}\,e^{i\left[\nu(\operatorname{tg}\alpha-\alpha)-\frac{\pi}{4}\right]},$$

$$H_\nu^{(2)}\left(\frac{\nu}{\cos\alpha}\right) \sim \sqrt{\frac{2}{\pi\nu\operatorname{tg}\alpha}}\,e^{-i\left[\nu(\operatorname{tg}\alpha-\alpha)-\frac{\pi}{4}\right]},$$

$$J_\nu\left(\frac{\nu}{\cos\alpha}\right) \sim \sqrt{\frac{2}{\pi\nu\operatorname{tg}\alpha}}\cos\left[\nu(\operatorname{tg}\alpha-\alpha)-\frac{\pi}{4}\right],$$

$$H_\nu^{(1)}(\nu) \sim \frac{e^{-\frac{\pi i}{3}}\Gamma(\frac{1}{3})}{\pi\sqrt{3}}\sqrt[3]{\frac{6}{\nu}},$$

$$H_\nu^{(2)}(\nu) \sim \frac{e^{\frac{\pi i}{3}}\Gamma(\frac{1}{3})}{\pi\sqrt{3}}\sqrt[3]{\frac{6}{\nu}},$$

$$J_\nu(\nu) \sim \frac{\Gamma(\frac{1}{3})}{2\pi\sqrt{3}}\sqrt[3]{\frac{6}{\nu}}.$$

In den drei ersten Formeln ist $\alpha > 0$, in den nächsten drei $0 < \alpha < \frac{\pi}{2}$; das Verhältnis der weggelassenen Glieder zu den angeschriebenen ist dem Betrage nach in den ersten sechs Formeln von der Ordnung ν^{-1}, in den drei letzten Formeln von der Ordnung $\nu^{-\frac{1}{3}}$. Aus den beiden ersten Formeln folgt durch Mittelbildung Null, daher mußten wir $J_\nu\left(\frac{\nu}{\operatorname{Cof}\alpha}\right)$ eigens berechnen.

23. Integrale über Zylinderfunktionen. Wir führen in der Besselschen Differentialgleichung αz statt z ein. Dann lautet sie

$$z^2\frac{d^2w}{dz^2} + z\frac{dw}{dz} + (\alpha^2 z^2 - \nu^2)\,w = 0.$$

Dieser Gleichung genügt nach Ziffer 13 die Zylinderfunktion $Z_\nu(\alpha z)$:

(1) $$\alpha^2 z^2 Z_\nu''(\alpha z) + \alpha z Z_\nu'(\alpha z) + (\alpha^2 z^2 - \nu^2)\,Z_\nu(\alpha z) = 0.$$

Ebenso erhält man

$$\beta^2 z^2 Z_\nu''(\beta z) + \beta z Z_\nu'(\beta z) + (\beta^2 z^2 - \nu^2)\,Z_\nu(\beta z) = 0.$$

Multiplizieren wir die erste dieser Gleichungen mit $Z_\nu(\beta z)$, die zweite mit $Z_\nu(\alpha z)$ und subtrahieren sie dann voneinander, so folgt

$$z[\alpha^2 Z_\nu''(\alpha z) Z_\nu(\beta z) - \beta^2 Z_\nu''(\beta z) Z_\nu(\alpha z)]$$
$$+ \alpha Z_\nu'(\alpha z) Z_\nu(\beta z) - \beta Z_\nu'(\beta z) Z_\nu(\alpha z) + (\alpha^2 - \beta^2) z Z_\nu(\alpha z) Z_\nu(\beta z) = 0$$

oder

$$(2) \qquad \int z Z_\nu(\alpha z) Z_\nu(\beta z)\, dz = \frac{z}{\alpha^2 - \beta^2}[\beta Z_\nu(\alpha z) Z_\nu'(\beta z) - \alpha Z_\nu(\beta z) Z_\nu'(\alpha z)].$$

Der Grenzübergang $\beta \to \alpha$ liefert, wenn man Zähler und Nenner für sich differenziert und berücksichtigt, daß $Z_\nu(\beta z)$ in β analytisch ist, zufolge (1)

$$(3) \qquad \int z [Z_\nu(\alpha z)]^2\, dz = \lim_{\beta \to \alpha} \frac{z}{-2\beta}\{Z_\nu(\alpha z)[Z_\nu'(\beta z)$$
$$+ \beta z Z_\nu''(\beta z)] - \alpha z Z_\nu'(\alpha z) Z_\nu'(\beta z)\}$$
$$= \frac{z^2}{2}\left\{[Z_\nu'(\alpha z)]^2 - \frac{Z_\nu(\alpha z)}{\alpha z}[Z_\nu'(\alpha z) + \alpha z Z_\nu''(\alpha z)]\right\}$$
$$= \frac{z^2}{2}\left\{[Z_\nu'(\alpha z)]^2 + \left(1 - \frac{\nu^2}{\alpha^2 z^2}\right)[Z_\nu(\alpha z)]^2\right\}.$$

Führen wir jetzt die Veränderliche $x = \alpha z$ ein, so fließt aus (3)

$$(4) \qquad \int x [Z_\nu(x)]^2\, dx = \frac{x^2}{2}\left\{[Z_\nu'(x)]^2 + \left(1 - \frac{\nu^2}{x^2}\right)[Z_\nu(x)]^2\right\}.$$

Nach (4) ist für $Z_\nu(x) = J_\nu(x)$, reelle x und $\nu > -1$

$$(5) \qquad \int_0^x [J_\nu(t)]^2 t\, dt = \frac{x^2}{2}\left\{[J_\nu'(x)]^2 + \left(1 - \frac{\nu^2}{x^2}\right)[J_\nu(x)]^2\right\}.$$

Denn wegen $\nu > -1$ verschwinden beide Seiten dieser Gleichung für $x = 0$. Auf der rechten Seite sind nämlich die Glieder niedrigster Ordnung die mit dem Exponenten 2ν. Sie haben aber den Koeffizienten Null, wie sich ergibt, wenn man die Reihenentwicklung für $J_\nu(x)$ einsetzt. Die Glieder nächsthöherer Ordnung haben den Exponenten $2\nu + 2$, verschwinden also wie alle höherer Ordnung für $x = 0$ wegen $\nu > -1$. Das Integral auf der linken Seite konvergiert, weil $2\nu + 1 > -1$ ist.

Aus (5) und der Besselschen Differentialgleichung erhalten wir ferner für $\nu > -1$

$$(6) \qquad \frac{d}{dx}\left[\frac{J_\nu(x)}{x J_\nu'(x)}\right] = \frac{2}{x^3 [J_\nu'(x)]^2} \int_0^x [J_\nu(t)]^2 t\, dt.$$

Die sogenannten Fresnelschen Integrale[1]) aus der Lehre von der Beugung des Lichtes lassen sich durch Integrale über Besselsche Funktionen darstellen[2]). Man hat nämlich mit $x = \frac{\pi}{2} t^2$ nach Ziffer 7

[1]) A. J. Fresnel, Mém. de l'Acad. des Sci. 1818, S. 339 oder Werke **1** (1866), S. 176.

[2]) E. Lommel, Abh. Bayer. Akad. Wiss. Math.-nat. Kl. **15** (1886), S. 229—328, 529—664.

$$\int_0^u \begin{matrix}\cos\\ \sin\end{matrix}\left(\frac{\pi}{2}t^2\right)dt = \frac{1}{2}\int_0^{\frac{\pi}{2}u^2} \sqrt{\frac{2}{\pi x}}\begin{matrix}\cos\\ \sin\end{matrix}\, x\,dx = \frac{1}{2}\int_0^{\frac{\pi}{2}u^2} J_{\mp\frac{1}{2}}(x)\,dx.$$

Ähnlich läßt sich das Wahrscheinlichkeitsintegral darstellen. Es ergibt sich nämlich mit $u = it^2$ nach (9, 5) und (14, 5) für positive x

$$\frac{2}{\sqrt{\pi}}\int_0^x e^{-t^2}dt = \frac{e^{\frac{i\pi}{4}}}{\sqrt{2}}\int_0^{ix^2}\sqrt{\frac{2}{\pi u}}\frac{e^{iu}}{i}du$$

$$= \frac{e^{\frac{i\pi}{4}}}{\sqrt{2}}\int_0^{ix^2} H_{\frac{1}{2}}^{(1)}(u)\,du = \frac{e^{-\frac{i\pi}{4}}}{\sqrt{2}}\int_0^{ix^2}[iJ_{\frac{1}{2}}(u) + J_{-\frac{1}{2}}(u)]\,du.$$

24. Integrale von Lipschitz und Weber. Wir betrachten die Funktion $e^{(ib\cos y - a)x}$ für $x \geqq 0$, $0 \leqq y \leqq \pi$. Dabei sei

$$\Re(a) - \left|\Re\left(\frac{b}{i}\right)\right| \geqq \delta > 0. \tag{1}$$

Danach ist

$$|e^{(ib\cos y - a)x}| = e^{-\left[\Re\left(\frac{b}{i}\right)\cos y + \Re(a)\right]x} \leqq e^{-\delta x},$$

somit

$$\left|\frac{1}{\pi}\int_0^\pi dy\int_N^\infty e^{(ib\cos y - a)x}dx\right| \leqq \int_N^\infty e^{-\delta x}dx = \frac{1}{\delta e^{\delta N}} \to 0 \tag{2}$$

für $N \to +\infty$, infolgedessen wegen $\int\limits_0^\pi\int\limits_0^\infty = \int\limits_0^\pi\int\limits_0^N + \int\limits_0^\pi\int\limits_N^\infty = \int\limits_0^N\int\limits_0^\pi + \int\limits_0^\pi\int\limits_N^\infty$

$$\frac{1}{\pi}\int_0^\pi dy\int_0^\infty e^{(ib\cos y - a)x}dx = \int_0^\infty e^{-ax}dx\,\frac{1}{\pi}\int_0^\pi e^{ibx\cos y}dy. \tag{3}$$

Das Integral konvergiert wegen (2) gleichmäßig bezüglich a und b, ist daher analytische Funktion von b im Bereich (1).

Nach (20, 7) ist mit $\varphi = y - \frac{\pi}{2}$

$$J_0(x) = \frac{1}{2\pi}\int_{-\pi}^{+\pi} e^{-ix\sin\varphi}d\varphi = \frac{1}{2\pi}\int_{-\frac{\pi}{2}}^{\frac{3\pi}{2}} e^{ix\cos y}dy = \frac{1}{\pi}\int_0^\pi e^{ix\cos y}dy,$$

hiermit nach (3) und (1) mit $u = \operatorname{tg} \frac{y}{2}$

$$(4) \qquad \int_0^\infty e^{-ax} J_0(bx)\, dx = \frac{1}{\pi} \int_0^\pi \frac{dy}{a - ib\cos y}$$

$$= \frac{2}{\pi} \int_0^\infty \frac{du}{a(1+u^2) - ib(1-u^2)} = \frac{1}{\pi} \int_{-\infty}^{+\infty} \frac{du}{(a+ib)u^2 + (a-ib)}.$$

Der Nenner des Integranden hat die Nullstellen $\pm \sqrt{\frac{ib-a}{ib+a}}$, von denen eine in der oberen, die andere in der unteren Halbebene liegt, weil sie wegen (1) nicht reell sind. Mit den Zerlegungen $a = a_1 + ia_2$, $b = b_1 + ib_2$ hat man nämlich $\frac{ib-a}{ib+a} = \frac{|b|^2 - |a|^2 + 2i(a_1 b_1 + a_2 b_2)}{(a_1 - b_2)^2 + (a_2 + b_1)^2}$. Es müßte also $|b|^2 \geqq |a|^2$ und $a_1 b_1 + a_2 b_2 = 0$ sein. Das widerspricht der Voraussetzung (1) $a_1 - |b_2| \geqq \varepsilon > 0$. Denn es wäre $a_1 > 0$, $b_1 = -\frac{a_2 b_2}{a_1}$, $|b|^2 = \frac{b_2^2 |a|^2}{a_1^2}$, also $b_2^2 \geqq a_1^2$ wegen $|a| > 0$. Das Integral würde auch sonst nicht konvergieren. Erstrecken wir daher das Integral statt von $-\infty$ bis $+\infty$ von $-N$ bis $+N$ und dann auf dem Halbkreis mit dem Mittelpunkt 0 und dem Halbmesser N im positiven Sinn zum Punkt $-N$ zurück, so können wir diesen Integrationsweg C nach dem Cauchyschen Integralsatz auf einen Kreis K zusammenziehen, dessen Halbmesser beliebig klein ist und dessen Mittelpunkt mit der Nullstelle des Nenners zusammenfällt, die in der oberen Halbebene liegt, falls N schon genügend groß ist. Man erhält so

$$\frac{1}{\pi} \int_C = \frac{1}{\pi(a+ib)} \int_K \frac{du}{\left(u - \sqrt{\frac{ib-a}{ib+a}}\right)\left(u + \sqrt{\frac{ib-a}{ib+a}}\right)}$$

$$= \frac{2\pi i}{\pi(a+ib)\, 2\sqrt{\frac{ib-a}{ib+a}}} = \frac{1}{\sqrt{a^2+b^2}}.$$

Weil das über den Halbkreis erstreckte Integral für $N \to +\infty$ verschwindet, ist ferner $\frac{1}{\pi} \lim_{N\to+\infty} \int_C = \frac{1}{\pi} \int_{-\infty}^{+\infty}$, daher schließlich gemäß (4)

$$(5) \qquad \int_0^\infty e^{-ax} J_0(bx)\, dx = \frac{1}{a\sqrt{1 + \frac{b^2}{a^2}}}.$$

Für $b = 0$ wird $J_0(bx) = 1$, somit unser Integral gleich $\frac{1}{a}$. Weil das Integral analytische Funktion von b ist, hat man daher in (5) für die Quadratwurzel denjenigen Wert zu nehmen, welcher aus 1 durch analytische Fortsetzung von $b = 0$ an entsteht, d. h. jenen, dessen reeller Teil nicht negativ ist. Die Gleichung (5) gilt gemäß den Regeln der analytischen Fortsetzung für alle a und b des Bereiches (1).

Wir zerlegen jetzt a in seinen reellen und imaginären Teil, schreiben also $\varepsilon + ai$ statt a. Ferner sei $b > 0$. Zerlegt man auch das Integral in (5) in den reellen und imaginären Bestandteil, so erhält man die beiden Integrale $\int_0^\infty e^{-\varepsilon x} \frac{\cos}{\sin}(ax) J_0(bx)\, dx$. Sie konvergieren gleichmäßig für $\varepsilon \geqq 0$. Nach Ziffer 15 und 16 ist nämlich für $x > N$ (N genügend groß)

$J_0(bx) = \sqrt{\frac{2}{\pi b x}} \cos\left(bx - \frac{\pi}{4}\right) + R_1$, wobei $|R_1| < A x^{-3/2}$ (A fest), daher

$$\int_N^\infty e^{-\varepsilon x} \frac{\cos}{\sin}(ax) J_0(bx)\, dx$$

$$= \frac{1}{\sqrt{2\pi}} \int_N^\infty \frac{e^{-\varepsilon x}}{\sqrt{bx}} \left\{ \frac{\cos}{\sin}\left[(a+b)x - \frac{\pi}{4}\right] + \frac{\cos}{\sin}\left[(a-b)x + \frac{\pi}{4}\right] \right\} dx + R_2$$

mit $|R_2| < A \int_N^\infty x^{-3/2}\, dx = \frac{2A}{\sqrt{N}}$.

In jedem der vier Integrale der letzten Formel läßt sich der Integrationsbereich in Intervalle von gleicher Länge λ zerlegen, so daß die über diese Intervalle erstreckten Integrale abwechselnd positiv und negativ sind und monoton gegen Null abnehmen, wenn man sich auf der X-Achse gegen $+\infty$ bewegt. Ein solches Integral stellt sich somit als alternierende Reihe dar, deren Glieder monoton gegen Null streben. Der Betrag des Restes einer solchen Reihe ist kleiner als der des letzten berücksichtigten Gliedes, infolgedessen kleiner als $\frac{\lambda}{\sqrt{bN}}$. Für die Intervallänge λ erhält man $\frac{\pi}{|a \pm b|} \leqq \frac{\pi}{\delta}$, sobald $|a \pm b| \geqq \delta$ ist. Das Integral konvergiert also tatsächlich gleichmäßig für alle $\varepsilon \geqq 0$ und alle a bei festem b, solange $|a \pm b| \geqq \delta$ ist. Der Grenzübergang $\varepsilon \to 0$ liefert daher aus (5) für reelle a und b

$$\text{(6)} \quad \begin{aligned} \int_0^\infty \cos(ax) J_0(bx)\, dx &= \begin{cases} \dfrac{1}{\sqrt{b^2 - a^2}} & \text{für } a^2 < b^2, \\ 0 & \text{für } a^2 > b^2 > 0, \end{cases} \\ \int_0^\infty \sin(ax) J_0(bx)\, dx &= \begin{cases} 0 & \text{für } a^2 < b^2, \\ \pm \dfrac{1}{\sqrt{a^2 - b^2}} & \text{für } a^2 > b^2 > 0 \text{ je nachdem } a \gtrless 0. \end{cases} \end{aligned}$$

Integrieren wir das erste dieser Integrale aus (6) nach a, wobei wir als untere Grenze Null wählen und die obere Grenze veränderlich lassen, so ergibt sich

$$(7)\qquad \int_0^\infty \frac{\sin(a x)}{x} J_0(b x)\, d x = \begin{cases} \arcsin \frac{a}{|b|} \text{ (Hauptwert) für } a^2 < b^2, \\ \text{Const. für } a^2 > b^2 > 0. \end{cases}$$

Weil

$$\left| \int_N^\infty \frac{\sin(a x) J_0(b x)\, d x}{x} \right| \leqq \sqrt{\frac{2}{\pi b}} \int_N^\infty x^{-\frac{3}{2}} d x + A \int_N^\infty x^{-\frac{5}{2}} d x = 2 \sqrt{\frac{2}{\pi b N}} + \frac{2 A}{3 N^{\frac{3}{2}}}$$

für alle genügend großen N ist, konvergiert das Integral in (7) gleichmäßig bezüglich a; man erhält daher durch $a \to b$ für reelle a und b

$$(8)\qquad \int_0^\infty \frac{\sin(a x)}{x} J_0(b x)\, d x = \begin{cases} \arcsin \frac{a}{|b|} \text{ (Hauptwert) für } a^2 < b^2, \\ \pm \frac{\pi}{2} \text{ für } a^2 \geqq b^2 > 0 \\ \qquad \text{je nachdem } a \gtrless 0. \end{cases}$$

Diese Untersuchungen gehen auf H. Weber zurück[1]), Formel (5) tritt zum erstenmal bei Lipschitz[2]) auf. Die Integrale (6) pflegt man als Webersche Diskontinuitätsfaktoren zu bezeichnen.

25. Nullstellen der Zylinderfunktionen. Aus der Differentialgleichung (4, 1) folgt, daß keine Zylinderfunktion mehrfache Nullstellen haben kann, höchstens $z = 0$ ausgenommen. Da der Nullpunkt immer eine Ausnahmerolle spielt, soll im folgenden bis Ziffer 29, wenn von Nullstellen der Zylinderfunktionen die Rede ist, $z = 0$ immer ausgenommen sein. Für eine mehrfache Nullstelle müßten $Z_\nu(z)$ und $Z_\nu'(z)$ verschwinden, daher nach (4, 1) auch $Z_\nu''(z)$. Differenziert man (4, 1) nach z, so folgt, daß auch $Z_\nu'''(z)$ verschwindet, ebenso die höheren Ableitungen, wie man bei weiterer Differentiation erhält. Die Potenzreihenentwicklung von $Z_\nu(z)$ würde also in der Umgebung der mehrfachen Nullstelle identisch Null ergeben.

Unter einer reellen Zylinderfunktion versteht man eine Zylinderfunktion $Z_\nu(x) = \alpha J_\nu(x) + \beta N_\nu(x)$, wobei α, β, ν reelle Konstanten sind und x auf positive Werte beschränkt wird, damit $Z_\nu(z)$ für reelle Werte von z reell bleibe. Aus den Rekursionsformeln der Zylinderfunktionen (13, 1), die sich nach (13, 3) auch in der Gestalt

$$\frac{d}{d x}[x^{-\nu} Z_\nu(x)] = - x^{-\nu} Z_{\nu+1}(x), \quad \frac{d}{d x}[x^{\nu+1} Z_{\nu+1}(x)] = x^{\nu+1} Z_\nu(x)$$

schreiben lassen, folgt sofort die Tatsache, daß die positiven Nullstellen der reellen Zylinderfunktionen $Z_\nu(x)$ und $Z_{\nu+1}(x)$ einander trennen.

---

[1]) H. Weber, J. reine angew. Math. **75** (1873), S. 75—105.

[2]) R. O. S. Lipschitz, J. reine angew. Math. **56** (1859), S. 191—192.

Man braucht nur den bekannten Satz der Differentialrechnung zu benutzen, daß zwischen zwei Nullstellen der Funktion mindestens eine Nullstelle der Ableitung liegen muß. Dann folgt aus der ersten der genannten Formeln, daß zwischen zwei aufeinanderfolgenden positiven Nullstellen von $Z_\nu(x)$ immer mindestens eine von $Z_{\nu+1}(x)$, und aus der zweiten Formel, daß zwischen zwei aufeinanderfolgenden Nullstellen von $Z_{\nu+1}(x)$ mindestens eine von $Z_\nu(x)$ liegen muß, und daraus der genannte Satz. Der Gedankengang dieses Beweises stammt von L. Gegenbauer[1]).

Nach (11, 4) gilt für zwei lineare unabhängige Lösungen w_1 und w_2 der Besselschen Differentialgleichung die Beziehung

$$(1) \qquad w_1 \frac{d w_2}{d z} - w_2 \frac{d w_1}{d z} = \frac{C}{z},$$

wobei C eine von Null verschiedene Konstante ist. Sind w_1 und w_2 reelle Funktionen der reellen Veränderlichen z, so ist auch C reell. Es seien z_1 und z_2 zwei reelle, die Null nicht einschließende Nullstellen von w_1, zwischen denen keine weitere Nullstelle von w_1 liegt. An diesen Stellen ist $w_2 = -\frac{C}{z w_1'}$, hat also verschiedenes Zeichen, weil dasselbe von w_1' gilt. Es liegt somit zwischen z_1 und z_2 eine Nullstelle von w_2 und zwar nur eine. Sonst müßte nämlich zwischen z_1 und z_2 entgegen der Voraussetzung noch eine Nullstelle von w_1 liegen, wie man erkennt, wenn man w_1 und w_2 vertauscht. Führt man in (1) iz statt z als Veränderliche ein, so folgt

$$w_1(iz) \frac{d w_2(iz)}{d z} - w_2(iz) \frac{d w_1(iz)}{d z} = \frac{C}{z}.$$

Man kann jetzt denselben Gedankengang auf der imaginären Achse durchführen, der Satz gilt daher auch für rein imaginäre Nullstellen, wenn w_1 und w_2 auf der imaginären Achse reell sind.

26. Nullstellen der Besselschen Funktionen. Im folgenden bezeichnen wir den Übergang zur konjugiert komplexen Zahl immer mit einem Querstrich. Nach (6, 1) stellt sich der absolute Betrag der Besselschen Funktion und ihrer Ableitung für reelle ν in der Gestalt $|J_\nu(z)| = |z|^\nu |\mathfrak{P}_\nu^{(0)}(z^2)|$ bzw. $|J_\nu'(z)| = |z|^{\nu-1} |\mathfrak{P}_\nu^{(1)}(z^2)|$ dar, wobei $\mathfrak{P}_\nu^{(0)}(z^2)$ und $\mathfrak{P}_\nu^{(1)}(z^2)$ beständig konvergente Potenzreihen in z^2 mit reellen Koeffizienten bedeuten. Daher gelten die Beziehungen

$$|J_\nu(\bar z)| = |z|^\nu |\mathfrak{P}_\nu^{(0)}(\bar z^2)| = |z|^\nu |\overline{\mathfrak{P}_\nu^{(0)}(z^2)}| = |z^\nu| \, |\mathfrak{P}_\nu^{(0)}(z^2)| = |J_\nu(z)|$$

und ebenso $|J_\nu'(\bar z)| = |J_\nu'(z)|$. Ferner ist $J_\nu(-z) = (-1)^\nu J_\nu(z)$, somit $J_\nu'(-z) = (-1)^{\nu-1} J_\nu'(z)$, also $|J_\nu(-z)| = |J_\nu(z)|$ und $|J_\nu'(-z)| = |J_\nu'(z)|$, d. h. die Kurven $|J_\nu(z)| = \text{const.}$ und $|J'(z)| = \text{const.}$ und daher auch die Nullstellen dieser Funktionen liegen bei reellem ν spiegelbildlich zur reellen und imaginären Achse.

Aus Gleichung (23, 5) schließen wir, daß mehrfache positive Nullstellen von $J_\nu'(x)$ für $\nu > -1$ unmöglich sind. Denn für eine solche wäre

[1]) L. Gegenbauer, Mh. Math. Phys. **8** (1897), S. 383—384.

$J'_\nu(x) = J''_\nu(x) = 0$, daher nach der Besselschen Differentialgleichung $\left(1 - \frac{\nu^2}{x^2}\right) J_\nu(x) = 0$, also die rechte Seite von (23, 5) Null, die linke aber von Null verschieden, weil im Intervall $0 < t \leqq x$ der Integrand $\geqq 0$, stetig und nicht fortwährend Null ist. Wegen der spiegelbildlichen Lage der Nullstellen sind also die reellen Nullstellen von $J'_\nu(x)$ für $\nu > -1$ einfach. $J_\nu(x)$ hat daher an diesen Stellen größte oder kleinste Werte.

Aus (23, 6) schließen wir ferner, daß für $\nu > -1$ und $x > 0$ die Funktion $\frac{J_\nu(x)}{x J'_\nu(x)}$ zwischen zwei unmittelbar aufeinander folgenden Nullstellen des Nenners mit x fortwährend von $-\infty$ nach $+\infty$ wächst. Zwischen zwei positiven, unmittelbar aufeinander folgenden Nullstellen von $J'_\nu(x)$ liegt also genau eine Nullstelle von $J_\nu(x)$, wenn $\nu > -1$ ist. Wegen der spiegelbildlichen Lage gilt dasselbe für die negativen Nullstellen. Ebenso erkennt man wegen $\lim\limits_{x \to 0} \frac{J_\nu(x)}{x J'_\nu(x)} = \frac{1}{\nu}$, daß für $-1 < \nu < 0$ zwischen der ersten positiven oder negativen Nullstelle von $J'_\nu(x)$ und dem Nullpunkt genau je eine Nullstelle von $J_\nu(x)$ liegt, für $\nu > 0$ dagegen keine. Wohl aber gilt die Behauptung für $\nu = 0$, weil in diesem Fall nach der Reihenentwicklung für die Besselsche Funktion $\lim\limits_{x \to 0} \frac{J_0(x)}{x J'_0(x)} = -\infty$ ist.

27. Nullstellen der Ableitung. Für die Funktion $J'_\nu(z)$ gilt folgender wichtige Satz: Wenn $\nu \geqq 0$ ist, ist keine ihrer Nullstellen imaginär; ist $-1 < \nu < 0$, so hat die Funktion zwei konjugiert rein imaginäre, aber sonst keine imaginären Nullstellen. Zum Beweis betrachten wir die aus (6, 1) folgende Reihenentwicklung

$$J'_\nu(z) = z^{\nu-1} \sum_{m=0}^{\infty} \frac{(-1)^m (2m + \nu) z^{2m}}{2^{\nu+2m} m! \, \Gamma(\nu + m + 1)}.$$

Wir setzen $z = \pm i\alpha$ mit $\alpha > 0$. Es wird

$$J'_\nu(\pm i\alpha) = (\pm i\alpha)^{\nu-1} \sum_{m=0}^{\infty} \frac{(2m + \nu)\alpha^{2m}}{2^{\nu+2m} m! \, \Gamma(\nu + m + 1)}.$$

Die Summe enthält für $\nu \geqq 0$ nur positive Glieder, daher ist in diesem Falle $J'_\nu(\pm i\alpha) \neq 0$. Ist dagegen $-1 < \nu < 0$, so ist das erste Glied der Summe $\frac{2^{-\nu}\nu}{\Gamma(\nu + 1)}$, also wegen (II, 2, 1) negativ, dann folgen lauter positive Glieder.

Die Summe hat also die Gestalt $-\frac{2^{-\nu}|\nu|}{\Gamma(\nu + 1)} + S$, wobei

$$S = \sum_{m=1}^{\infty} \frac{(2m + \nu)\alpha^{2m}}{2^{\nu+2m} m! \, \Gamma(\nu + m + 1)}$$

ist. S wächst somit fortwährend von Null über alle Schranken, wenn α von Null ins Unendliche strebt, und wird daher für einen bestimmten positiven Wert von α gleich $\frac{2^{-\nu}|\nu|}{\Gamma(\nu+1)}$. $J'_\nu(\pm i\alpha)$ wird also gerade für ein positives α Null, d. h. $J'_\nu(z)$ hat zwei konjugiert rein imaginäre Nullstellen, wenn $-1 < \nu < 0$ ist.

Außer diesen Nullstellen kann $J'_\nu(z)$ keine imaginären Nullstellen haben. Denn nehmen wir an, α sei eine komplexe Nullstelle, deren reeller und imaginärer Teil von Null verschieden ist, dann wäre auch die dazu konjugiert komplexe Zahl $\bar{\alpha}$ eine Nullstelle von $J'_\nu(z)$. Wir greifen nun auf Formel (23, 2) zurück. Sie liefert wegen $\alpha^2 \neq \bar{\alpha}^2$

$$\int x J_\nu(\alpha x) J_\nu(\bar{\alpha} x)\, dx = \frac{x}{\alpha^2 - \bar{\alpha}^2}[\bar{\alpha} J_\nu(\alpha x) J'_\nu(\bar{\alpha} x) - \alpha J_\nu(\bar{\alpha} x) J'_\nu(\alpha x)].$$

Als Grenzen nehmen wir 0 und x, was wegen $\nu > -1$ möglich ist. Es ergibt sich aus denselben Gründen wie bei der Integration von (23, 4)

$$(1) \qquad \int_0^x t J_\nu(\alpha t) J_\nu(\bar{\alpha} t)\, dt = \frac{x}{\alpha^2 - \bar{\alpha}^2}[\bar{\alpha} J_\nu(\alpha x) J'_\nu(\bar{\alpha} x) - \alpha J_\nu(\bar{\alpha} x) J'_\nu(\alpha x)],$$

also

$$(2) \qquad \int_0^1 t J_\nu(\alpha t) J_\nu(\bar{\alpha} t)\, dt = 0$$

wegen $J'_\nu(\alpha) = J'_\nu(\bar{\alpha}) = 0$. Das ist aber unmöglich, weil $J_\nu(\alpha t) J_\nu(\bar{\alpha} t) = |J_\nu(\alpha t)|^2$ niemals negativ, für $t > 0$ stetig und nicht immer Null ist. Damit ist die Behauptung in ihrem vollen Umfang bewiesen.

Sämtliche dieser Nullstellen sind einfach. Daß die reellen Nullstellen für $\nu > -1$ einfach sind, haben wir schon in Ziffer 26 gesehen. Daß auch die imaginären einfach sind, erkennt man aus der Differentialgleichung der Besselschen Funktionen. Denn für mehrfache Nullstellen von $J'_\nu(z)$ muß auch $J''_\nu(z)$ verschwinden, daher müßte $z = \pm \nu$ sein, was für reelle ν unmöglich ist. Für reelle ν kann also $J'_\nu(z)$ überhaupt keine mehrfachen imaginären Nullstellen haben.

28. Reelle Nullstellen der Besselschen Funktionen. $J_\nu(z)$ hat für $\nu > -1$ keine imaginären Nullstellen. Setzt man nämlich für z eine rein imaginäre Zahl ein, so ergeben sich in der Entwicklung der Besselschen Funktionen lauter positive Glieder, wenn man vom Faktor z^ν absieht. Hätte dagegen $J_\nu(z)$ eine komplexe Nullstelle α, deren reeller und imaginärer Teil von Null verschieden ist, so wäre auch $\bar{\alpha}$ eine Nullstelle, daher ergibt sich nach Formel (27, 1) der Widerspruch (27, 2).

Die kleinsten positiven Nullstellen von $J_\nu(x)$ und $J'_\nu(x)$ für $\nu > 0$ sind größer als ν. Denn $J_\nu(x)$ und $J'_\nu(x)$ sind positiv für alle genügend kleinen positiven Werte von x, wie aus den betreffenden Reihenentwicklungen folgt. Ferner folgt aus der Besselschen Differentialgleichung, wenn sie in der Form

$$x\frac{d}{dx}\left[x\frac{dJ_\nu(x)}{dx}\right] = (\nu^2 - x^2)J_\nu(x)$$

geschrieben wird, daß $xJ'_\nu(x)$ wächst und daher positiv ist, solange $0 < x < \nu$ und $J_\nu(x) > 0$ ist. Dann ist aber auch $J'_\nu(x) > 0$, und daher wächst auch $J_\nu(x)$ in diesem Intervall. $J_\nu(x)$ und $xJ'_\nu(x)$ sind also positiv und wachsen fortwährend, solange $0 < x \leqq \nu$ ist, d. h. ihre kleinste Nullstelle ist $> \nu$. Daraus folgt nach Ziffer 13: Die absoluten Beträge der Extremwerte von $J_\nu(x)$ $(\nu \geqq 0)$ nehmen fortwährend ab, wenn $|x|$ wächst.

Nach der Differentialgleichnng und dem eben Erwähnten ist

$$\nu J''_\nu(\nu) = -J'_\nu(\nu) < 0.$$

Da aber für $\nu > 1$ und genügend kleine positive x gemäß der Reihenentwicklung $J''_\nu(x) > 0$ ist, muß die kleinste positive Nullstelle von $J''_\nu(x)$ für $\nu > 1$ kleiner als ν sein.

Weil in (7, 1) der Integrand für reelle positive $z < \frac{\pi}{2}$ und $\nu > 0$ positiv ist, muß die kleinste positive Nullstelle von $J_\nu(x)$ größer als $\frac{\pi}{2}$ sein, daher kann zwischen 0 und $\frac{\pi}{2}$ höchstens eine reelle Nullstelle von $J_{-\nu}(x)$ liegen, wenn ν keine ganze Zahl ist, sonst müßte nämlich in diesem Intervall nach Ziffer 25 auch eine Nullstelle von $J_\nu(x)$ liegen, weil $J_\nu(x)$ und $J_{-\nu}(x)$ linear unabhängig sind. Wegen der spiegelbildlichen Lage der Nullstellen gilt dasselbe auch für das Intervall $(-\frac{\pi}{2}, 0)$.

29. Nullstellen mit großem absoluten Betrag. Aus (15, 3), (15, 4) und (16, 4) erkennt man, daß die Nullstellen der analytischen Funktion $J_\nu(z)$ für genügend große $|z|$ in beliebiger Nähe der Nullstellen der analytischen Funktion $\cos\left(z - \frac{\nu\pi}{2} - \frac{\pi}{4}\right)$ liegen, d. h bei reellem ν liegt in einer beliebig kleinen Umgebung von $k\pi - \frac{\pi}{4} + \frac{\nu\pi}{2}$ (k ganze Zahl, $|k|$ genügend groß) gerade eine Nullstelle von $J_\nu(x)$. Sie ist reell. Denn wäre sie imaginär, so müßte wegen der spiegelbildlichen Lage der Nullstellen zu den Koordinatenachsen auch die konjugiert imaginäre in dieser Umgebung liegen entgegen der eben festgestellten Tatsache, daß dort nur eine Nullstelle vorhanden sein kann. Wenn also $J_\nu(x)$ für negative ν imaginäre Nullstellen hat, was tatsächlich der Fall ist, wie wir in der nächsten Ziffer sehen werden, so liegen diese bei beschränktem $|\nu|$ dem absoluten Betrage nach unterhalb einer festen Zahl.

Aus diesen Erörterungen folgt weiter: $J_\nu(z)$ hat für jedes reelle ν unendlich viele reelle Nullstellen. Da zwischen zwei solchen Nullstellen immer mindestens eine Nullstelle der Ableitung liegen muß, gilt dasselbe für $J'_\nu(z)$. Weil ferner Funktion und Ableitung nach Ziffer 26, vom Faktor z^ν

bzw. $z^{\nu-1}$ abgesehen, durch beständig konvergente Potenzreihen dargestellt werden, haben sie außer der Verzweigung im Nullpunkt nur ∞ zur wesentlich singulären Stelle. Die erwähnten Nullstellen können sich also nur im Unendlichen häufen.

Wir bezeichnen die nach ihrer Größe geordneten Nullstellen von $J_\nu(x)$ mit λ_m $(m = 1, 2, 3, \ldots)$. Dabei sei $\nu > -1$. Nach den Formeln (2) und (3) von Ziffer 23 und den Überlegungen am Schluß dieser Ziffer ist

$$\int_0^1 x J_\nu(\lambda_m x) J_\nu(\lambda_n x)\, dx = \begin{cases} 0 \text{ für } m \neq n, \\ \frac{1}{2}[J'_\nu(\lambda_m)]^2 \text{ für } m = n. \end{cases}$$

Zufolge der ersten dieser Gleichungen bilden die Funktionen $\sqrt{x}\, J_\nu(\lambda_m x)$ $(m = 1, 2, 3, \ldots)$ ein orthogonales System in bezug auf das Intervall $(0, 1)$; mit Hilfe der zweiten Gleichung kann es normiert werden.

30. Imaginäre Nullstellen. Für $\nu < -1$ hat $J_\nu(z)$ auch imaginäre Nullstellen. Die betreffenden Sätze wurden von A. Hurwitz[1]) bewiesen. Wir schließen uns im folgenden dem Gedankengang von E. Hilb[2]) an, der den Beweis von Hurwitz durch Stetigkeitsbetrachtungen bedeutend vereinfachte. ν bedeutet in den folgenden Überlegungen dieser Ziffer immer eine positive Zahl.

Weil $e^{\pm\frac{\nu\pi i}{2}} J_\nu(z)$ und $e^{\mp\frac{\nu\pi i}{2}} J_{-\nu}(z)$ für $z = e^{\mp\frac{\pi i}{2}} x\, (x > 0)$ nach (6, 1) reell sind, kann $J_{-\nu}(z)$, wenn ν keine ganze Zahl ist, höchstens zwei rein imaginäre Nullstellen haben. Denn nach Ziffer 26 müssen die Nullstellen konjugiert sein. Wären nun zwei die Null nicht einschließende rein imaginäre Nullstellen von $J_{-\nu}(z)$, daher auch von $e^{\mp\frac{\nu\pi i}{2}} J_{-\nu}(z)$ vorhanden, so müßte

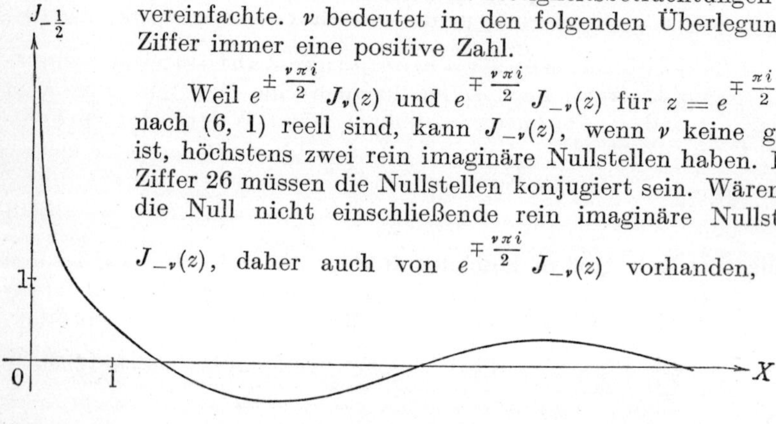

Abb. 34

zwischen ihnen nach Ziffer 25 eine rein imaginäre Nullstelle von $e^{\pm\frac{\nu\pi i}{2}} J_\nu(z)$, somit auch von $J_\nu(z)$ liegen, was gemäß Ziffer 28 ausgeschlossen ist.

$z^\nu J_{-\nu}(z)$ hat für $\nu = n$ (n positive ganze Zahl) lauter reelle Nullstellen nach Ziffer 28, wobei der Punkt $z = 0$ nach (6, 1) und (11, 1) eine $2\,n$-fache Nullstelle ist, während alle übrigen einfach sind. Wenn ν von n aus stetig wächst, kann $z^\nu J_{-\nu}(z)$ imaginäre Nullstellen, weil sie nach Ziffer 26 konjugiert sein müssen, aus Stetigkeitsgründen nur durch Auflösen mehrfacher reeller Nullstellen oder aus dem Unendlichen erhalten. Letzteres ist nach Ziffer 29

[1]) A. Hurwitz, Math. Ann. **33** (1889), S. 246—266.

[2]) E. Hilb, Math. Z. **15** (1922), S. 274—279, J. Lense, Jber. Deutsche Math. Verein. **43** (1933), S. 146—153.

unmöglich. Mehrfache Nullstellen können aber nach Ziffer 25 nur im Nullpunkt auftreten und nach (6, 1) und (11, 1) nur dann, wenn ν eine ganze Zahl ist. Es kann sich also nur die $2\,n$-fache Nullstelle im Punkte $z = 0$ in imaginäre Nullstellen auflösen. Mindestens $2\,n-2$ davon müssen imaginär sein, weil in einer genügend kleinen Umgebung des Nullpunktes $J_{-\nu}(z)$ nach Ziffer 28 höchstens zwei reelle Nullstellen haben kann. Da aber für $\nu = n+1$

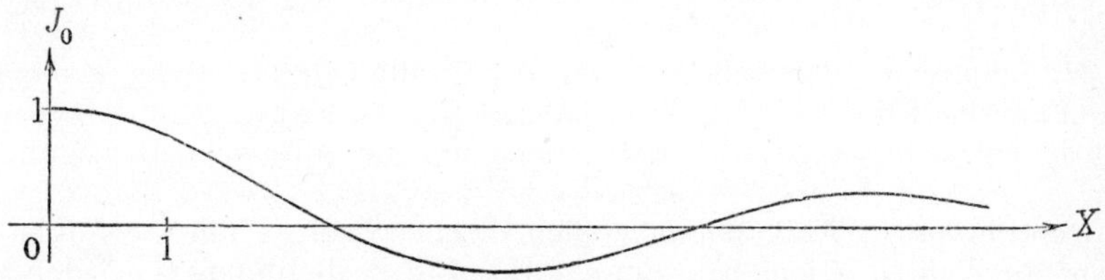

Abb. 35

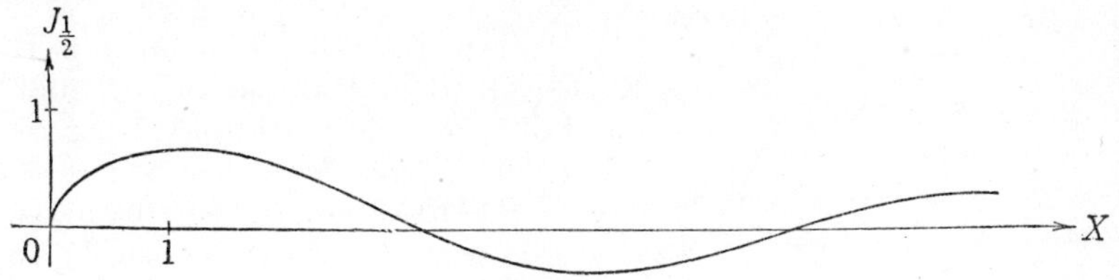

Abb. 36

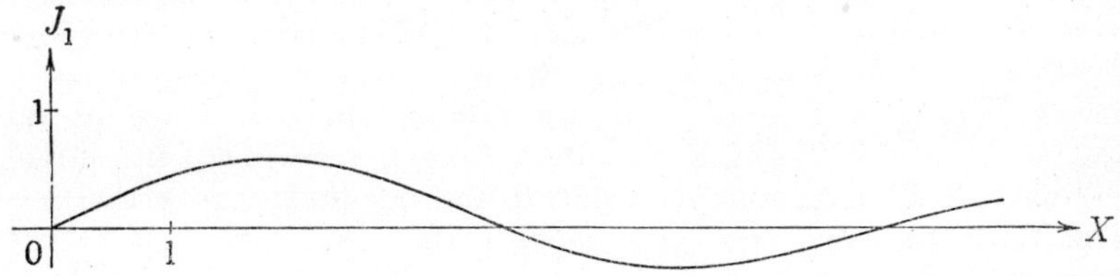

Abb. 37

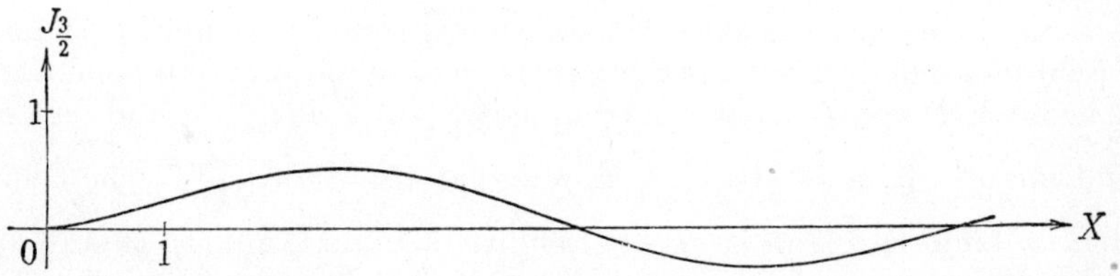

Abb. 38

im Nullpunkt $2\,n+2$ Nullstellen zusammenfallen, von denen nach Ziffer 28 ebenfalls nur zwei vorher reell sein konnten, muß sich die $2\,n$-fache Nullstelle genau in $2\,n$ imaginäre Nullstellen spalten. Diese rücken in den Nullpunkt, wenn ν schließlich $n+1$ erreicht; da aber $z = 0$ jetzt eine $(2\,n+2)$-fache Nullstelle von $z^\nu J_{-\nu}(z)$ ist, müssen gleichzeitig zwei der reellen Nullstellen gegen Null streben. Da von den imaginären Nullstellen höchstens zwei rein imaginär sein können, ist dies wegen der spiegelbildlichen Lage der Nullstellen zu den beiden Koordinatenachsen dann und nur dann der Fall, wenn n ungerade ist. $J_{-\nu}(z)$ hat also für $n < \nu < n+1$ genau $2n$ imaginäre Nullstellen, von denen zwei für ungerades n rein imaginär sind.

Die Abb. 34—38 zeigen den Verlauf von $J_\nu(x)$ für positive x, und zwar Abb. 34 für $\nu < 0$, Abb. 35 für $\nu = 0$, Abb. 36 für $0 < \nu < 1$, Abb. 37 für $\nu = 1$, Abb. 38 für $\nu > 1$. In den Abbildungen sind für ν die Werte $-\frac{1}{2}$, 0, $\frac{1}{2}$, 1, $\frac{3}{2}$ gewählt.

31. Elliptische Planetenbewegung. Wir wollen jetzt etwas genauer die astronomische Fragestellung betrachten, bei der Lagrange auf Besselsche Funktionen gestoßen ist. Es handelt sich um die elliptische Bewegung eines Planeten um die Sonne.

Der Planet P (Abb. 39) möge sich in einer Ellipse um die Sonne S bewegen, die sich in einem Brennpunkt der Ellipse befindet. O sei der Mittelpunkt der Ellipse, A der der Sonne zunächst gelegene Endpunkt der großen Halbachse (das Perihel). Wir zeichnen um O einen Kreis mit dem Halbmesser OA und fällen das Lot von P auf OA, das den Kreis in Q schneiden möge. Man nennt $OA = a$ die große Halbachse, $SP = r$ den Radiusvektor, $\sphericalangle ASP = v$ die wahre Anomalie, $\sphericalangle AOQ = E$ die exzentrische Anomalie. Ein Punkt P', der gleichzeitig mit P im Perihel A gewesen ist, möge in derselben Zeit, in welcher der Planet seinen Umlauf um die Sonne vollendet, den Kreis mit konstanter Winkelgeschwindigkeit durchlaufen.

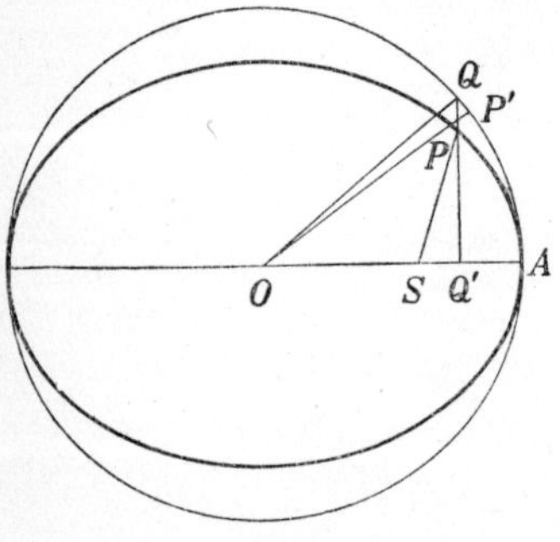

Abb. 39

Den Winkel AOP' bezeichnet man mit M und nennt ihn die mittlere Anomalie. Wird schließlich noch mit e die numerische Exzentrizität der Ellipse bezeichnet, so gelten die Gleichungen

$$M = E - e \sin E, \quad r = a(1 - e \cos E),$$

von denen die erste unter dem Namen „Keplersche Gleichung" bekannt ist. Sie dient dazu, den Planetenort zur angegebenen Zeit zu bestimmen. Befindet sich nämlich P zur Zeit $t = 0$ im Perihel A, zur Zeit t in P und bedeutet U seine Umlaufszeit, so ist $M = \frac{2\pi}{U} t$. Man hat also die Keplersche Gleichung nach E aufzulösen, dann ist P als Schnitt des von Q auf OA gefällten Lotes mit der Ellipse gegeben.

Die Keplersche Gleichung ergibt sich in folgender Weise: Es ist

$$OQ' = a \cos E, \quad Q'P = b \sin E \quad \left(\text{weil } \frac{Q'P}{Q'Q} = \frac{b}{a} \text{ ist}\right),$$

daher

$$\begin{aligned} r &= \sqrt{(OQ' - OS)^2 + Q'P^2} \\ &= a\sqrt{(\cos E - e)^2 + (1 - e^2)(1 - \cos^2 E)} = a(1 - e \cos E), \end{aligned}$$

Fläche $OAP = \frac{b}{a} \cdot$ Fläche $OAQ = \frac{1}{2} ab E$, Dreieck $OSP = \frac{1}{2} abe \sin E$,

Fläche $SAP = \frac{1}{2} ab (E - e \sin E) = ab\pi \frac{t}{U}$ (nach dem zweiten Keplerschen Gesetz), also $E - e \sin E = M$.

Aus der Keplerschen Gleichung ergibt sich $\frac{dE}{dM} = \frac{1}{1 - e \cos E} > 0$, $M(E + 2\pi) = M(E) + 2\pi$, d. h. E ist eine ungerade, fortwährend wachsende Funktion von M mit stetiger Ableitung, $e \sin E$ daher eine ungerade, periodische Funktion von M (Periode 2π) mit stetiger Ableitung, läßt sich also nach den Sätzen der Einleitung (Ziffer 2) in eine gleichmäßig konvergente Fouriersche Reihe entwickeln (zur folgenden Rechnung vgl. auch Ziffer 20):

$$e \sin E = \sum_{n=1}^{\infty} A_n \sin n M,$$

$$A_n = \frac{1}{\pi} \int_{-\pi}^{+\pi} e \sin E \sin n M \, dM = \frac{2}{\pi} \int_0^{\pi} e \sin E \sin n M \, dM$$

$$= \left[-\frac{2 e \sin E \cos n M}{n\pi} \right]_0^{\pi} + \frac{2}{n\pi} \int_0^{\pi} \cos n M \frac{d(e \sin E)}{dM} \, dM$$

$$= \frac{2}{n\pi} \int_0^{\pi} \cos n M \left(\frac{dE}{dM} - 1 \right) dM$$

$$= \frac{2}{n\pi} \int_0^{\pi} \cos n M \frac{dE}{dM} \, dM - \frac{2}{n\pi} \int_0^{\pi} \cos n M \, dM$$

$$= \frac{2}{n\pi} \int_0^{\pi} \cos n (E - e \sin E) \, dE = \frac{2}{n} J_n(ne),$$

daher
$$E = M + \sum_{n=1}^{\infty} \frac{2}{n} J_n(ne) \sin n M.$$

Ähnlich ist $\frac{r}{a} = 1 - e \cos E$ eine gerade, periodische Funktion von M (Periode 2π) mit stetiger Ableitung, somit $\frac{r}{a} = B_0 + \sum_{n=1}^{\infty} B_n \cos n M$,

$$B_0 = \frac{1}{2\pi} \int_{-\pi}^{+\pi} (1 - e \cos E) \, dM = \frac{1}{\pi} \int_0^{\pi} (1 - e \cos E) \, dM$$

$$= \frac{1}{\pi} \int_0^{\pi} (1 - e \cos E)^2 \, dE = 1 + \frac{e^2}{2},$$

$$B_n = \frac{1}{\pi}\int\limits_{-\pi}^{+\pi}(1 - e\cos E)\cos nM\,dM = \frac{2}{\pi}\int\limits_0^{\pi}(1 - e\cos E)\cos nM\,dM$$

$$= \left[\frac{2(1 - e\cos E)\sin nM}{n\pi}\right]_0^{\pi} + \frac{2}{n\pi}\int\limits_0^{\pi}\sin nM\,\frac{d(e\cos E)}{dM}\,dM$$

$$= -\frac{2e}{n\pi}\int\limits_0^{\pi}\sin E\sin n(E - e\sin E)\,dE = -\frac{2e}{n}J'_n(ne),$$

infolgedessen $\quad \frac{r}{a} = 1 + \frac{e^2}{2} - \sum_{n=1}^{\infty}\frac{2e}{n}J'_n(ne)\cos nM.$

32. Zielwerte der Besselschen Funktionen. Um die konforme Abbildung durch die Besselsche Funktion[1] $w = J_\nu(z)$ zu untersuchen, ist es notwendig zu wissen, wie sich diese Funktion in der Umgebung des unendlich fernen Punktes verhält, daher ihre Zielwerte (vgl. II, 8) zu kennen. Wir beschränken uns auf reelle Werte des Zeigers. Aus den Formeln (II, 9, 1) und (16, 4) ergibt sich gemäß Ziffer 15 und 16

$$(1)\qquad |w| = \sqrt{\frac{\mathfrak{Cof}\,2y + \cos\left(2x - \nu\pi - \frac{\pi}{2}\right)}{\pi|z|}}\,[1 + \varrho(x, y)],$$

$$\psi = \chi - \frac{\varphi}{2} + \omega(x, y).$$

Dabei ist $\operatorname{tg}\chi = -\mathfrak{Tg}\,y\operatorname{tg}\left(x - \frac{\nu\pi}{2} - \frac{\pi}{4}\right)$, $\sin\chi$ hat das Zeichen von $-y\sin\left(x - \frac{\nu\pi}{2} - \frac{\pi}{4}\right)$, $\cos\chi$ das von $\cos\left(x - \frac{\nu\pi}{2} - \frac{\pi}{4}\right)$, $|\varrho|$ und $|\omega|$ werden beliebig klein für alle genügend großen $|z|$, wenn wir die Nullstellen von $\cos\left(z - \frac{\nu\pi}{2} - \frac{\pi}{4}\right)$ durch kleine, feste Rechtecke ausschließen.

Daraus folgt nach Ziffer 29

$$\lim_{z\to\infty} J_\nu(z) = \infty \quad \text{für} \quad 0 < \varepsilon \leqq |\varphi| \leqq \pi - \varepsilon$$

$$\lim_{z\to\infty} J_\nu(z) = 0, \quad \text{wenn } |y| \text{ beschränkt bleibt.}$$

Demzufolge und nach (1) wachsen also auf den ins Unendliche laufenden Höhenlinien $|x|$ und $|y|$ über alle Schranken, aber $|x|$ stärker als $|y|$. Die Höhenlinien verhalten sich für große $|z|$ wie logarithmische Linien. Entfernt man sich auf einer stetigen Kurve, die von der X-Achse nicht geschnitten wird, ins Unendliche, so wächst dabei $|\psi|$ nach (1) wegen

[1] J. Lense, S. B. math.-nat. Bayer. Akad. Wiss. München 1932, S. 61—70.

$0 < |\mathfrak{Tg}\, y| < 1$ über alle Schranken, wenn gleichzeitig $|x|$ ins Unendliche strebt. Auf den von der X-Achse verschiedenen Stromlinien bleibt daher $|x|$ beschränkt. Als Zielwerte können somit nach diesen Überlegungen nur 0 und ∞ auftreten.

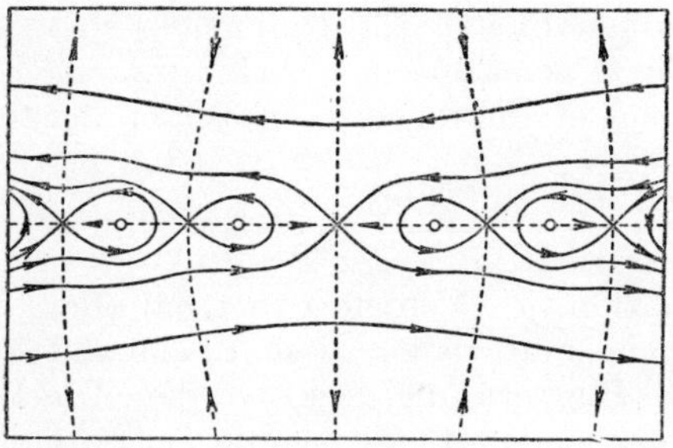

Abb. 40

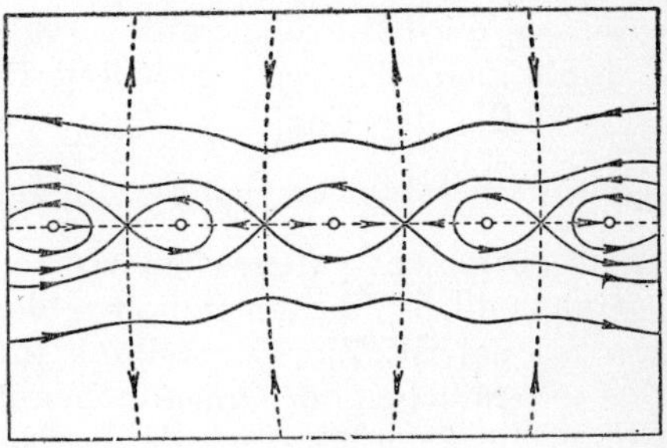

Abb. 41

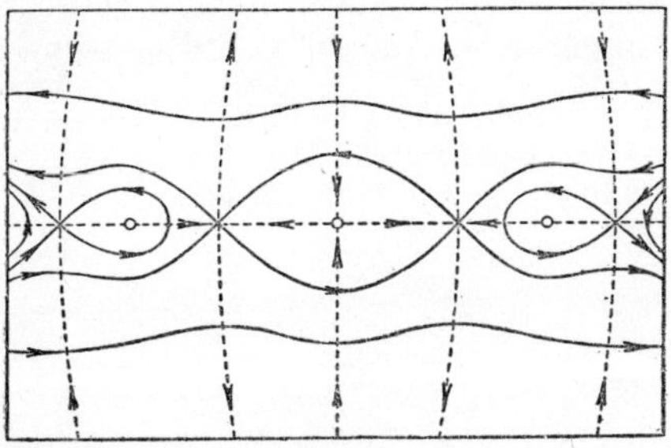

Abb. 42

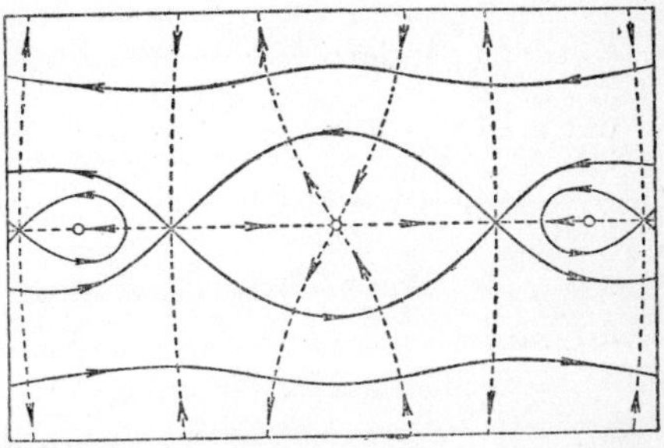

Abb. 43

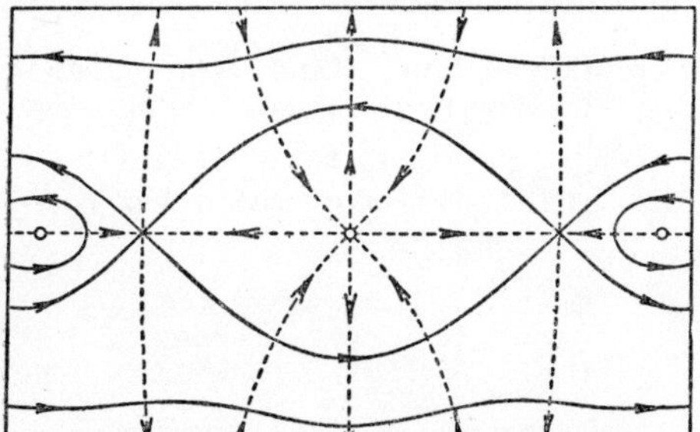

Abb. 44

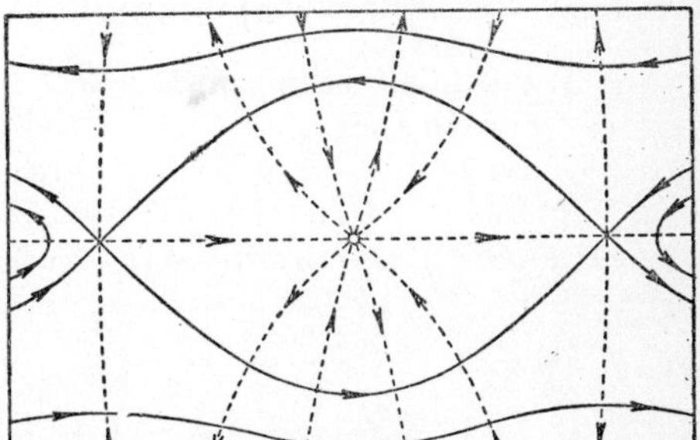

Abb. 45

33. Konforme Abbildung durch die Besselschen Funktionen. Wenn wir den Zeiger $\nu = n$ ganzzahlig voraussetzen, können wir uns wegen (11, 1) auf $n \geqq 0$ beschränken. $J_n(z)$ ist eine eindeutige Funktion von z, jedem z entspricht ein w, aber nicht umgekehrt, wie wir aus der Abbildung ersehen, sondern jedem w entsprechen unendliche viele z. Wenn wir die in der vorigen Ziffer beschriebenen Eigenschaften der Besselschen Funktion benützen, so ergeben sich die Zeichnungen in den Abb. 40—45, entsprechend den Fällen

$n = 0, 1, 2, 3, 4, 5$. Die ausgezogenen Kurven bedeuten die Höhenlinien, die daran angebrachten Pfeile den positiven Umlaufungssinn der w-Ebene. Von den Stromlinien sind nur die Bilder der U-Achse der w-Ebene und zwar punktiert gezeichnet. Die Pfeile bedeuten den positiven Durchlaufungssinn der U-Achse. Sämtliche Stromlinien müssen die Höhenlinien senkrecht durchsetzen, die Kreuzungspunkte (vgl. II, 9) ausgenommen. Die Nullstellen sind durch kleine Kreise angedeutet. Dem Faktor z^n gemäß ist $z = 0$ eine n-fache Nullstelle der Funktion $J_n(z)$. Die durch sie hindurchgehenden Bilder der U-Achse schließen daher miteinander den Winkel $\frac{\pi}{n}$ ein.

Für nicht ganzzahlige Werte des Zeigers ist $J_\nu(z)$ wegen des Faktors z^ν eine endlich- oder unendlichvieldeutige Funktion, je nachdem ν rational oder irrational ist. Zur Darstellung in der z-Ebene muß daher diese Ebene mit einer endlichen oder unendlichen Anzahl von Blättern überdeckt werden. Die den einzelnen Blättern der w-Ebene entsprechenden Bereiche, die sich um den Nullpunkt der z-Ebene herum anordnen, können daher jetzt nicht mehr wie bei ganzzahligen Zeigern in der schlichten z-Ebene aneinander gereiht werden, sondern füllen eine endliche oder unendliche Anzahl von Blättern der z-Ebene aus, da 2π kein Vielfaches von $\frac{2\pi}{\nu}$ mehr ist. Die Fälle $\nu = -\frac{1}{2}$, $-\frac{3}{2}$, $-\frac{5}{2}$, $-\frac{7}{2}$ wurden von F. Nikol[1]) untersucht.

V. Abschnitt

Kugelfunktionen[2]).

a) Räumliche Kugelfunktionen.

1. Potentialfunktionen. Laplacesche Differentialgleichung. Randwertaufgaben. Eine reelle stetige Funktion $V(x, y, z)$ der reellen rechtwinkeligen Koordinaten x, y, z, die stetige Ableitungen bis zur zweiten Ordnung hat und in einem bestimmten Gebiet der sogenannten Laplaceschen Differentialgleichung

$$(1) \qquad \Delta V = \frac{\partial^2 V}{\partial x^2} + \frac{\partial^2 V}{\partial y^2} + \frac{\partial^2 V}{\partial z^2} = 0$$

genügt, nennt man wegen ihrer Bedeutung in der Potentialtheorie eine Potentialfunktion. Durch diese Bedingungen ist die Funktion natürlich noch nicht bestimmt. Man kann verlangen, daß sie auf der Begrenzungsfläche des Gebietes gewissen Randbedingungen genügt. Die wichtigsten Arten dieser Bedingungen sind folgende:

---

1) F. Nikol, Die konforme Abbildung durch gewisse Besselsche Funktionen mit negativem Zeiger, Diss. München 1933.

2) Bei der Abfassung dieses Abschnittes wurde weitgehend das große Werk von E. W. Hobson, The Theory of Spherical and Ellipsoidal Harmonics, Cambridge 1931 benutzt.

a) Man schreibt die Werte von V in jedem Punkt der Begrenzung vor (erste Randwertaufgabe oder Dirichletsches Problem, Hauptaufgabe in der Lehre ruhender elektrischer Ladungen).

b) Man verlangt, daß $\frac{\partial V}{\partial n}$ (n äußere Normale zur Begrenzungsfläche) in jedem Punkt der Berandung gegeben sei (zweite Randwertaufgabe oder Neumannsches Problem, Hauptaufgabe in der Lehre bewegter Flüssigkeiten).

c) $k V + h \frac{\partial V}{\partial n}$ soll einen vorgeschriebenen Wert in jedem Punkt der Begrenzungsfläche haben, wenn h und k bestimmte, in jedem solchen Punkt gegebene Zahlen bedeuten (dritte Randwertaufgabe, umfaßt die beiden ersten als besondere Fälle, Hauptaufgabe der Wärmeleitung).

In diesem Abschnitt werden wir besonders Gebiete mit kugelförmigen Berandungen behandeln.

2. Dreifach orthogonale Flächensysteme. Für die folgenden Untersuchungen ist es zweckmäßig, an Stelle der rechtwinkeligen Koordinaten x, y, z die Parameter eines allgemeinen dreifach orthogonalen Flächensystems als unabhängige Veränderliche einzuführen. Wir verstehen darunter folgendes: $f_m(x, y, z) = h_m$ $(m = 1, 2, 3)$ seien die Gleichungen von drei Flächenscharen. Durch jeden Punkt des betrachteten Gebietes möge genau eine Fläche jeder Schar gehen. Drei Flächen aus je einer der drei Scharen sollen einander gerade in einem Punkt und zwar senkrecht schneiden. (Im Fall der rechtwinkligen Koordinaten sind die drei Flächenscharen die zu den Koordinatenebenen parallelen Ebenen.) Die Zahlen h_m nennt man die Parameter des dreifach orthogonalen Flächensystems, ihre Werte im Punkt (x, y, z) kann man als krummlinige Koordinaten des Punktes auffassen.

Wir setzen zur Abkürzung $H_m = \sqrt{\left(\frac{\partial f_m}{\partial x}\right)^2 + \left(\frac{\partial f_m}{\partial y}\right)^2 + \left(\frac{\partial f_m}{\partial z}\right)^2}$ $(m = 1, 2, 3)$. $\frac{1}{H_m}\frac{\partial f_m}{\partial x}$, $\frac{1}{H_m}\frac{\partial f_m}{\partial y}$, $\frac{1}{H_m}\frac{\partial f_m}{\partial z}$ sind also die Richtungskosinus der Normalen der Fläche h_m im Punkte (x, y, z), $\frac{1}{H_m}\frac{\partial f_m}{\partial x}$ $(m = 1, 2, 3)$ daher die Richtungskosinus der X-Achse in bezug auf die drei Flächennormalen, $\frac{1}{H_m}\frac{\partial f_m}{\partial y}$ die der Y-Achse, $\frac{1}{H_m}\frac{\partial f_m}{\partial z}$ die der Z-Achse. Da die drei Achsen aufeinander senkrecht stehen und

$$d f_m = \frac{\partial f_m}{\partial x} dx + \frac{\partial f_m}{\partial y} dy + \frac{\partial f_m}{\partial z} dz \qquad (m = 1, 2, 3)$$

ist, hat man

$$(1) \qquad dx^2 + dy^2 + dz^2 = \left(\frac{d f_1}{H_1}\right)^2 + \left(\frac{d f_2}{H_2}\right)^2 + \left(\frac{d f_3}{H_3}\right)^2.$$

Wir wollen jetzt nach dem Gedankengang von L. Dirichlet und W. Thomson[1]) ΔV durch die krummlinigen Koordinaten h_m ausdrücken. Nach einer bekannten Formel der Integralrechnung ist

$$\iiint \Delta V\, dx\, dy\, dz = \iint \frac{\partial V}{\partial n}\, df.$$

Dabei ist das dreifache Integral der linken Seite über das betrachtete Gebiet, das Flächenintegral der rechten Seite über seine Begrenzung zu erstrecken. Wenn wir in dem dreifachen Integral die neuen Veränderlichen h_m einführen, erhalten wir

$$\iiint \Delta V\, dx\, dy\, dz = \iiint \Delta V \left| \frac{\partial (x, y, z)}{\partial (h_1, h_2, h_3)} \right| dh_1\, dh_2\, dh_3.$$

Die Funktionaldeterminante $\left| \frac{\partial (x, y, z)}{\partial (h_1, h_2, h_3)} \right|$ läßt sich leicht berechnen. Nach dem Multiplikationssatz der Determinanten und der oben gemachten Bemerkung über die Richtungskosinus der Normalen der Fläche h_m ist

$$\left[\frac{\partial (f_1, f_2, f_3)}{\partial (x, y, z)} \right]^2 = H_1^2 H_2^2 H_3^2,$$

daher

$$\left| \frac{\partial (x, y, z)}{\partial (h_1, h_2, h_3)} \right| = \frac{1}{H_1 H_2 H_3}. \tag{2}$$

Als Integrationsfeld wählen wir nun das von den Flächen $h_1, h_2, h_3, h_1 + \delta h_1$ $h_2 + \delta h_2$, $h_3 + \delta h_3$ begrenzte Gebiet, wobei δh_1, δh_2, δh_3 positiv sein sollen Nach dem Mittelwertsatz der Integralrechnung ergibt sich für das dreifache Integral $\frac{\Delta V}{H_1 H_2 H_3} \delta h_1\, \delta h_2\, \delta h_3$, wobei für $\frac{\Delta V}{H_1 H_2 H_3}$ der Wert an einer bestimmten Stelle des Gebietes zu nehmen ist.

Das Flächenintegral ist über die sechs Begrenzungsflächen des Gebietes zu erstrecken. Auf der Fläche h_1 ändert sich h_1 nicht, das quadrierte Bogenelement dieser Fläche ist daher $\frac{dh_2^2}{H_2^2} + \frac{dh_3^2}{H_3^2}$, somit das Flächenelement $\frac{dh_2\, dh_3}{H_2 H_3}$.

Ferner ist dort

$$\frac{\partial V}{\partial n} = \frac{\partial V}{\partial h_1} \left[\frac{\partial f_1}{\partial x} \cos (nx) + \frac{\partial f_1}{\partial y} \cos (ny) + \frac{\partial f_1}{\partial z} \cos (nz) \right] = \pm \frac{\partial V}{\partial h_1} H_1. \tag{3}$$

Die Fläche h_1 liefert also für das Flächenintegral den Beitrag

$$-\iint \frac{H_1}{H_2 H_3} \frac{\partial V}{\partial h_1}\, dh_2\, dh_3.$$

Das negative Zeichen rührt davon her, daß die Richtung der äußeren Normalen entgegengesetzt ist zur Richtung wachsender h_1. Die gegenüberliegende

[1]) B. Riemann, Vorlesungen über partielle Differentialgleichungen, herausgegeben von Hattendorf, 1869; W. Thomson (Lord Kelvin), Camb. Math. Journal 4 (1845), S. 36.

Fläche $h_1 + \delta h_1$ dagegen liefert nach dem Mittelwertsatz der Differentialrechnung als Beitrag

$$\iint \left[\frac{H_1}{H_2 H_3}\frac{\partial V}{\partial h_1} + \frac{\partial}{\partial h_1}\left(\frac{H_1}{H_2 H_3}\frac{\partial V}{\partial h_1}\right)\delta h_1\right] d h_2\, d h_3,$$

wobei in der partiellen Ableitung für h_1 ein bestimmter zwischen h_1 und $h_1 + \delta h_1$ gelegener Mittelwert zu setzen ist. Beide Flächen zusammen geben somit

$$\iint \frac{\partial}{\partial h_1}\left(\frac{H_1}{H_2 H_3}\frac{\partial V}{\partial h_1}\right)\delta h_1\, d h_2\, d h_3 = \frac{\partial}{\partial h_1}\left(\frac{H_1}{H_2 H_3}\frac{\partial V}{\partial h_1}\right)\delta h_1\, \delta h_2\, \delta h_3.$$

Die partielle Ableitung ist gemäß dem Mittelwertsatz der Integralrechnung an einer bestimmten Stelle des betrachteten räumlichen Gebietes zu nehmen. Ähnlich erhält man für die vier übrigen Begrenzungsflächen die Beiträge

$$\frac{\partial}{\partial h_2}\left(\frac{H_2}{H_3 H_1}\frac{\partial V}{\partial h_2}\right)\delta h_1\, \delta h_2\, \delta h_3 + \frac{\partial}{\partial h_3}\left(\frac{H_3}{H_1 H_2}\frac{\partial V}{\partial h_3}\right)\delta h_1\, \delta h_2\, \delta h_3.$$

Der Grenzübergang $\delta h_1, \delta h_2, \delta h_3 \to 0$ ergibt sodann

$$(4)\quad \Delta V = H_1 H_2 H_3\left[\frac{\partial}{\partial h_1}\left(\frac{H_1}{H_2 H_3}\frac{\partial V}{\partial h_1}\right) + \frac{\partial}{\partial h_2}\left(\frac{H_2}{H_3 H_1}\frac{\partial V}{\partial h_2}\right) + \frac{\partial}{\partial h_3}\left(\frac{H_3}{H_1 H_2}\frac{\partial V}{\partial h_3}\right)\right].$$

3. Räumliche Polarkoordinaten. Legen wir insbesondere durch die Formeln

$$(1)\quad \begin{aligned} x &= r \sin\vartheta \cos\varphi \\ y &= r \sin\vartheta \sin\varphi \\ z &= r \cos\vartheta \end{aligned}$$

räumliche Polarkoordinaten zugrunde, so besteht das dreifach orthogonale Flächensystem aus den Kugeln $r = \text{const.}$, deren Mittelpunkt mit dem Nullpunkt des rechtwinkeligen Koordinatensystems zusammenfällt, aus den Drehkegeln $\vartheta = \text{const.}$, deren Drehachse die Z-Achse ist, und den durch diese Achse gehenden Ebenen $\varphi = \text{const.}$ Durch jeden Punkt des Raumes (die Z-Achse ausgenommen) geht gerade eine Fläche jeder der drei Scharen hindurch, wenn wir die Zahlen r, ϑ, φ durch die Ungleichungen $r > 0$, $0 < \vartheta < \pi$, $0 \leqq \varphi < 2\pi$ beschränken.

Durch die Differentiation der Formeln (1) erhält man für das quadrierte Bogenelement

$$d x^2 + d y^2 + d z^2 = d r^2 + r^2 d\vartheta^2 + r^2 \sin^2\vartheta\, d\varphi^2,$$

also nach (2, 1)

$$H_1 = 1, \quad H_2 = \frac{1}{r}, \quad H_3 = \frac{1}{r \sin\vartheta},$$

daher nach (2, 4)

$$(2)\quad \Delta V = \frac{1}{r^2 \sin\vartheta}\left[\frac{\partial}{\partial r}\left(r^2 \sin\vartheta \frac{\partial V}{\partial r}\right) + \frac{\partial}{\partial\vartheta}\left(\sin\vartheta \frac{\partial V}{\partial\vartheta}\right) + \frac{\partial}{\partial\varphi}\left(\frac{1}{\sin\vartheta}\frac{\partial V}{\partial\varphi}\right)\right]$$

$$= \frac{1}{r^2}\left[\frac{\partial}{\partial r}\left(r^2 \frac{\partial V}{\partial r}\right) + \frac{1}{\sin\vartheta}\frac{\partial}{\partial\vartheta}\left(\sin\vartheta \frac{\partial V}{\partial\vartheta}\right) + \frac{1}{\sin^2\vartheta}\frac{\partial^2 V}{\partial\varphi^2}\right].$$

4. Räumliche Kugelfunktionen. Unter einer räumlichen Kugelfunktion U_ν vom Grade ν (ν beliebige reelle, nicht notwendig ganze Zahl) versteht man eine homogene Potentialfunktion ν-ten Grades[1]). Als solche genügt sie der Eulerschen Gleichung für homogene Funktionen

$$(1) \qquad x\frac{\partial U_\nu}{\partial x} + y\frac{\partial U_\nu}{\partial y} + z\frac{\partial U_\nu}{\partial z} = \nu U_\nu$$

und der Laplaceschen Gleichung (1, 1)

$$\Delta U_\nu = 0.$$

Führt man Polarkoordinaten ein, so folgt aus (1)

$$(2) \qquad r\frac{\partial U_\nu}{\partial r} = r\left[\frac{\partial U_\nu}{\partial x}\cos(r x) + \frac{\partial U_\nu}{\partial y}\cos(r y) + \frac{\partial U_\nu}{\partial z}\cos(r z)\right]$$

$$= x\frac{\partial U_\nu}{\partial x} + y\frac{\partial U_\nu}{\partial y} + z\frac{\partial U_\nu}{\partial z} = \nu U_\nu.$$

Die einfachste Kugelfunktion (-1)-ter Ordnung ist $\frac{1}{r}$ $(r > 0)$. Diese Funktion genügt tatsächlich der Laplaceschen Differentialgleichung, denn es ist

$$\frac{\partial}{\partial x}\left(\frac{1}{r}\right) = -\frac{x}{r^3}, \quad \frac{\partial^2}{\partial x^2}\left(\frac{1}{r}\right) = \frac{3x^2 - r^2}{r^5}, \ldots,$$

daher

$$\Delta\left(\frac{1}{r}\right) = 0.$$

Da mit $\frac{1}{r}$ auch sämtliche Ableitungen Potentialfunktionen sind (wie durch Differentiation der Laplaceschen Gleichung folgt) und die ersten Ableitungen einer homogenen Funktion ν-ten Grades homogene Funktionen $(\nu - 1)$-ten Grades sind, haben wir in $\frac{1}{r}$ und seinen Ableitungen räumliche Kugelfunktionen von den Graden $-1, -2, -3$ usw. gewonnen.

Aus

$$\frac{\partial r^\mu}{\partial x} = \mu r^{\mu-1}\frac{\partial r}{\partial x} = \mu r^{\mu-2} x$$

ergibt sich

$$\Delta(r^\mu) = \frac{\partial}{\partial x}(\mu r^{\mu-2} x) + \frac{\partial}{\partial y}(\mu r^{\mu-2} y) + \frac{\partial}{\partial z}(\mu r^{\mu-2} z)$$

$$= 3\mu r^{\mu-2} + \mu(\mu - 2) r^{\mu-4}(x^2 + y^2 + z^2) = \mu(\mu + 1) r^{\mu-2}.$$

[1]) Der Name Kugelfunktion geht auf C. F. Gauß (Götting. Gelehrte Anzeigen 1828, Werke **6**, S. 648) zurück; die ersten Untersuchungen über Kugelfunktionen mehrerer Veränderlicher finden sich bei P. S. Laplace, Théorie des attractions des sphéroides et de la figure des planètes, Mém. de l'acad. 1782 (Paris 1785) oder Werke **10**, S. 339—419.

Ferner ist $\Delta(uv) = u\,\Delta v + v\,\Delta u + 2\left(\frac{\partial u}{\partial x}\frac{\partial v}{\partial x} + \frac{\partial u}{\partial y}\frac{\partial v}{\partial y} + \frac{\partial u}{\partial z}\frac{\partial v}{\partial z}\right)$,

daher nach (2)

$$\Delta(r^\mu U_\nu) = U_\nu \Delta(r^\mu) + 2\,\mu r^{\mu-2}\left(x\frac{\partial U_\nu}{\partial x} + y\frac{\partial U_\nu}{\partial y} + z\frac{\partial U_\nu}{\partial z}\right)$$

$$= \mu(\mu+1)\,r^{\mu-2}U_\nu + 2\,\mu\nu\,r^{\mu-2}U_\nu = \mu(\mu+2\nu+1)\,r^{\mu-2}U_\nu,$$

somit

$$\Delta(r^{-2\nu-1}U_\nu) = 0;$$

da außerdem $U_{-\nu-1} = r^{-2\nu-1}U_\nu$ homogen vom Grade $-\nu-1$ ist, haben wir damit eine räumliche Kugelfunktion dieses Grades erhalten.

Wie oben erwähnt, ist jede der n-ten partiellen Ableitungen von $\frac{1}{r}$ (n ist natürlich eine ganze positive Zahl) eine räumliche Kugelfunktion vom Grade $-n-1$. Eine solche Ableitung hat aber, wie sich durch den Schluß von n auf $n+1$ ergibt, die Gestalt $\frac{g_n(x, y, z)}{r^{2n+1}}$, wobei $g_n(x, y, z)$ ein homogenes Polynom n-ten Grades ist. Da sich nun, wie oben gezeigt wurde, aus jeder räumlichen Kugelfunktion n-ten Grades wieder eine räumliche Kugelfunktion herleiten läßt, wenn man sie mit r^{-2n-1} multipliziert, so ist

$$\frac{g_n(x, y, z)}{r^{2n+1}}\,r^{-2[-(n+1)]-1} = g_n(x, y, z)$$

selbst eine räumliche Kugelfunktion n-ten Grades.

5. Ganze rationale räumliche Kugelfunktionen. Eine homogene ganze rationale Funktion n-ten Grades von x, y, z hat die Gestalt

$$U_n = \sum_{\alpha+\beta+\gamma=n} a_{\alpha\beta\gamma}\,x^\alpha y^\beta z^\gamma.$$

Es ist also

$$a_{\alpha\beta\gamma} = \frac{1}{\alpha!\,\beta!\,\gamma!}\,\frac{\partial^n U_n}{\partial x^\alpha\,\partial y^\beta\,\partial z^\gamma}. \tag{1}$$

Aus der Bedingung $\Delta U_n = 0$ erhält man

$$\frac{\partial^{n-2}\Delta U_n}{\partial x^\lambda\,\partial y^\mu\,\partial z^\nu} = 0, \tag{2}$$

somit wegen (1)

$$(\lambda+1)(\lambda+2)\,a_{\lambda+2,\mu,\nu} + (\mu+1)(\mu+2)\,a_{\lambda,\mu+2,\nu} + (\nu+1)(\nu+2)\,a_{\lambda,\mu,\nu+2} = 0 \quad \text{für} \quad \lambda+\mu+\nu = n-2. \tag{3}$$

Infolgedessen lassen sich alle Koeffizienten $a_{\alpha\beta\gamma}$ linear homogen durch diejenigen ausdrücken, in welchen α die Werte 0 und 1 hat. Solche gibt es $2n+1$, nämlich $a_{0,n,0}, a_{0,n-1,1}, \ldots, a_{0,0,n}, a_{1,n-1,0}, a_{1,n-2,1}, \ldots, a_{1,0,n-1}$. Diese $2n+1$ Koeffizienten bleiben willkürlich. Die so berechnete Funktion hat hiernach die Gestalt

$$(4) \qquad U_n = \sum_{\sigma=1}^{2n+1} c_\sigma u_n^{(\sigma)},$$

wobei die c_σ willkürliche Konstante und die $u_n^{(\sigma)}$ bestimmte homogene Polynome n-ten Grades in x, y, z sind.

ΔU_n ist hiermit ein homogenes Polynom $(n-2)$-ten Grades in x, y, z; seine Koeffizienten sind gemäß (1) durch $\frac{1}{\lambda!\mu!\nu!}\frac{\partial^{n-2}\Delta U_n}{\partial x^\lambda \partial y^\mu \partial z^\nu}$ gegeben, sonach null wegen (2) und (3). Die Funktion (4) ist demgemäß die allgemeinste ganze rationale räumliche Kugelfunktion n-ten Grades. Weil die c_σ willkürlich bleiben, sind auch die $u_n^{(\sigma)}$ derartige Kugelfunktionen. Es gibt also höchstens $2n+1$ linear unabhängige ganze rationale räumliche Kugelfunktionen n-ten Grades, aus denen sich alle übrigen linear homogen zusammensetzen lassen.

6. Kugelflächenfunktionen. Nach (3, 2) genügt eine räumliche Kugelfunktion U_ν der Differentialgleichung

$$\frac{\partial}{\partial r}\left(r^2\frac{\partial U_\nu}{\partial r}\right) + \frac{1}{\sin\vartheta}\frac{\partial}{\partial\vartheta}\left(\sin\vartheta\frac{\partial U_\nu}{\partial\vartheta}\right) + \frac{1}{\sin^2\vartheta}\frac{\partial^2 U_\nu}{\partial\varphi^2} = 0.$$

Dabei denken wir uns U_ν gemäß (3, 1) als Funktion von r, ϑ, φ. Da U_ν homogen vom ν-ten Grade ist, gilt

$$U_\nu(x, y, z) = U_\nu(r\sin\vartheta\cos\varphi, r\sin\vartheta\sin\varphi, r\cos\vartheta) = r^\nu S_\nu(\vartheta, \varphi).$$

Die nur von ϑ und φ abhängige Funktion $S_\nu(\vartheta, \varphi)$ nennt man die zu U_ν gehörige Kugelflächenfunktion. Nach (4, 2) ist

$$\frac{\partial}{\partial r}\left(r^2\frac{\partial U_\nu}{\partial r}\right) = \nu\frac{\partial}{\partial r}(r U_\nu) = \nu(U_\nu + \nu U_\nu) = \nu(\nu+1) U_\nu.$$

S_ν genügt daher der Differentialgleichung

$$(1) \qquad \nu(\nu+1) S_\nu + \frac{1}{\sin\partial}\frac{\partial}{\partial\vartheta}\left(\sin\vartheta\frac{\partial S_\nu}{\partial\vartheta}\right) + \frac{1}{\sin^2\vartheta}\frac{\partial^2 S_\nu}{\partial\varphi^2} = 0.$$

Nach Ziffer 4 ist neben U_ν auch $U_{-\nu-1} = U_\nu r^{-2\nu-1}$ räumliche Kugelfunktion. Die zugehörige Kugelflächenfunktion ist $S_{-\nu-1} = U_{-\nu-1} r^{\nu+1} = U_\nu r^{-\nu} = S_\nu$, also wieder S_ν in Übereinstimmung mit der Tatsache, daß die Differentialgleichung für $S_\nu \nu$ nur in der Verbindung $\nu(\nu+1)$ enthält und $\nu(\nu+1)$ ungeändert bleibt, wenn man ν durch $-\nu-1$ ersetzt. Zu jeder Kugelflächenfunktion S_ν gehören also die beiden räumlichen Kugelfunktionen U_ν und $U_{-\nu-1} = U_\nu r^{-2\nu-1}$.

b) Zonale Kugelfunktionen

7. Zonale Kugelfunktionen. Wenn die Kugelflächenfunktion $S_\nu(\vartheta, \varphi)$ nur von ϑ abhängt, wollen wir sie mit P_ν bezeichnen und zonale Kugelfunktion nennen. Sie genügt, da $\frac{\partial P_\nu}{\partial\varphi} = 0$ ist, nach

(6, 1) der Differentialgleichung

$$\nu(\nu+1) P_\nu + \frac{1}{\sin\vartheta}\frac{d}{d\vartheta}\left(\sin\vartheta \frac{d P_\nu}{d\vartheta}\right) = 0.$$

Führen wir statt der Veränderlichen ϑ die Veränderliche $\xi = \cos\vartheta$ ein, so ergibt sich wegen $\frac{d\xi}{d\vartheta} = -\sin\vartheta$ und $\sin^2\vartheta = 1 - \xi^2$

$$\nu(\nu+1) P_\nu + \frac{d}{d\xi}\left[(1-\xi^2)\frac{d P_\nu}{d\xi}\right] = 0$$

oder

$$(1) \qquad \nu(\nu+1) P_\nu - 2\xi \frac{d P_\nu}{d\xi} + (1-\xi^2)\frac{d^2 P_\nu}{d\xi^2} = 0.$$

Aus den Formeln

$$\frac{\partial r}{\partial z} = \frac{z}{r}, \quad \frac{\partial \frac{1}{r}}{\partial z} = -\frac{z}{r^3}, \quad \frac{\partial^2 \frac{1}{r}}{\partial z^2} = \frac{3z^2 - r^2}{r^5}, \ \ldots$$

folgern wir, daß $\frac{\partial^n \frac{1}{r}}{\partial z^n} = \frac{F(z, r)}{r^{2n+1}}$ ist, wobei $F(z, r)$ ein homogenes Polynom n-ten Grades in x, y, z bedeutet, das jedoch außer z diese Veränderlichen nur in der Verbindung $r^2 = x^2 + y^2 + z^2$ enthält. Es ist somit

$F(z, r) = r^n F\left(\frac{z}{r}, 1\right) = r^n F(\cos\vartheta, 1)$, also $\frac{\partial^n \frac{1}{r}}{\partial z^n} = \frac{F(\cos\vartheta, 1)}{r^{n+1}}$. Der Zähler dieses Bruches ist hiernach eine von ϑ allein abhängende Kugelflächenfunktion. Wir setzen definitionsgemäß

$$(2) \qquad P_n(\cos\vartheta) = \frac{(-1)^n}{n!} r^{n+1} \frac{\partial^n \frac{1}{r}}{\partial z^n}, \quad P_0 = 1.$$

Die Funktionen $P_n(\cos\vartheta) = P_n(\xi)$ sind, wie schon erwähnt, Polynome n-ten Grades in ξ und heißen die Legendreschen Polynome.

8. Legendresche Polynome. Der Name stammt davon, daß sie zum erstenmal von Legendre[1]) bei der Reihenentwicklung der reziproken Entfernung zweier Punkte verwendet wurden. Es handelt sich um folgende Aufgabe: Der Punkt P habe die rechtwinkligen Koordinaten x, y, z, der Punkt P' liege auf der positiven Z-Achse im Abstand r' vom Nullpunkt, er habe also die Koordinaten $(0, 0, r')$. Die Entfernung der beiden Punkte ist somit $R = \sqrt{x^2 + y^2 + (z - r')^2}$. Denken wir uns im Punkt P' die Masse 1, so ist

[1]) A. M. Legendre, Sur l'attraction des sphéroides, Mém. prés. à l'Acad. par divers savants, Bd. 10, Paris 1785.

$\frac{1}{R}$ das Potential von P' im Aufpunkt P. $\frac{1}{R}$ genügt daher der Laplaceschen Differentialgleichung, was man übrigens auch leicht wie in Ziffer 4 nachrechnet. In Polarkoordinaten ergibt sich $R = \sqrt{r^2 + r'^2 - 2\, r r' \cos\vartheta}$.

$f(x, y, z) = \frac{1}{\sqrt{x^2 + y^2 + z^2}}$ ist analytische Funktion von z, solange der Punkt P nicht mit dem Nullpunkt zusammenfällt. Wenn wir noch $\frac{r'}{r} = \alpha$ setzen, erhalten wir aus dem Taylorschen Satz

$$(1) \qquad \frac{1}{R} = f(x, y, z - r') = \sum_{n=0}^{\infty} (-1)^n \frac{r'^n}{n!} \left(\frac{\partial^n f}{\partial z^n}\right)_{r'=0}$$

$$= \sum_{n=0}^{\infty} (-1)^n \frac{r'^n}{n!} \frac{\partial^n \frac{1}{r}}{\partial z^n} = \frac{1}{r} \sum_{n=0}^{\infty} \left(\frac{r'}{r}\right)^n P_n(\cos\vartheta) = \frac{1}{r} \sum_{n=0}^{\infty} \alpha^n P_n(\xi)$$

oder

$$(1 - 2\alpha\xi + \alpha^2)^{-1/2} = \sum_{n=0}^{\infty} P_n(\xi)\, \alpha^n.$$

Die Reihe konvergiert für $r' < r$, denn $\frac{1}{R} = \frac{1}{r}(1 - 2\alpha\xi + \alpha^2)^{-1/2}$ ist eine analytische Funktion von α, deren singuläre Stellen die Lösungen $e^{\pm i\vartheta}$ der Gleichung $1 - 2\alpha\xi + \alpha^2 = 0$ ($\xi = \cos\vartheta$) sind. Die Entwicklung (1) gilt also im Kreis $|\alpha| < 1$. Man erhält somit für $r' < r$

$$(2) \qquad \frac{1}{R} = \frac{1}{r} \sum_{n=0}^{\infty} \left(\frac{r'}{r}\right)^n P_n(\cos\vartheta),$$

für $r' > r$ dagegen durch Vertauschung von r' und r

$$\frac{1}{R} = \frac{1}{r'} \sum_{n=0}^{\infty} \left(\frac{r}{r'}\right)^n P_n(\cos\vartheta).$$

Setzen wir in (1) der Reihe nach $\xi = \pm 1{,}0$ und berücksichtigen die bekannten Entwicklungen

$$(1 \mp \alpha)^{-1} = \sum_{n=0}^{\infty} (\pm 1)^n \alpha^n,$$

$$(1 + \alpha^2)^{-\frac{1}{2}} = 1 + \sum_{n=1}^{\infty} (-1)^n \frac{1 \cdot 3 \cdots (2n-1)}{2 \cdot 4 \cdots 2n} \alpha^{2n},$$

so ergibt sich

$$(3) \qquad \begin{aligned} &P_n(\pm 1) = (\pm 1)^n, \\ &P_n(0) = 0 \text{ für ungerades } n, \\ &P_n(0) = (-1)^{\frac{n}{2}} \frac{1 \cdot 3 \cdots (n-1)}{2 \cdot 4 \cdots n} \text{ für gerades } n. \end{aligned}$$

9. Entwicklung in eine Fouriersche Reihe. Es ist

$$1-2\alpha\cos\vartheta+\alpha^2=(1-\alpha e^{i\vartheta})(1-\alpha e^{-i\vartheta}),$$

daher

$$(1-2\alpha\cos\vartheta+\alpha^2)^{-\frac{1}{2}}=(1-\alpha e^{i\vartheta})^{-\frac{1}{2}}(1-\alpha e^{-i\vartheta})^{-\frac{1}{2}}$$

$$=\left[1+\sum_{n=1}^{\infty}\frac{1\cdot 3\cdots(2n-1)}{2\cdot 4\cdots 2n}\alpha^n e^{in\vartheta}\right]\left[1+\sum_{n=1}^{\infty}\frac{1\cdot 3\cdots(2n-1)}{2\cdot 4\cdots 2n}\alpha^n e^{-in\vartheta}\right].$$

Da die beiden Reihen für $|\alpha|<1$ absolut konvergieren, erhält man für den Koeffizienten von α^n im Produkt

$$P_n(\cos\vartheta)=2\,\frac{1\cdot 3\cdots(2n-1)}{2\cdot 4\cdots 2n}\Bigg[\cos n\vartheta \tag{1}$$

$$+\frac{1\cdot n}{1\cdot(2n-1)}\cos(n-2)\vartheta+\frac{1\cdot 3\cdot n(n-1)}{1\cdot 2(2n-1)(2n-3)}\cos(n-4)\vartheta$$

$$+\cdots+\frac{1\cdot 3\cdots(2k-1)\,n(n-1)\cdots(n-k+1)}{k!\,(2n-1)(2n-3)\cdots(2n-2k+1)}\cos(n-2k)\vartheta+\cdots\Bigg].$$

Die Reihe bricht mit einem konstanten Glied oder mit dem $\cos\vartheta$ enthaltenden ab, je nachdem n gerade oder ungerade ist. Dem konstanten Glied ist der Faktor $\frac{1}{2}$ hinzuzufügen, weil es nicht durch Zusammenfassen zweier Glieder $e^{im\vartheta}$ und $e^{-im\vartheta}$ entsteht. Man erhält es, wenn man in den beiden binomischen Entwicklungen die Koeffizienten von $\alpha^{\frac{n}{2}}$ miteinander multipliziert; es lautet $\left[\frac{1\cdot 3\cdots(n-1)}{2\cdot 4\cdots n}\right]^2$. Wenn $\vartheta=0$, also $\xi=1$ ist, haben sämtliche Glieder der Reihe in (1) ihren größten Wert, es ist also nach (8, 3) $P_n(\xi)\leqq 1$. Eine untere Schranke für die rechte Seite von (1) erhält man, wenn man alle Kosinus durch -1 ersetzt. Die rechte Seite hat dann den Wert -1, weil sich für $\vartheta=0$ (alle Kosinus $=+1$) der entgegengesetzt gleiche Wert $+1$ ergibt. Daraus folgt nach (8, 3) für $-1\leqq\xi\leqq+1$

$$-1\leqq P_n(\xi)\leqq+1. \tag{2}$$

Damit erhält man aus (8, 1) für $|\alpha|\leqq q<1$

$$\sum_{n=0}^{\infty}|P_n(\xi)\,\alpha^n|\leqq\sum_{n=0}^{\infty}q^n,$$

d. h. die Reihe (8, 1) konvergiert absolut und gleichmäßig bezüglich α und ξ für alle Werte von $\vartheta\,(0\leqq\vartheta\leqq\pi)$ und alle $|\alpha|\leqq q<1$, wobei α auch imaginär sein kann.

10. Rekursionsformeln. Aus der Entwicklung (8, 1) erhalten wir leicht eine Rekursionsformel der Legendreschen Polynome für drei unmittelbar aufeinanderfolgende Werte des Zeigers n. Es ist nämlich

$$\frac{d}{d\alpha}(1-2\alpha\xi+\alpha^2)^{-\frac{1}{2}}=(\xi-\alpha)(1-2\alpha\xi+\alpha^2)^{-\frac{3}{2}},$$

somit

$$(1-2\alpha\xi+\alpha^2)\sum_{n=1}^{\infty} n\,\alpha^{n-1} P_n(\xi)+(\alpha-\xi)\sum_{n=0}^{\infty}\alpha^n P_n(\xi)=0,$$

daher, wenn man die Koeffizienten von α^n vergleicht ($n > 0$),

$$(1)\qquad (n+1)\,P_{n+1}(\xi)-(2\,n+1)\,\xi\,P_n(\xi)+n\,P_{n-1}(\xi)=0.$$

Diese Formel geht auf O. Bonnet[1]) zurück.

Eine weitere Rekursionsformel gewinnen wir in folgender Weise: $(1-2\alpha\xi+\alpha^2)^{-\frac{1}{2}}$ ist eine analytische Funktion der beiden komplexen Veränderlichen α und ξ in einer genügend kleinen Umgebung der Stelle $\alpha=0$, $\xi=0$ und läßt sich daher eindeutig in eine Potenzreihe nach α und ξ entwickeln, die in genügend kleinen Kreisen mit den Mittelpunkten $\alpha=0$ und $\xi=0$ absolut und gleichmäßig konvergiert. Ordnet man diese Reihe nach Potenzen von α, so erhält man die Entwicklung (8, 1). Da man Potenzreihen gliedweise differenzieren kann, ergibt sich bei der Differentiation nach ξ

$$\alpha\,(1-2\,\alpha\,\xi+\alpha^2)^{-\frac{3}{2}}=\sum_{n=0}^{\infty}P'_n(\xi)\,\alpha^n$$

oder

$$\sum_{n=0}^{\infty}P_n(\xi)\,\alpha^n=(1-2\,\alpha\,\xi+\alpha^2)^{-\frac{1}{2}}=\sum_{n=0}^{\infty}P'_n(\xi)\alpha^{n-1}\,(1-2\,\alpha\,\xi+\alpha^2),$$

daher durch Koeffizientenvergleichung ($n > 0$)

$$(2)\qquad P'_{n+1}(\xi)-2\,\xi\,P'_n(\xi)+P'_{n-1}(\xi)=P_n(\xi).$$

Differenzieren wir (1) nach ξ, so entsteht

$$(3)\quad (n+1)\,P'_{n+1}(\xi)-(2\,n+1)\,\xi\,P'_n(\xi)+n\,P'_{n-1}(\xi)=(2n+1)\,P_n(\xi).$$

Entfernt man aus (2) und (3) der Reihe nach $P'_{n+1}(\xi)$, $P'_n(\xi)$, $P'_{n-1}(\xi)$, so ergeben sich die Formeln

$$(4)\qquad \xi\,P'_n(\xi)-P'_{n-1}(\xi)=n\,P_n(\xi),$$

$$(5)\qquad P'_{n+1}(\xi)-P'_{n-1}(\xi)=(2\,n+1)\,P_n(\xi),$$

$$(6)\qquad P'_{n+1}(\xi)-\xi\,P'_n(\xi)=(n+1)\,P_n(\xi).$$

Schreibt man $n-1$ statt n in (6) und setzt $P'_{n-1}(\xi)$ aus (4) ein, so erhält man

$$(7)\qquad (\xi^2-1)\,P'_n(\xi)=n\,[\xi\,P_n(\xi)-P_{n-1}(\xi)].$$

Formel (5) geht auf Christoffel[2]) zurück. Alle Rekursionsformeln sind auch für $n=0$ richtig, wenn man $P_{-1}(\xi)$ durch Null ersetzt.

11. Berechnung der Koeffizienten der Legendreschen Polynome. Aus der Rekursionsformel (10, 1) lassen sich die Koeffizienten der Potenzen von ξ in den Legendreschen Polynomen berechnen. Es ist nämlich nach (8, 1)

$$(1)\qquad P_0(\xi)=1,\quad P_1(\xi)=\xi,$$

daher

---

[1]) O. Bonnet, J. math. pur. appl. Bd. **17** (1852), S. 267.

[2]) E. B. Christoffel, Diss. Berlin 1856.

$$(2) \qquad P_2(\xi) = \frac{1\cdot 3}{2!}(\xi^2 - \tfrac{1}{3}),$$

$$P_3(\xi) = \frac{1\cdot 3\cdot 5}{3!}(\xi^3 - \tfrac{3}{5}\xi),$$

$$P_4(\xi) = \frac{1\cdot 3\cdot 5\cdot 7}{4!}(\xi^4 - \tfrac{6}{7}\xi^2 + \tfrac{3}{35}),$$

$$\cdot \quad \cdot \quad \cdot \quad \cdot$$

Abb. 46 zeigt den Verlauf dieser Funktionen. Man ersieht aus (2), daß allgemein

$$P_n(\xi) = \frac{1\cdot 3 \cdots (2n-1)}{n!} \times (\xi^n - c_2\xi^{n-2} + c_4\xi^{n-4} - \cdots)$$

ist. Die Koeffizienten c_{2m} bestimmt man am einfachsten, indem man das Polynom $\sum_{m=0}^{\left[\frac{n}{2}\right]} (-1)^m c_{2m}\xi^{n-2m}$ in die Differentialgleichung (7, 1) einsetzt und die Koeffizienten von ξ^{n-2m} miteinander vergleicht. $\left[\frac{n}{2}\right]$ bedeutet die größte ganze Zahl $\leqq \frac{n}{2}$. Man erhält

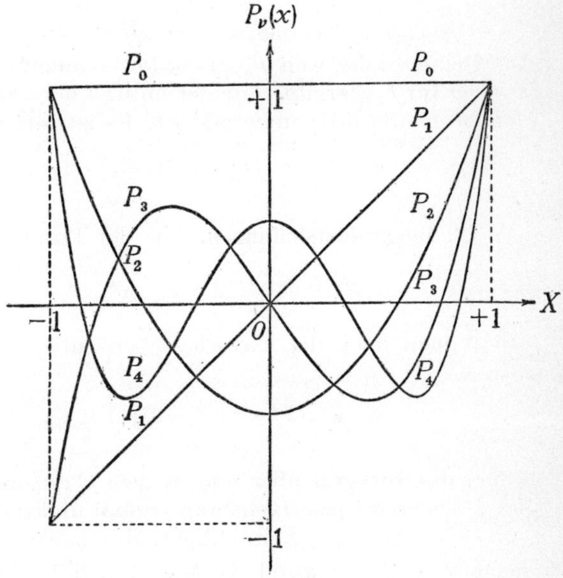

Abb. 46

$$n(n+1)\Sigma(-1)^m c_{2m}\xi^{n-2m} - 2\xi\Sigma(-1)^m(n-2m)c_{2m}\xi^{n-2m-1}$$
$$+(1-\xi^2)\Sigma(-1)^m(n-2m)(n-2m-1)c_{2m}\xi^{n-2m-2} = 0$$

oder

$$(-1)^m n(n+1)c_{2m} - (-1)^m 2(n-2m)c_{2m}$$
$$+(-1)^{m-1}(n-2m+2)(n-2m+1)c_{2m-2}$$
$$-(-1)^m(n-2m)(n-2m-1)c_{2m} = 0,$$

daher

$$c_{2m} = \frac{(n-2m+2)(n-2m+1)}{2m(2n-2m+1)}c_{2m-2}\left(m = 1, 2, \ldots, \left[\frac{n}{2}\right]\right),$$

$$c_0 = 1.$$

Es ist somit allgemein

$$(3) \qquad P_n(\xi) = \frac{1 \cdot 3 \dots (2n-1)}{n!}\Big[\xi^n - \frac{n(n-1)}{2(2n-1)}\xi^{n-2}$$

$$+ \frac{n(n-1)(n-2)(n-3)}{2 \cdot 4(2n-1)(2n-3)}\xi^{n-4} - \dots$$

$$+(-1)^m \frac{n(n-1)\dots(n-2m+1)}{2 \cdot 4 \dots 2m(2n-1)(2n-3)\dots(2n-2m+1)}\xi^{n-2m} + \dots\Big]$$

$$= \sum_{m=0}^{\left[\frac{n}{2}\right]} (-1)^m \frac{(2n-2m)!\,\xi^{n-2m}}{2^n m!\,(n-m)!\,(n-2m)!}.$$

Die Reihe bricht, weil $P_n(\xi)$ ein Polynom ist und wie sich auch aus der obigen Formel für c_{2m} ergibt, mit der nullten oder ersten Potenz von ξ ab, je nachdem n gerade oder ungerade ist. Es ist ferner

$$(4) \qquad P_n(-\xi) = (-1)^n P_n(\xi).$$

12. Integraldarstellungen. Aus der Potenzreihenentwicklung

$$(1 - 2\xi\alpha + \alpha^2)^{-\frac{1}{2}} = \sum_{n=0}^{\infty} P_n(\xi)\,\alpha^n$$

erhält man nach der Cauchyschen Integralformel

$$P_n(\xi) = \frac{1}{2\pi i}\int_C \frac{d\zeta}{\zeta^{n+1}\sqrt{1 - 2\xi\zeta + \zeta^2}},$$

wobei das Integral über eine Kurve C zu erstrecken ist, die den Nullpunkt der ζ-Ebene im positiven Sinn einmal umkreist und keinen singulären Punkt von $(1 - 2\xi\zeta + \zeta^2)^{-\frac{1}{2}}$ einschließt. Man kann den Integranden dadurch rational machen, daß man durch die Gleichung $\sqrt{1 - 2\xi\zeta + \zeta^2} = \zeta z - 1$ die neue Veränderliche z einführt. Es ist nämlich

$$\zeta = \frac{2(z-\xi)}{z^2-1}, \quad \sqrt{1 - 2\xi\zeta + \zeta^2} = \frac{1 - 2\xi z + z^2}{z^2 - 1}, \quad \frac{d\zeta}{dz} = -\frac{2(1 - 2\xi z + z^2)}{(z^2-1)^2}.$$

Eine genügend kleine Umgebung U des Nullpunktes der ζ-Ebene wird dabei konform auf eine Umgebung U' des Punktes ∞ der z-Ebene abgebildet, da die Quadratwurzel für $\zeta = 0$ den Wert $+1$ hat. U' liegt außerhalb eines Kreises, dessen Mittelpunkt mit dem Nullpunkt der z-Ebene zusammenfällt und dessen Halbmesser ϱ beliebig groß ist, falls nur U entsprechend klein gewählt wird. Liegt die Kurve C innerhalb U, so wird sie auf eine Kurve C' innerhalb U' umkehrbar eindeutig abgebildet. C' umschließt also den Punkt ξ der z-Ebene, falls ϱ genügend groß ist. Einem positiven Umlauf auf C um $\zeta = 0$ entspricht der positive Umlauf auf C' um $z = \infty$, d. h. der negative Umlauf um $z = \xi$. Damit ergibt sich

$$(1) \qquad P_n(\xi) = \frac{1}{2^{n+1}\pi i}\int_{C'} \frac{(z^2-1)^n}{(z-\xi)^{n+1}}\,dz,$$

wobei nach dem Cauchyschen Integralsatz für C' irgend eine Kurve gewählt werden kann, die den Punkt ξ im positiven Sinn umkreist. Aus (1) folgt nach der Cauchyschen Integralformel

$$(2) \qquad P_n(\xi) = \frac{1}{2^n n!} \frac{d^n (\xi^2 - 1)^n}{d\xi^n}.$$

Die erste dieser beiden Formeln stammt von Laurent[1]), die zweite von O. Rodrigues[2]). (2) läßt sich mit Hilfe der Formel (11, 3) leicht durch direkte Rechnung bestätigen.

Wir denken uns nun im Integral der Formel (1) $\xi > 1$ und führen die neue Veränderliche φ durch $z = \xi + \sqrt{\xi^2 - 1}\, e^{i\varphi}$ ein. Die Kurve C' möge ein Kreis K sein. Wenn z diesen Kreis durchläuft, bewegt sich φ reell von $-\pi$ bis $+\pi$. Wir erhalten also für das Polynom

$$P_n(\xi) = \frac{1}{2^{n+1}\pi} \int_{-\pi}^{+\pi} \frac{[\xi^2 - 1 + 2\xi\sqrt{\xi^2 - 1}\, e^{i\varphi} + (\xi^2 - 1)\, e^{2i\varphi}]^n}{(\xi^2 - 1)^{\frac{n}{2}}\, e^{n i \varphi}}\, d\varphi$$

$$= \frac{1}{2\pi} \int_{-\pi}^{+\pi} (\xi + \sqrt{\xi^2 - 1} \cos\varphi)^n\, d\varphi = \frac{1}{\pi} \int_0^{\pi} (\xi + \sqrt{\xi^2 - 1} \cos\varphi)^n\, d\varphi.$$

Die Quadratwurzel tritt im Integral nur scheinbar auf. Entwickelt man nämlich die n-te Potenz nach dem binomischen Satz, so fallen alle Glieder weg, welche die Quadratwurzel in ungerader Potenz enthalten, denn $\int_0^{\pi} \cos^k\varphi\, d\varphi = 0$ für ungerades k. Es ist also gleichgültig, welches Zeichen wir der Quadratwurzel beilegen. Da in der Formel links und rechts analytische Funktionen von ξ stehen, nämlich Polynome, gilt sie allgemein für jeden Wert von ξ, also auch für die bei $P_n(\xi)$ wegen $\xi = \cos\vartheta$ eigentlich in Betracht kommenden Werte $-1 \leqq \xi \leqq +1$, d. h. wir erhalten

$$(3) \qquad P_n(\xi) = \frac{1}{\pi} \int_0^{\pi} (\xi \pm i\sqrt{1 - \xi^2} \cos\varphi)^n\, d\varphi$$

oder

$$P_n(\cos\vartheta) = \frac{1}{\pi} \int_0^{\pi} (\cos\vartheta \pm i \sin\vartheta \cos\varphi)^n\, d\varphi.$$

Diese Integraldarstellung stammt von Laplace[3]).

Wir führen jetzt an Stelle von φ die neue Veränderliche ψ durch die Gleichung

$$(4) \qquad \xi + \sqrt{\xi^2 - 1} \cos\varphi = \frac{1}{\xi - \sqrt{\xi^2 - 1} \cos\psi}$$

---

[1]) P. A. Laurent, J. Math. pur. appl. (3) **1** (1875), S. 373.

[2]) O. Rodrigues, Corresp. de l'école pol. **3** (1816), S. 361—385.

[3]) S. de Laplace, Mécanique céleste, Bd. 5, Buch 11, Kap. 2, Paris 1825 oder Werke Bd. 5, S. 27—69.

ein und setzen dabei wieder $\xi > 1$ voraus. Dann folgt aus (4), daß dem Intervall $0 \leqq \varphi \leqq \pi$, das allein in unserem Integral in Betracht kommt, dasselbe Intervall für ψ umkehrbar eindeutig zugeordnet werden kann. Damit ergibt sich aus (4) mit Rücksicht darauf, daß $\xi > \sqrt{\xi^2 - 1}\cos\psi$ ist,

$$\cos\varphi = \frac{\xi\cos\psi - \sqrt{\xi^2-1}}{\xi - \sqrt{\xi^2-1}\cos\psi}, \quad \sin\varphi = \frac{\sin\psi}{\xi - \sqrt{\xi^2-1}\cos\psi},$$

$$\frac{d\varphi}{d\psi} = \frac{1}{\xi - \sqrt{\xi^2-1}\cos\psi}$$

und somit

$$\int_0^\pi (\xi + \sqrt{\xi^2-1}\cos\varphi)^n\, d\varphi = \int_0^\pi \frac{d\psi}{(\xi - \sqrt{\xi^2-1}\cos\psi)^{n+1}}.$$

Zufolge der analytischen Fortsetzung ist diese Gleichung für alle ξ richtig, solange beide Seiten analytische Funktionen von ξ sind und auf demselben Weg fortgesetzt werden. Daraus ergibt sich gemäß (3) für $-1 \leqq \xi < 0$ und $0 < \xi \leqq +1$ die von Jacobi[1]) herrührende Formel

$$P_n(\xi) = \frac{1}{\pi}\int_0^\pi \frac{d\psi}{(\xi \pm i\sqrt{1-\xi^2}\cos\psi)^{n+1}}. \tag{5}$$

Wir wählen nun in (3) das positive Zeichen, führen die neue Veränderliche $z = \cos\vartheta + i\sin\vartheta\cos\varphi$ ein und setzen dabei $0 < \vartheta < \pi$ voraus. Dann ist $\sin\vartheta\sin\varphi = \sqrt{1 - 2z\cos\vartheta + z^2}$, wobei die Quadratwurzel für $z = \cos\vartheta$ positiv ist, somit

$$P_n(\cos\vartheta) = \frac{i}{\pi}\int_A^B \frac{z^n\, dz}{\sqrt{1 - 2z\cos\vartheta + z^2}}, \tag{6}$$

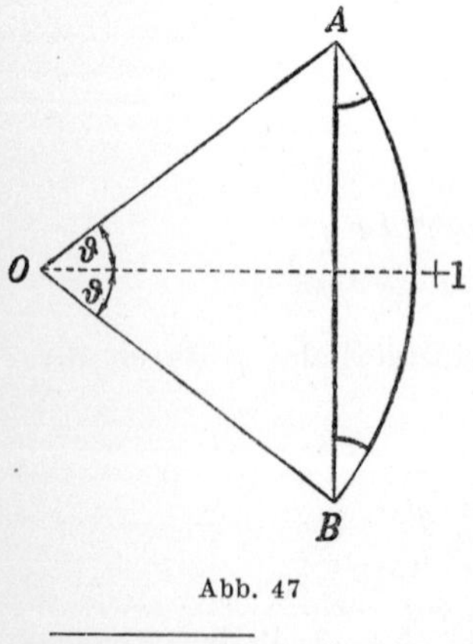

Abb. 47

wobei über die Strecke AB zu integrieren ist. Der Punkt A ist in der z-Ebene durch $e^{i\vartheta}$, der Punkt B durch $e^{-i\vartheta}$ gegeben. Statt der Strecke AB kann man nach dem Cauchyschen Integralsatz auch den von A nach B führenden Bogen des Einheitskreises als Integrationsweg wählen (Abb. 47, L. S. 229). Denn auf und zwischen beiden Wegen liegt kein singulärer Punkt des Integranden, ausgenommen die Punkte A und B, und in einer genügend kleinen Umgebung dieser Punkte $e^{\pm i\vartheta}$ ist

$$\left|\frac{z^n\sqrt{z - e^{\pm i\vartheta}}}{\sqrt{1 - 2z\cos\vartheta + z^2}}\right| \text{ beschränkt.}$$

Der Integration über den Kreisbogen AB entsprechend, werden wir jetzt in (6) $z = e^{i\varphi}$ setzen.

[1]) C. G. J. Jacobi, J. reine angew. Math. 26 (1843), S. 81 oder Werke 6, S. 148.

Damit erhalten wir, weil die Quadratwurzel für $z = \cos\vartheta$, somit auch für $z = 1$, d. h. $\varphi = 0$ positiv ist,

$$P_n(\cos\vartheta) = -\frac{1}{\pi}\int\limits_{+\vartheta}^{-\vartheta}\frac{e^{i(n+1)\varphi}\,d\varphi}{\sqrt{1-2e^{i\varphi}\cos\vartheta+e^{2i\varphi}}} = \frac{1}{\pi}\int\limits_{-\vartheta}^{+\vartheta}\frac{e^{i(n+\frac{1}{2})\varphi}\,d\varphi}{\sqrt{2(\cos\varphi-\cos\vartheta)}}$$

$$= \frac{1}{\pi}\int\limits_{-\vartheta}^{+\vartheta}\frac{\cos(n+\frac{1}{2})\varphi\,d\varphi}{\sqrt{2(\cos\varphi-\cos\vartheta)}} + \frac{i}{\pi}\int\limits_{-\vartheta}^{+\vartheta}\frac{\sin(n+\frac{1}{2})\varphi\,d\varphi}{\sqrt{2(\cos\varphi-\cos\vartheta)}}.$$

Im ersten dieser beiden Integrale ändert sich der Integrand nicht, wenn man φ durch $-\varphi$ ersetzt, im zweiten ändert er sein Zeichen. Das zweite Integral verschwindet daher und man erhält für $0 < \vartheta < \pi$

$$(7) \qquad P_n(\cos\vartheta) = \frac{\sqrt{2}}{\pi}\int\limits_0^{\vartheta}\frac{\cos(n+\frac{1}{2})\varphi}{\sqrt{\cos\varphi-\cos\vartheta}}\,d\varphi.$$

Ersetzen wir in (7) ϑ durch $\pi - \vartheta$ und führen wir die neue Veränderliche $\psi = \pi - \varphi$ ein, so folgt mit Rücksicht auf (11, 4)

$$(-1)^n P_n(\cos\vartheta) = \frac{\sqrt{2}}{\pi}\int\limits_0^{\pi-\vartheta}\frac{\cos(n+\frac{1}{2})\varphi}{\sqrt{\cos\varphi+\cos\vartheta}}\,d\varphi$$

$$= (-1)^{n+1}\frac{\sqrt{2}}{\pi}\int\limits_{\pi}^{\vartheta}\frac{\sin(n+\frac{1}{2})\psi}{\sqrt{\cos\vartheta-\cos\psi}}\,d\psi,$$

somit

$$(8) \qquad P_n(\cos\vartheta) = \frac{\sqrt{2}}{\pi}\int\limits_{\vartheta}^{\pi}\frac{\sin(n+\frac{1}{2})\varphi}{\sqrt{\cos\vartheta-\cos\varphi}}\,d\varphi.$$

Die Formeln (7) und (8) gehen auf G. Mehler[1]) zurück.

Wenn wir aus ihnen das arithmetische Mittel bilden, erhalten wir

$$P_n(\cos\vartheta) = \frac{1}{\pi\sqrt{2}}\left[\int\limits_0^{\vartheta}\frac{\cos(n+\frac{1}{2})\varphi}{\sqrt{\cos\varphi-\cos\vartheta}}\,d\varphi + \int\limits_{\vartheta}^{\pi}\frac{\sin(n+\frac{1}{2})\varphi}{\sqrt{\cos\vartheta-\cos\varphi}}\,d\varphi\right].$$

Wenn wir sie dagegen voneinander abziehen und n durch $n-1$ ersetzen, ergibt sich für $n > 0$

$$0 = \frac{1}{\pi\sqrt{2}}\left[\int\limits_0^{\vartheta}\frac{\cos(n-\frac{1}{2})\varphi}{\sqrt{\cos\varphi-\cos\vartheta}}\,d\varphi - \int\limits_{\vartheta}^{\pi}\frac{\sin(n-\frac{1}{2})\varphi}{\sqrt{\cos\vartheta-\cos\varphi}}\,d\varphi\right].$$

---

[1]) G. Mehler, Math. Ann. **5** (1872), S. 141.

Aus den beiden letzten Gleichungen folgen durch Addition und Subtraktion die Formeln von Dirichlet[1]) für $n > 0$ und $0 < \vartheta < \pi$

$$P_n(\cos\vartheta) = \frac{\sqrt{2}}{\pi}\left[\int_0^{\vartheta} \frac{\cos n\varphi \cos\frac{\varphi}{2}}{\sqrt{\cos\varphi - \cos\vartheta}}\, d\varphi + \int_{\vartheta}^{\pi} \frac{\cos n\varphi \sin\frac{\varphi}{2}}{\sqrt{\cos\vartheta - \cos\varphi}}\, d\varphi\right],$$

$$P_n(\cos\vartheta) = \frac{\sqrt{2}}{\pi}\left[-\int_0^{\vartheta} \frac{\sin n\varphi \sin\frac{\varphi}{2}}{\sqrt{\cos\varphi - \cos\vartheta}}\, d\varphi + \int_{\vartheta}^{\pi} \frac{\sin n\varphi \cos\frac{\varphi}{2}}{\sqrt{\cos\vartheta - \cos\varphi}}\, d\varphi\right].$$

13. Nullstellen. Mit Hilfe der Formel (12, 2) können wir die Anzahl der Nullstellen von $P_n(\xi)$ bestimmen. $(\xi^2 - 1)^n$ hat nämlich je eine n-fache Nullstelle in $+1$ und -1. Die erste Ableitung dieses Polynoms hat daher je eine $(n-1)$-fache Nullstelle in $+1$ und -1 und eine einfache dazwischen nach dem Rolleschen Satz der Differentialrechnung; die zweite je eine $(n-2)$-fache in $+1$ und -1 und zwei einfache dazwischen aus demselben Grunde usw.; die $(n-1)$-te Ableitung hat je eine einfache Nullstelle in $+1$ und -1 und $n-1$ einfache dazwischen, daher hat die n-te Ableitung oder $P_n(\xi)$ genau n einfache, zwischen -1 und $+1$ gelegene Nullstellen.

α sei eine Nullstelle von $P_n(\xi)$. Dann ist nach (10, 7) $P_{n-1}(\alpha) \neq 0$, weil sonst auch $P'_n(\alpha) = 0$ wäre und daher α eine mehrfache Nullstelle von $P_n(\xi)$ wäre. Ferner haben $P_{n-1}(\alpha)$ und $P'_n(\alpha)$ gemäß derselben Formel gleiches Vorzeichen, da $|\alpha| < 1$ ist. β sei eine unmittelbar auf α folgende Nullstelle. Dann haben wegen der Einfachheit der Nullstellen $P'_n(\alpha)$ und $P'_n(\beta)$ entgegengesetztes Vorzeichen, daher auch $P_{n-1}(\alpha)$ und $P_{n-1}(\beta)$; zwischen α und β liegt somit mindestens eine Nullstelle von $P_{n-1}(\xi)$. Weil aber $P_{n-1}(\xi)$ genau $n-1$ einfache Nullstellen hat, trennen einander die Nullstellen von $P_{n-1}(\xi)$ und $P_n(\xi)$.

Wir betrachten die Funktion $f(x) = [P_n(x)]^2 + \frac{1-x^2}{n(n+1)}[P'_n(x)]^2$.

Es ist zufolge der Differentialgleichung (7, 1) $f'(x) = \frac{2x[P'_n(x)]^2}{n(n+1)}$,

also $f'(x) > 0$ für $x > 0$, d. f. $f(x)$ wächst fortwährend für $x > 0$. $P'_n(x)$ hat nach dem Vorhergehenden $n-1$ einfache, reelle Nullstellen, von denen jede zwischen zwei unmittelbar aufeinanderfolgenden Nullstellen von $P_n(x)$ liegt. Da $f(\alpha) = [P_n(\alpha)]^2$ für eine Nullstelle α von $P'_n(x)$ ist, wachsen somit die absoluten Beträge der Extremwerte von $P_n(x)$ mit $|x|$. Das ergibt sich mit Rücksicht auf (11, 4).

14. Asymptotische Darstellung. Wir gehen von der Integraldarstellung (12, 3) aus und beschränken ϑ auf das Intervall $\varepsilon \leqq \vartheta \leqq \pi - \varepsilon$, wo ε eine

[1]) P. L. Dirichlet, J. reine angew. Math. **17** (1837), S. 35.

beliebig kleine, feste, positive Zahl ist. Mit Rücksicht auf die Bemerkung zur Formel (12, 3) ist

$$P_n(\cos\vartheta) = \frac{2}{\pi}\Re\int_0^{\frac{\pi}{2}} (\cos\vartheta + i\sin\vartheta\cos\varphi)^n\, d\varphi$$

$$= \frac{2}{\pi}\Re\left[e^{in\vartheta}\int_0^{\frac{\pi}{2}}\left(1 - 2ie^{-i\vartheta}\sin\vartheta\sin^2\frac{\varphi}{2}\right)^n d\varphi\right]$$

Wir wollen aus dieser Formel eine angenäherte Darstellung von $P_n(\cos\vartheta)$ für große n gewinnen. Zu diesem Zweck spalten wir das Integral in zwei Teile $\int_0^{\frac{\pi}{2}} = \int_0^{\varphi_n} + \int_{\varphi_n}^{\frac{\pi}{2}}$, wobei der Winkel φ_n im ersten Quadranten liegen und durch die Gleichung $\sin\frac{\varphi_n}{2} = n^{-\frac{\alpha}{2}}$ bestimmt sein soll und α eine feste, zwischen $\frac{1}{2}$ und 1 liegende Zahl bedeutet.

Wir schätzen nun das zweite Integral ab. Für den Integranden ergibt sich wegen $\sin\varphi_n = 2n^{-\frac{\alpha}{2}}\sqrt{1 - n^{-\alpha}}$

$$|\cos\vartheta + i\sin\vartheta\cos\varphi|^n = (\cos^2\vartheta + \sin^2\vartheta\cos^2\varphi)^{\frac{n}{2}}$$

$$= (1 - \sin^2\vartheta\sin^2\varphi)^{\frac{n}{2}} \leqq [1 - 4\sin^2\varepsilon\cdot n^{-\alpha}(1 - n^{-\alpha})]^{\frac{n}{2}}.$$

Nun ist $n\ln[1 - 4\sin^2\varepsilon\cdot n^{-\alpha}(1 - n^{-\alpha})] = -4n^{1-\alpha}\sin^2\varepsilon + R_1$, wobei $\lim_{n\to+\infty} R_1 = 0$ ist, somit

$$\left|e^{in\vartheta}\int_{\varphi_n}^{\frac{\pi}{2}}\left(1 - 2ie^{-i\vartheta}\sin\vartheta\sin^2\frac{\varphi}{2}\right)^n d\varphi\right| \leqq \frac{\pi}{2}\, e^{-2n^{1-\alpha}\sin^2\varepsilon + \frac{R_1}{2}},$$

daher gleichmäßig in ϑ

$$\lim_{n\to+\infty} n^\beta e^{in\vartheta}\int_{\varphi_n}^{\frac{\pi}{2}}\left(1 - 2ie^{-i\vartheta}\sin\vartheta\sin^2\frac{\varphi}{2}\right)^n d\varphi = 0,$$

wobei β eine beliebig große, feste, positive Zahl bedeutet.

Im ersten Integral führen wir die Veränderliche $t = \sqrt{n}\sin\frac{\varphi}{2}$ ein und erhalten

$$\int_0^{\varphi_n}\left[1-2e^{i\left(\frac{\pi}{2}-\vartheta\right)}\sin\vartheta\sin^2\frac{\varphi}{2}\right]^n d\varphi$$

$$=\frac{2}{\sqrt{n}}\int_0^{n^{\frac{1-\alpha}{2}}}\left[1-2e^{i\left(\frac{\pi}{2}-\vartheta\right)}\sin\vartheta\cdot\frac{t^2}{n}\right]^n\frac{dt}{\sqrt{1-\frac{t^2}{n}}}.$$

Wir entwickeln den Integranden in eine Reihe, die nach Potenzen von t fortschreitet. Es ergibt sich

$$n\ln\left[1-2e^{i\left(\frac{\pi}{2}-\vartheta\right)}\sin\vartheta\cdot\frac{t^2}{n}\right]=-2e^{i\left(\frac{\pi}{2}-\vartheta\right)}\sin\vartheta\cdot t^2+\frac{R_2}{n}.$$

Die durch R_2 dargestellte Reihe konvergiert absolut und gleichmäßig für $\frac{2t^2}{n}\leqq 1-\delta$, wobei δ eine beliebig kleine, feste, positive Zahl bedeutet, d. h. wegen $t\leqq n^{\frac{1-\alpha}{2}}$ für $n\geqq\left(\frac{2}{1-\delta}\right)^{\frac{1}{\alpha}}$. R_2 ist also stetige Funktion von ϑ und t m Integrationsintervall, somit beschränkt: $|R_2|<A$, wobei A noch von ε abhängt. Dasselbe gilt für die Reihenentwicklung von

$$\left(1-\frac{t^2}{n}\right)^{-\frac{1}{2}}=1+\frac{R_3}{n},\quad |R_3|<A.$$

Da die Reihe R_2 absolut konvergiert, so ist auch die aus ihr entstehende Reihe R_2', wenn man jedes Glied durch seinen absoluten Betrag ersetzt, beschränkt, somit $e^{\frac{R_2}{n}}=1+\frac{R_4}{n}$, wobei R_4 ebenfalls absolut und gleichmäßig konvergiert, weil sich auch $e^{\frac{R_2'}{n}}$ in eine solche Reihe entwickeln läßt. Man erhält schließlich

$$\int_0^{\varphi_n}=\frac{2}{\sqrt{n}}\int_0^{n^{\frac{1-\alpha}{2}}}e^{-2t^2e^{i\left(\frac{\pi}{2}-\vartheta\right)}\sin\vartheta}\,dt+\frac{2}{n^{3/2}}\int_0^{n^{\frac{1-\alpha}{2}}}e^{-2t^2e^{i\left(\frac{\pi}{2}-\vartheta\right)}\sin\vartheta}R_5\,dt,$$

wobei auch R_5 beschränkt ist, $|R_5|<A$.

Für den absoluten Betrag des zweiten Gliedes ergibt sich somit die obere Schranke

$$\frac{2A}{n^{3/2}}\int_0^{n^{\frac{1-\alpha}{2}}}e^{-2t^2\sin^2\vartheta}\,dt<\frac{2A}{n^{3/2}}\int_0^{\infty}e^{-2t^2\sin^2\varepsilon}\,dt=\frac{A}{n\sin\varepsilon}\sqrt{\frac{\pi}{2n}}.$$

Im ersten Glied können wir die obere Grenze durch $+\infty$ ersetzen. Denn

$$\left|\int\limits_{n^{\frac{1-\alpha}{2}}}^{+\infty} e^{-2t^2 e^{i\left(\frac{\pi}{2}-\vartheta\right)}\sin\vartheta}\,dt\right| \leqq \int\limits_{n^{\frac{1-\alpha}{2}}}^{+\infty} e^{-2t^2\sin^2\varepsilon}\,dt$$

$$< \int\limits_{n^{\frac{1-\alpha}{2}}}^{+\infty} e^{-2t\sin^2\varepsilon}\,dt = \frac{e^{-2n^{\frac{1-\alpha}{2}}\sin^2\varepsilon}}{2\sin^2\varepsilon},$$

daher ist gleichmäßig in ϑ

$$\lim_{n\to+\infty} n^{\beta}\frac{2}{\sqrt{n}}\int\limits_{n^{\frac{1-\alpha}{2}}}^{\infty} e^{-2t^2 e^{i\left(\frac{\pi}{2}-\vartheta\right)}\sin\vartheta}\,dt = 0.$$

Damit erhalten wir

$$\int\limits_0^{\frac{\pi}{2}}\left[1-2e^{i\left(\frac{\pi}{2}-\vartheta\right)}\sin\vartheta\sin^2\frac{\varphi}{2}\right]^n d\varphi$$

$$= \frac{2}{\sqrt{n}}\int\limits_0^{\infty} e^{-2t^2 e^{i\left(\frac{\pi}{2}-\vartheta\right)}\sin\vartheta}\,dt + R_6,\text{ wobei } |R_6| < \frac{C(\varepsilon)}{n^{3/2}} \text{ ist.}$$

Führen wir in dem letzten Integral die Veränderliche $\tau = t\sqrt{2\sin\vartheta}\,e^{i\left(\frac{\pi}{4}-\frac{\vartheta}{2}\right)}$ ein, so erhalten wir $\dfrac{e^{i\left(\frac{\vartheta}{2}-\frac{\pi}{4}\right)}}{\sqrt{2\sin\vartheta}}\displaystyle\int\limits_G e^{-\tau^2}\,d\tau$, erstreckt längs einer Geraden G vom Nullpunkt bis ins Unendliche, die mit der positiven reellen Achse einen Winkel γ einschließt, dessen Betrag $\left|\dfrac{\pi}{4}-\dfrac{\varepsilon}{2}\right|$ nicht übersteigt. Es ist aber $\int\limits_G e^{-\tau^2}\,d\tau = \int\limits_0^{\infty} e^{-t^2}\,dt$. Schlagen wir nämlich (Abb. 48) um den Nullpunkt O mit dem Halbmesser r einen zum Winkel γ gehörigen Kreisbogen, der die positive reelle Achse in A und G in B trifft, so ist das über den Kreisbogen AB erstreckte Integral $\int e^{-z^2}\,dz$ dem Betrage nach nicht größer als $r\,|\gamma|\,e^{-r^2\cos 2\gamma} \leqq r\left|\dfrac{\pi}{4}-\dfrac{\varepsilon}{2}\right| e^{-r^2\sin\varepsilon}$. Es strebt also mit $r\to+\infty$ gegen Null, womit die Behauptung bewiesen ist (L. S. 233). Somit ergibt sich

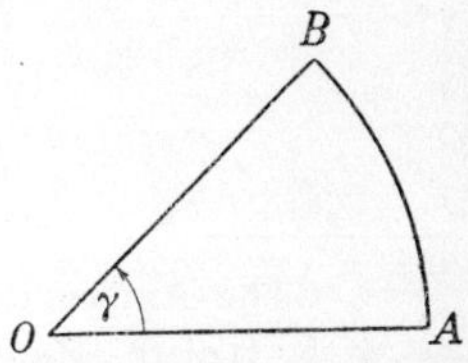

Abb. 48

$$P_n(\cos\vartheta) = \frac{4}{\pi\sqrt{n}}\,\Re\left[\frac{e^{in\vartheta + i\left(\frac{\vartheta}{2}-\frac{\pi}{4}\right)}\sqrt{\pi}}{2\sqrt{2\sin\vartheta}}\right] + R$$

$$= \sqrt{\frac{2}{n\pi\sin\vartheta}}\cos\left[(n+\tfrac{1}{2})\vartheta - \frac{\pi}{4}\right] + R$$

$$= \sqrt{\frac{2}{n\pi\sin\vartheta}}\sin\left[(n+\tfrac{1}{2})\vartheta + \frac{\pi}{4}\right] + R$$

mit $|R| < \frac{C}{n^{3/2}}$, wobei C noch von ε, aber nicht von ϑ und n abhängt. Diese Formel geht auf Laplace[1]) zurück, der Gedankengang der Herleitung im wesentlichen auf E. Heine[2]).

15. Entwicklung von $\frac{\sin R}{R}$. $R = \sqrt{r^2 + r'^2 - 2rr'\cos\vartheta}$ sei die Entfernung der beiden Punkte P und P' aus Ziffer 8. Wir erhalten mit (IV, 12, 3) und $\varrho = r^2 + r'^2$ nach der Taylorschen Entwicklung, weil $\frac{J_{1/2}(R)}{\sqrt{R}}$ nach (IV, 6, 1) regulär analytisch ist,

$$\text{(1)}\qquad \frac{J_{1/2}(R)}{\sqrt{R}} = \sum_{n=0}^{\infty}\frac{(-2rr'\cos\vartheta)^n}{n!}\frac{d^n}{d\varrho^n}\left[\varrho^{-1/4}J_{1/2}(\sqrt{\varrho})\right]$$

$$= \sum_{n=0}^{\infty}\frac{(-rr'\cos\vartheta)^n}{n!}\left(\frac{d}{\sqrt{\varrho}\,d\sqrt{\varrho}}\right)^n\left[\varrho^{-1/4}J_{1/2}(\sqrt{\varrho})\right]$$

$$= \sum_{n=0}^{\infty}\frac{(rr'\cos\vartheta)^n}{n!}\varrho^{-1/4-\frac{n}{2}}J_{1/2+n}(\sqrt{\varrho})$$

und ebenso

$$\text{(2)}\qquad \varrho^{-1/2(n+1/2)}J_{n+1/2}(\sqrt{\varrho}) = \sum_{m=0}^{\infty}\frac{r'^{2m}}{m!}\frac{d^m}{d\varrho^m}\left[\varrho^{-1/2(n+1/2)}J_{n+1/2}(\sqrt{\varrho})\right]_{r'=0}$$

$$= \sum_{m=0}^{\infty}\frac{r'^{2m}}{2^m\,m!}\left(\frac{d}{r\,dr}\right)^m\left[r^{-(n+1/2)}J_{n+1/2}(r)\right]$$

$$= \sum_{m=0}^{\infty}\frac{(-1)^m r'^{2m}}{2^m\,m!}r^{-(n+m+1/2)}J_{n+m+1/2}(r).$$

---

[1]) Siehe Anmerkung von Ziffer 12.

[2]) E. Heine, Handbuch der Kugelfunktionen, Theorie und Anwendungen, 1. Bd., 2. Aufl., Berlin 1878, G. Reimer, S. 175—178.

Ferner ist nach (IV, 13, 5)

(3) $$r^{-m} J_{n+m+1/2}(r)$$

$$= \sum_{k=0}^{m} \binom{m}{k} \frac{\left(n+\frac{1}{2}+2k\right) J_{n+1/2+2k}(r)}{2^m \left(n+\frac{1}{2}+k\right)\left(n+\frac{1}{2}+k+1\right)\cdots\left(n+\frac{1}{2}+k+m\right)}.$$

Setzen wir (2) und (3) in (1) ein, so ergibt sich

(4) $$\frac{J_{1/2}(R)}{\sqrt{R}}$$

$$= \sum_{n=0}^{\infty} \sum_{m=0}^{\infty} \sum_{k=0}^{m} \frac{(-1)^m \left(n+\frac{1}{2}+2k\right) r'^{\,n+2m} \cos^n \vartheta \, J_{n+1/2+2k}(r)}{2^{2m}\, n!\, k!\, (m-k)!\left(n+\frac{1}{2}+k\right)\left(n+\frac{1}{2}+k+1\right)\cdots\left(n+\frac{1}{2}+k+m\right)\sqrt{r}}.$$

Wir werden in Ziffer 17 zeigen, daß diese Reihe absolut konvergiert. Wir können also die Glieder beliebig anordnen und erhalten, weil

$$\sum_{m=0}^{\infty} \sum_{k=0}^{m} u_{m,k} = \sum_{k=0}^{\infty} \sum_{p=0}^{\infty} u_{k+p,k} \quad \text{ist.}$$

(5) $$\frac{J_{1/2}(R)}{\sqrt{R}}$$

$$= \sum_{n=0}^{\infty} \sum_{k=0}^{\infty} \sum_{p=0}^{\infty} \frac{(-1)^{k+p} \left(n+\frac{1}{2}+2k\right) r'^{\,n+2k+2p} \cos^n \vartheta \, J_{n+1/2+2k}(r)}{2^{2k+2p}\, n!\, k!\, p!\left(n+\frac{1}{2}+k\right)\left(n+\frac{1}{2}+k+1\right)\cdots\left(n+\frac{1}{2}+2k+p\right)\sqrt{r}}.$$

Nun ist nach (IV, 6, 1) und (II, 4, 1)

$$\frac{J_{n+1/2+2k}(r')}{\sqrt{r'}} = \sum_{p=0}^{\infty} \frac{(-1)^p r'^{\,n+2k+2p}}{2^{n+1/2+2k+2p}\, p!\, \Gamma\left(n+\frac{1}{2}+2k+p+1\right)}$$

$$= \sum_{p=0}^{\infty} \frac{(-1)^p r'^{\,n+2k+2p}}{2^{n+1/2+2k+2p}\, p!\left(n+\frac{1}{2}+k\right)\left(n+\frac{1}{2}+k+1\right)\cdots\left(n+\frac{1}{2}+2k+p\right)\Gamma\left(n+\frac{1}{2}+k\right)},$$

daher wird aus (5)

(6) $$\frac{J_{1/2}(R)}{\sqrt{R}}$$

$$= \sum_{n=0}^{\infty} \sum_{k=0}^{\infty} \frac{(-1)^k 2^{n+1/2}}{n!\,k!} \left(n+\frac{1}{2}+2k\right) \Gamma\left(n+\frac{1}{2}+k\right) \cos^n \vartheta \; \frac{J_{n+1/2+2k}(r')}{\sqrt{r'}} \frac{J_{n+1/2+2k}(r)}{\sqrt{r}}$$

$$= \sum_{k=0}^{\infty} \sum_{q=2k}^{\infty} \frac{(-1)^k 2^{q-2k+1/2}}{k!\,(q-2k)!} \left(q+\frac{1}{2}\right) \Gamma\left(q-k+\frac{1}{2}\right) \cos^{q-2k} \vartheta \; \frac{J_{q+1/2}(r')}{\sqrt{r'}} \frac{J_{q+1/2}(r)}{\sqrt{r}}$$

$$= \sqrt{2}\,\Gamma(\tfrac{1}{2}) \sum_{q=0}^{\infty} \sum_{k=0}^{\left[\frac{q}{2}\right]} \frac{(-1)^k 2^{q-2k}}{k!\,(q-2k)!} \left(q+\frac{1}{2}\right) \cdot \frac{1}{2} \cdot \frac{3}{2} \cdots \left(q-k-\frac{1}{2}\right) \cos^{q-2k} \vartheta \frac{J_{q+1/2}(r')}{\sqrt{r'}} \frac{J_{q+1/2}(r)}{\sqrt{r}}.$$

Nach (11, 3) ist

$$\sum_{k=0}^{\left[\frac{q}{2}\right]} \frac{(-1)^k 2^{q-2k}}{k!\,(q-2k)!} \cdot \frac{1}{2} \cdot \frac{3}{2} \cdots \left(q-k-\frac{1}{2}\right) \cos^{q-2k} \vartheta$$

$$= \sum_{k=0}^{\left[\frac{q}{2}\right]} \frac{(-1)^k \cdot 1 \cdot 3 \cdots (2q-2k-1)}{2^k\,k!\,(q-2k)!} \cos^{q-2k} \vartheta = P_q(\cos \vartheta),$$

daher erhalten wir mit Hilfe von (IV, 7, 2) und (II, 4, 5)

(7) $$\frac{\sin R}{R} = \pi \sum_{q=0}^{\infty} \left(q+\frac{1}{2}\right) \frac{J_{q+1/2}(r')}{\sqrt{r'}} \frac{J_{q+1/2}(r)}{\sqrt{r}} P_q(\cos \vartheta).$$

16. Entwicklung von $\frac{\cos R}{R}$. Wie in der vorigen Ziffer erhält man für $r' < r$, weil dann $R \neq 0$ ist und daher $\frac{J_{-1/2}(R)}{\sqrt{R}}$ und $\varrho^{-1/2(n+1/2)} J_{-n-1/2}(\sqrt{\varrho})$ regulär analytisch sind,

$$\frac{J_{-1/2}(R)}{\sqrt{R}} = \sum_{n=0}^{\infty} \frac{(-2rr'\cos\vartheta)^n}{n!} \frac{d^n}{d\varrho^n} [\varrho^{-1/4} J_{-1/2}(\sqrt{\varrho})]$$

$$= \sum_{n=0}^{\infty} \frac{(-rr'\cos\vartheta)^n}{n!} \left(\frac{d}{\sqrt{\varrho}\,d\sqrt{\varrho}}\right)^n [\varrho^{-1/4} J_{-1/2}(\sqrt{\varrho})]$$

$$= \sum_{n=0}^{\infty} \frac{(-rr'\cos\vartheta)^n}{n!} \varrho^{-1/4-\frac{n}{2}} J_{-1/2-n}(\sqrt{\varrho}),$$

$$\varrho^{-1/2(n+1/2)} J_{-n-1/2}(\sqrt{\varrho}) = \sum_{m=0}^{\infty} \frac{r'^{2m}}{m!} \frac{d^m}{d\varrho^m} [\varrho^{-1/2(n+1/2)} J_{-n-1/2}(\sqrt{\varrho})]_{r'=0}$$

$$= \sum_{m=0}^{\infty} \frac{r'^{2m}}{2^m\,m!} \left(\frac{d}{r\,dr}\right)^m [r^{-(n+1/2)} J_{-n-1/2}(r)]$$

$$= \sum_{m=0}^{\infty} \frac{r'^{2m}}{2^m\,m!} r^{-(n+m+1/2)} J_{-n-m-1/2}(r),$$

$$r^{-m} J_{-n-m-1/2}(r)$$

$$= \sum_{k=0}^{m} \binom{m}{k} \frac{\left(-n-2m-\frac{1}{2}+2k\right) J_{-n-2m-1/2+2k}(r)}{2^m\left(-n-2m-\frac{1}{2}+k\right)\left(-n-2m-\frac{1}{2}+k+1\right)\cdots\left(-n-m-\frac{1}{2}+k\right)}$$

$$= \sum_{k'=0}^{m} \binom{m}{m-k'} \frac{\left(-n-\frac{1}{2}-2k'\right) J_{-n-1/2-2k'}(r)}{2^m\left(-n-\frac{1}{2}-k'\right)\left(-n-\frac{1}{2}-k'-1\right)\cdots\left(-n-\frac{1}{2}-k'-m\right)}$$

$$= \sum_{k'=0}^{m} \binom{m}{k'} \frac{(-1)^m\left(n+\frac{1}{2}+2k'\right) J_{-n-1/2-2k'}(r)}{2^m\left(n+\frac{1}{2}+k'\right)\left(n+\frac{1}{2}+k'+1\right)\cdots\left(n+\frac{1}{2}+k'+m\right)},$$

$$\frac{J_{-1/2}(R)}{\sqrt{R}} \tag{1}$$

$$= \sum_{n=0}^{\infty}\sum_{m=0}^{\infty}\sum_{k=0}^{m} \frac{(-1)^{n+m}\left(n+\frac{1}{2}+2k\right) r'^{\,n+2m}\cos^n\vartheta\, J_{-n-1/2-2k}(r)}{2^{2m}\, n!\,k!\,(m-k)!\left(n+\frac{1}{2}+k\right)\left(n+\frac{1}{2}+k+1\right)\cdots\left(n+\frac{1}{2}+k+m\right)\sqrt{r}}$$

$$= \sum_{n=0}^{\infty}\sum_{k=0}^{\infty}\sum_{p=0}^{\infty} \frac{(-1)^{n+k+p}\left(n+\frac{1}{2}+2k\right) r'^{\,n+2k+2p}\cos^n\vartheta\, J_{-n-1/2-2k}(r)}{2^{2k+2p}\, n!\,k!\,p!\left(n+\frac{1}{2}+k\right)\left(n+\frac{1}{2}+k+1\right)\cdots\left(n+\frac{1}{2}+2k+p\right)\sqrt{r}}$$

$$= \sum_{n=0}^{\infty}\sum_{k=0}^{\infty} \frac{(-1)^{n+k}\,2^{n+1/2}}{n!\,k!}\left(n+\frac{1}{2}+2k\right)\Gamma\left(n+\frac{1}{2}+k\right)\cos^n\vartheta\,\frac{J_{n+1/2+2k}(r')}{\sqrt{r'}}\,\frac{J_{-n-1/2-2k}(r)}{\sqrt{r}}$$

$$= \sum_{k=0}^{\infty}\sum_{q=2k}^{\infty} \frac{(-1)^{q-k}\,2^{q-2k+1/2}}{k!\,(q-2k)!}\left(q+\frac{1}{2}\right)\Gamma\left(q-k+\frac{1}{2}\right)\cos^{q-2k}\vartheta\,\frac{J_{q+1/2}(r')}{\sqrt{r'}}\,\frac{J_{-q-1/2}(r)}{\sqrt{r}}$$

$$= \sqrt{2}\,\Gamma\left(\tfrac{1}{2}\right)\sum_{q=0}^{\infty}\sum_{k=0}^{\left[\frac{q}{2}\right]} \frac{(-1)^{q+k}\,2^{q-2k}}{k!\,(q-2k)!}\left(q+\frac{1}{2}\right)\cdot\frac{1}{2}\cdot\frac{3}{2}\cdots\left(q-k-\frac{1}{2}\right)\cos^{q-2k}\vartheta\,\frac{J_{q+1/2}(r')}{\sqrt{r'}}\,\frac{J_{-q-1/2}(r)}{\sqrt{r}}.$$

Aus (1) ergibt sich nach (IV, 7, 3)

$$\frac{\cos R}{R} = \pi\sum_{q=0}^{\infty}(-1)^q\left(q+\frac{1}{2}\right)\frac{J_{q+1/2}(r')}{\sqrt{r'}}\,\frac{J_{-q-1/2}(r)}{\sqrt{r}}\,P_q(\cos\vartheta)\ \text{für } r' < r, \tag{2}$$

daher gemäß (15, 7) und (IV, 9, 5)

$$\frac{e^{iR}}{iR} = \pi\sum_{q=0}^{\infty}\left(q+\frac{1}{2}\right)\frac{J_{q+1/2}(r')}{\sqrt{r'}}\,\frac{H^{(1)}_{q+1/2}(r)}{\sqrt{r}}\,P_q(\cos\vartheta)\ \text{für } r' < r. \tag{3}$$

Diese Entwicklung findet sich zuerst bei Clebsch[1]), die obige Herleitung bei Sonine[2]).

17. Nachweis der absoluten Konvergenz der Reihen. Wir haben noch die absolute Konvergenz der Reihen (15, 4) und (16, 1) nachzuweisen. Zu diesem Zweck benutzen wir folgende, auf Nielsen[3]) zurückgehende Abschätzung, die man unmittelbar einsieht:

Nach (IV, 6, 1) und (II, 4, 1) ist

$$J_\nu(z) = \frac{\left(\frac{z}{2}\right)^\nu}{\Gamma(\nu+1)} \sum_{m=0}^{\infty} \frac{(-1)^m \left(\frac{z}{2}\right)^{2m}}{m!\,(\nu+1)(\nu+2)\cdots(\nu+m)} = \frac{\left(\frac{z}{2}\right)^\nu}{\Gamma(\nu+1)} (1+\Theta_\nu), \tag{1}$$

wobei $|\Theta_\nu| < e^{\frac{|z|^2}{4\nu_0}} - 1$ und ν_0 die kleinste der Zahlen $|\nu+1|, |\nu+2|, \cdots$ ist.

Es genügt, die absolute Konvergenz der umgeordneten Reihe (15, 5) zu beweisen. Mit Hilfe von (1) erhalten wir für den absoluten Betrag eines Gliedes dieser Reihe

$$\frac{\left(n+\frac{1}{2}+2k\right) r'^{n+2k+2p} r^{n+2k} \left|1+\Theta_{n+1/2+2k}\right|}{2^{4k+2p+n+1/2} n!\,k!\,p! \left(n+\frac{1}{2}+k\right)\left(n+\frac{1}{2}+k+1\right)\cdots\left(n+\frac{1}{2}+2k+p\right)\cdot\frac{1}{2}\cdot\frac{3}{2}\cdots\left(n+\frac{1}{2}+2k\right)\Gamma\left(\frac{1}{2}\right)}.$$

Um diesen Ausdruck zu vergrößern, ersetzen wir ν_0 in $\Theta_{n+1/2+2k}$ durch die kleinstmögliche Zahl, d. h. $\frac{3}{2}$ gemäß (1), ferner die $n+3k+p+2$ Faktoren hinter $p!$ jeweils durch $\frac{1}{2}$, also im ganzen, weil sich einer von ihnen gegen $n+\frac{1}{2}+2k$ im Zähler weghebt, durch $2^{-n-3k-p-1}$; dann erhalten wir mit (II, 4, 5)

$$\sqrt{\frac{2}{\pi}}\, e^{\frac{r^2}{6}} \frac{r'^{n+2k+2p} r^{n+2k}}{2^{k+p}\, n!\, k!\, p!} = \sqrt{\frac{2}{\pi}}\, e^{\frac{r^2}{6}} \frac{1}{n!}(r'r)^n \frac{1}{k!}\left[\frac{(r'r)^2}{2}\right]^k \frac{1}{p!}\left(\frac{r'^2}{2}\right)^p.$$

Der Betrag der dreifachen Summe ist demnach kleiner als

$$\sqrt{\frac{2}{\pi}}\, e^{\frac{r^2}{6}} \sum_{n=0}^{\infty} \frac{1}{n!}(r'r)^n \sum_{k=0}^{\infty} \frac{1}{k!}\left[\frac{(r'r)^2}{2}\right]^k \sum_{p=0}^{\infty} \frac{1}{p!}\left(\frac{r'^2}{2}\right)^p,$$

womit die Behauptung bewiesen ist.

---

[1]) A. Clebsch, J. reine angew. Math. **61** (1863), S. 227.
[2]) Siehe Anmerkung 1 in (IV, 13).
[3]) N. Nielsen, Math. Ann. **52** (1899), S. 230.

Bei (16, 1) ergibt sich wegen $\nu_0 = \frac{1}{2}$

$$\frac{\left(n+\frac{1}{2}+2k\right) r'^{\,n+2k+2p} r^{-n-2k-1} \,|\, 1+\Theta_{-n-1/2-2k} \,|}{2^{2p-n-1/2}\, n!\, k!\, p! \left(n+\frac{1}{2}+k\right)\left(n+\frac{1}{2}+k+1\right)\cdots\left(n+\frac{1}{2}+2k+p\right) \left|\Gamma\left(\frac{1}{2}-n-2k\right)\right|}$$

$$< \sqrt{\frac{2}{\pi}}\, e^{\frac{r^2}{2}} \frac{2^n \cdot \frac{1}{2} \cdot \frac{3}{2} \cdots \left(n+\frac{1}{2}+2k\right) r'^{\,n+2k+2p}}{2^{2p}\, n!\, k!\, p! \left(n+\frac{1}{2}+k\right)\left(n+\frac{1}{2}+k+1\right)\cdots\left(n+\frac{1}{2}+2k+p\right) r^{n+2k+1}}$$

$$= \sqrt{\frac{2}{\pi}}\, \frac{e^{\frac{r^2}{2}}}{r} \frac{2^n \cdot \frac{1}{2} \cdot \frac{3}{2} \cdots \left(n+k-\frac{1}{2}\right)}{n!\,k!\,p!\left(n+\frac{1}{2}+2k+1\right)\left(n+\frac{1}{2}+2k+2\right)\cdots\left(n+\frac{1}{2}+2k+p\right)} \left(\frac{r'}{r}\right)^{n+2k} \left(\frac{r'}{2}\right)^{2p}$$

$$< \sqrt{\frac{2}{\pi}}\, \frac{e^{\frac{r^2}{2}}}{r}\, 2^n \frac{(n+k)!}{n!\,k!} \left(\frac{r'}{r}\right)^{n+2k} \frac{1}{p!} \left(\frac{r'^2}{2}\right)^p .$$

Der Betrag der dreifachen Summe ist daher kleiner als

$$\sqrt{\frac{2}{\pi}}\, \frac{e^{\frac{r^2}{2}}}{r} \sum_{n=0}^{\infty} \sum_{k=0}^{\infty} \binom{n+k}{k} 2^n \left(\frac{r'}{r}\right)^{n+2k} \sum_{p=0}^{\infty} \frac{1}{p!} \left(\frac{r'^2}{2}\right)^p$$

$$= \sqrt{\frac{2}{\pi}}\, \frac{e^{\frac{r^2+r'^2}{2}}}{r} \sum_{s=0}^{\infty} \sum_{k=0}^{s} \binom{s}{k} 2^{s-k} \left(\frac{r'}{r}\right)^{s+k}$$

$$< \sqrt{\frac{2}{\pi}}\, \frac{e^{\frac{r^2+r'^2}{2}}}{r} \sum_{s=0}^{\infty} \left(\frac{2r'}{r}\right)^s \sum_{k=0}^{s} \binom{s}{k} \left(\frac{r'}{r}\right)^k$$

$$= \sqrt{\frac{2}{\pi}}\, \frac{e^{\frac{r^2+r'^2}{2}}}{r} \sum_{s=0}^{\infty} \left(\frac{2r'}{r}\right)^s \left(1+\frac{r'}{r}\right)^s .$$

Es seien nun α, δ, D feste, positive Zahlen, α beliebig zwischen 0 und 1 (die Grenzen ausgeschlossen), δ beliebig klein, D beliebig groß. r' und r sollen auf die Intervalle $0 \leqq r' \leqq \frac{\delta}{4}$ und $\delta \leqq r \leqq D$ beschränkt sein. Dann ist $\frac{2r'}{r}\left(1+\frac{r'}{r}\right) \leqq \frac{2r'}{\delta}\left(1+\frac{r'}{\delta}\right) \leqq \frac{5}{8}$ und damit die absolute Konvergenz der Reihe unter diesen Voraussetzungen bewiesen.

Wenden wir jetzt die Abschätzung (1) auf die Reihe (16, 2) an und betrachten dabei r' und r als komplexe Veränderliche, so erhalten wir mit Hilfe von (9, 2), (II, 4, 1) und (II, 4, 4) den Betrag eines Gliedes kleiner als

$$\pi\left(q+\frac{1}{2}\right)\frac{|r'|^q e^{\frac{|r'|^2}{6}}}{2^{q+1/2}\Gamma\left(q+\frac{3}{2}\right)} \quad \frac{|r|^{-q-1} e^{\frac{|r|^2}{2}}}{2^{-q-1/2}\left|\Gamma\left(\frac{1}{2}-q\right)\right|} = \frac{e^{\frac{|r'|^2}{6}+\frac{|r|^2}{2}}}{|r|}\left|\frac{r'}{r}\right|^q.$$

Die Reihe konvergiert daher für $0 \leqq \left|\frac{r'}{r}\right| \leqq \alpha$ und $\delta \leqq |r| \leqq D$ absolut und gleichmäßig, stellt somit in diesem Bereich B eine analytische Funktion von r' und r dar. Die Nullstellen von R sind durch $r' = r e^{\pm i\vartheta}$ gegeben, liegen infolgedessen, weil $\alpha < 1$ und ϑ reell ist, außerhalb B. $\frac{\cos R}{R}$ ist demnach in B ebenfalls analytische Funktion von r' und r. Somit gilt die Entwicklung (16, 2), solange beide Seiten der Gleichung analytische Funktionen von r' und r sind, also z. B. für $0 \leqq r' < r$. Damit ist nun auch Gleichung (16, 3) für $r' < r$ bewiesen.

c) Zugeordnete Funktionen

18. Zugeordnete Legendresche Funktionen. $P_n(\xi)$ genügt, wie wir gesehen haben, der Differentialgleichung (7, 1)

$$(1-\xi^2)\frac{d^2 P_n}{d\xi^2} - 2\xi\frac{d P_n}{d\xi} + n(n+1) P_n = 0.$$

Für die erste Ableitung $P'_n(\xi)$ erhalten wir daher, wenn wir diese Gleichung nach ξ differenzieren,

$$(1-\xi^2)\frac{d^2 P'_n}{d\xi^2} - 4\xi\frac{d P'_n}{d\xi} + [n(n+1)-2]\, P'_n = 0,$$

ähnlich für die zweite Ableitung $P''(\xi)$, wenn wir nochmal differenzieren,

$$(1-\xi^2)\frac{d^2 P''_n}{d\xi^2} - 6\xi\frac{d P''_n}{d\xi} + [n(n+1)-2-4]\, P''_n = 0.$$

Differenzieren wir im ganzen m-mal, so ergibt sich für die m-te Ableitung

$$(1-\xi^2)\frac{d^2 P_n^{(m)}}{d\xi^2} - 2(m+1)\xi\frac{d P_n^{(m)}}{d\xi} + [n(n+1)-2-4-\cdots-2m]\, P_n^{(m)} = 0$$

oder

(1)
$$(1-\xi^2)\frac{d^2 P_n^{(m)}}{d\xi^2} - 2(m+1)\xi\frac{d P_n^{(m)}}{d\xi} + [n(n+1)-m(m+1)]\, P_n^{(m)} = 0 \quad (m = 0, 1, 2, \ldots;\quad P_n^{(0)} = P_n).$$

Wir setzen

(2)
$$P_n^m(\cos\vartheta) = \sin^m\vartheta\, P_n^{(m)}(\cos\vartheta)$$

und nennen $P_n^m(\cos\vartheta)$ eine zugeordnete Legendresche Funktion m-ter Ordnung. Sie ist also ein Polynom $(n-m)$-ten Grades in ξ, multipliziert mit $(1-\xi^2)^{\frac{m}{2}}$. Da $P_n(\xi)$ n einfache, zwischen -1 und $+1$ gelegene

Nullstellen hat und zwischen zwei solchen Nullstellen immer mindestens eine Nullstelle der Ableitung liegen muß, so haben $P_n^{(m)}(\xi)$ und, abgesehen von ± 1, auch $P_n^m(\xi)$ gerade $n-m$ einfache, zwischen -1 und $+1$ gelegene Nullstellen. Diese Nullstellen liegen spiegelbildlich zum Nullpunkt, wie aus $P_n^m(-\xi) = (-1)^{m+n} P_n^m(\xi)$ folgt. Es ist

$$P_n^0(\xi) = P_n(\xi) \quad \text{und} \quad P_n^m(\xi) = 0 \quad \text{für} \quad m > n. \tag{3}$$

Um die Differentialgleichung herzuleiten, der $P_n^m(\xi)$ genügt, bilden wir

$$P_n^{(m)} = \frac{P_n^m}{\sin^m \vartheta}, \quad \frac{d P_n^{(m)}}{d\xi} = -\frac{1}{\sin^{m+1}\vartheta} \frac{d P_n^m}{d\vartheta} + \frac{m \cos\vartheta}{\sin^{m+2}\vartheta} P_n^m, \tag{4}$$

$$\frac{d^2 P_n^{(m)}}{d\xi^2} = \frac{1}{\sin^{m+2}\vartheta} \frac{d^2 P_n^m}{d\vartheta^2} - \frac{(2m+1)\cos\vartheta}{\sin^{m+3}\vartheta} \frac{d P_n^m}{d\vartheta} + \frac{m[1+(m+1)\cos^2\vartheta]}{\sin^{m+4}\vartheta} P_n^m.$$

Gemäß (1) ist daher

$$\frac{d^2 P_n^m}{d\vartheta^2} + \frac{\cos\vartheta}{\sin\vartheta} \frac{d P_n^m}{d\vartheta} + \left[n(n+1) - \frac{m^2}{\sin^2\vartheta}\right] P_n^m = 0.$$

Diese Differentialgleichung läßt sich in der Gestalt

$$\frac{1}{\sin\vartheta} \frac{d}{d\vartheta}\left(\sin\vartheta \frac{d P_n^m}{d\vartheta}\right) + \left[n(n+1) - \frac{m^2}{\sin^2\vartheta}\right] P_n^m = 0$$

oder wegen $\frac{d\xi}{d\vartheta} = -\sin\vartheta$ auch in der Form

$$\frac{d}{d\xi}\left[(1-\xi^2)\frac{d P_n^m}{d\xi}\right] + \left[n(n+1) - \frac{m^2}{1-\xi^2}\right] P_n^m = 0$$

oder

$$(1-\xi^2)\frac{d^2 P_n^m}{d\xi^2} - 2\xi \frac{d P_n^m}{d\xi} + \left[n(n+1) - \frac{m^2}{1-\xi^2}\right] P_n^m = 0 \tag{5}$$

schreiben.

19. Integraldarstellung der zugeordneten Legendreschen Funktionen. Aus (12, 1), (12, 2) und (18, 2) erhalten wir wegen $\sin\vartheta = \sqrt{1-\xi^2}$

$$P_n^m(\xi) = \frac{(n+m)!\,(1-\xi^2)^{\frac{m}{2}}}{2^{n+1}\pi i\, n!} \int_K \frac{(z^2-1)^n}{(z-\xi)^{n+m+1}}\, dz. \tag{1}$$

Wir führen nun wie in Ziffer 12 die neue Veränderliche φ durch $z = \xi + \sqrt{\xi^2-1}\, e^{i\varphi}$ ein, wobei wir $\xi > 1$ voraussetzen. Dann wird wie dort

$$\frac{(\xi^2-1)^{\frac{m}{2}}}{2^{n+1}\pi i}\int\limits_K \frac{(z^2-1)^n}{(z-\xi)^{n+m+1}}\,dz = \frac{1}{2\pi}\int\limits_{-\pi}^{+\pi}(\xi+\sqrt{\xi^2-1}\cos\varphi)^n e^{-mi\varphi}\,d\varphi$$

$$=\frac{1}{2\pi}\int\limits_{-\pi}^{+\pi}(\xi+\sqrt{\xi^2-1}\cos\varphi)^n(\cos m\varphi - i\sin m\varphi)\,d\varphi$$

$$=\frac{1}{\pi}\int\limits_0^{\pi}(\xi+\sqrt{\xi^2-1}\cos\varphi)^n\cos m\varphi\,d\varphi.$$

Umläuft ξ den Punkt 1 im positiven Sinn von Werten $\xi > 1$ zu solchen zwischen $+1$ und -1, so ist nach (1)

$$\text{(2)}\qquad i^m P_n^m(\xi) = \frac{(n+m)!}{n!\,\pi}\int\limits_0^{\pi}(\xi+\sqrt{\xi^2-1}\cos\varphi)^n\cos m\varphi\,d\varphi,$$

wobei $\sqrt{\xi^2-1}>0$ für $\xi>1$ zu nehmen ist, oder

$$\text{(3)}\qquad P_n^m(\cos\vartheta) = \frac{(n+m)!}{n!\,\pi\,i^m}\int\limits_0^{\pi}(\cos\vartheta + i\sin\vartheta\cos\varphi)^n\cos m\varphi\,d\varphi.$$

Aus den Formeln für die Koeffizienten der Fourierschen Reihenentwicklung folgt

$$(\xi+\sqrt{\xi^2-1}\cos\varphi)^n = \frac{a_0}{2} + \sum_{m=1}^{\infty} a_m\cos m\varphi,$$

wobei

$$a_m = \frac{2}{\pi}\int\limits_0^{\pi}(\xi+\sqrt{\xi^2-1}\cos\varphi)^n\cos m\varphi\,d\varphi \qquad (m=0,1,2,\ldots)$$

ist. (2) liefert daher wegen (18, 3) folgende auf E. Heine[1]) zurückgehende Beziehung

$$\text{(4)}\qquad (\xi+\sqrt{\xi^2-1}\cos\varphi)^n = P_n(\xi) + 2\,n!\sum_{m=1}^{n}\frac{i^m P_n^m(\xi)\cos m\varphi}{(n+m)!}.$$

Wir wollen jetzt $\lim\limits_{n\to+\infty} P_n^m\left(\cos\frac{\vartheta}{n}\right)$ berechnen und verwenden dazu Formel (3). Es ist

$$P_n^m\left(\cos\frac{\vartheta}{n}\right) = \frac{(n+m)!}{n!\,\pi\,i^m}\int\limits_0^{\pi}\left(\cos\frac{\vartheta}{n} + i\sin\frac{\vartheta}{n}\cos\varphi\right)^n\cos m\varphi\,d\varphi.$$

[1]) E. Heine, Diss. Berlin 1842.

Nun ist $\frac{1}{z}\ln(\cos\vartheta z + i\sin\vartheta z\cos\varphi)$ analytische Funktion von z und zwar auch für $z = 0$, falls wir die Funktion dort durch ihren Grenzwert definieren. Dieser ergibt sich durch Differenzieren des Zählers und Nenners zu

$$\lim_{z\to 0}\frac{-\vartheta\sin\vartheta z + i\vartheta\cos\vartheta z\cos\varphi}{\cos\vartheta z + i\sin\vartheta z\cos\varphi} = i\vartheta\cos\varphi,$$

somit ist

$$\lim_{n\to+\infty}\frac{n!}{(n+m)!}P_n^m\left(\cos\frac{\vartheta}{n}\right) = \frac{1}{\pi i^m}\int_0^\pi e^{i\vartheta\cos\varphi}\cos m\varphi\,d\varphi$$

$$= \frac{1}{2\pi i^m}\left[\int_0^\pi e^{i(m\varphi+\vartheta\cos\varphi)}\,d\varphi + \int_0^\pi e^{i(-m\varphi+\vartheta\cos\varphi)}\,d\varphi\right]$$

$$= \frac{1}{2\pi i^m}\int_{-\pi}^{+\pi} e^{i(m\varphi+\vartheta\cos\varphi)}\,d\varphi = \frac{1}{2\pi}\int_{-\frac{3\pi}{2}}^{\frac{\pi}{2}} e^{i(m\psi-\vartheta\sin\psi)}\,d\psi,$$

wobei $\varphi = \psi + \frac{\pi}{2}$ gesetzt wurde. Nun ist aber

$$\int_{-\frac{3\pi}{2}}^{-\pi} e^{i(m\psi-\vartheta\sin\psi)}\,d\psi = \int_{\frac{\pi}{2}}^{\pi} e^{i(m\chi-\vartheta\sin\chi)}\,d\chi,$$

wie sich aus $\chi = \psi + 2\pi$ sofort ergibt, daher

$$\int_{-\frac{3\pi}{2}}^{\frac{\pi}{2}} e^{i(m\psi-\vartheta\sin\psi)}\,d\psi = \int_{-\pi}^{+\pi} e^{i(m\psi-\vartheta\sin\psi)}\,d\psi.$$

Wir erhalten infolgedessen gemäß (IV, 20, 7)

$$\lim_{n\to+\infty}\frac{n!}{(n+m)!}P_n^m\left(\cos\frac{\vartheta}{n}\right) = J_m(\vartheta).$$

Wir können diese Beziehung auch anders schreiben, wenn wir berücksichtigen. daß nach der Stirlingschen Formel (II, 6, 10), indem wir sie für $n!$ und $(n+m)!$ verwenden, $\lim_{n\to+\infty}\frac{n!\,n^m}{(n+m)!} = 1$ ist, nämlich

(5) $$\lim_{n\to+\infty} n^{-m}P_n^m\left(\cos\frac{\vartheta}{n}\right) = J_m(\vartheta),$$

also insbesondere

(6) $$\lim_{n \to +\infty} P_n\left(\cos\frac{\vartheta}{n}\right) = J_0(\vartheta).$$

Formel (5) stammt von Heine[1]), Formel (6) findet sich schon bei Mehler[2]).

20. Integraleigenschaften der Legendreschen Funktionen. Wir gehen von der Differentialgleichung der zugeordneten Funktionen aus

(1) $$\frac{d}{d\xi}\left[(1-\xi^2)\frac{du}{d\xi}\right] + \left[n(n+1) - \frac{m^2}{1-\xi^2}\right]u = 0.$$

Sie ist für $u = P_n^m(\xi)$ erfüllt. Schreiben wir r statt n, so ist $u = P_r^m(\xi)$ eine Lösung. Wir denken uns beide Gleichungen aufgeschrieben, multiplizieren die erste mit $P_r^m(\xi)$, die zweite mit $P_n^m(\xi)$ und subtrahieren. Dann ergibt sich

$$\frac{d}{d\xi}\left[(1-\xi^2)\left(P_r^m\frac{dP_n^m}{d\xi} - P_n^m\frac{dP_r^m}{d\xi}\right)\right] + (n-r)(n+r+1)P_n^m P_r^m = 0.$$

Wenn wir diese Gleichung von -1 bis $+1$ integrieren, folgt

(2) $$\int_{-1}^{+1} P_n^m(\xi)\, P_r^m(\xi)\, d\xi = 0$$

für alle ganzzahligen $m, n, r \geqq 0$ und $n \neq r$.

Schreiben wir dagegen in der Differentialgleichung (1) r statt m, so ist $u = P_n^r(\xi)$ eine Lösung. Multiplizieren wir nun die Differentialgleichung für $P_n^m(\xi)$ mit $P_n^r(\xi)$, die für $P_n^r(\xi)$ mit $P_n^m(\xi)$ und subtrahieren, so erhalten wir

$$\frac{d}{d\xi}\left[(1-\xi^2)\left(P_n^r\frac{dP_n^m}{d\xi} - P_n^m\frac{dP_n^r}{d\xi}\right)\right] - \frac{m^2-r^2}{1-\xi^2}P_n^m P_n^r = 0$$

oder

(3) $$\int_{-1}^{+1} \frac{P_n^m(\xi)\, P_n^r(\xi)}{1-\xi^2}\, d\xi = 0$$

für alle ganzzahligen $m, n, r \geqq 0$ und $m \neq r$.

Nach (12, 2) und (18, 2) ist

(4) $$P_n^m(\xi) = \frac{(1-\xi^2)^{\frac{m}{2}}}{2^n\, n!}\,\frac{d^{n+m}(\xi^2-1)^n}{d\xi^{n+m}}$$

Lösung von (1). Da sich aber die Gleichung (1) nicht ändert, wenn man m mit $-m$ vertauscht, so ist auch

(5) $$P_n^{-m}(\xi) = \frac{(1-\xi^2)^{-\frac{m}{2}}}{2^n\, n!}\,\frac{d^{n-m}(\xi^2-1)^n}{d\xi^{n-m}}$$

Lösung, wobei wir hier $m \leqq n$ voraussetzen. Nun ist der Ausdruck (5) ein Polynom $(n-m)$-ten Grades in ξ, multipliziert mit $(1-\xi^2)^{\frac{m}{2}}$, bleibt also für $\xi = \pm 1$ endlich. Daraus kann man schließen, daß es sich von (4) nur um

[1]) E. Heine, J. reine angew. Math., Bd. **69** (1868), S. 128.
[2]) G. Mehler, J. reine angew. Math., Bd. **68** (1868), S. 140.

einen konstanten Faktor unterscheidet. Denn die allgemeine Lösung der Differentialgleichung (1), daher auch $P_n^{-m}(\xi)$, ist von der Gestalt $A P_n^m(\xi) + B Q_n^m(\xi)$, wobei $Q_n^m(\xi)$ eine zweite Lösung von (1) ist, die von $P_n^m(\xi)$ linear unabhängig ist. Diese zweite Lösung hat nach Ziffer 29 in ± 1 logarithmische Singularitäten. Da aber $P_n^{-m}(\xi)$ in ± 1 endlich bleibt, muß $B = 0$ sein. Wir haben also

$$P_n^{-m}(\xi) = A P_n^m(\xi) \text{ oder } \frac{d^{n-m}(\xi^2-1)^n}{d\xi^{n-m}} = A(1-\xi^2)^m \frac{d^{n+m}(\xi^2-1)^n}{d\xi^{n+m}}.$$

A finden wir, indem wir die Koeffizienten der höchsten Potenz von ξ vergleichen, zu $(-1)^m \dfrac{(n-m)!}{(n+m)!}$, somit

$$P_n^{-m}(\xi) = (-1)^m \frac{(n-m)!}{(n+m)!} P_n^m(\xi). \tag{6}$$

Damit gilt jetzt die Gleichung (2) auch für $-n \leqq m < 0$, Gleichung (3) auch für $-n \leqq m < 0$ und $-n \leqq r < 0$.

Nun haben wir noch das Integral in Gleichung (2) für $n = r$ zu berechnen. Nach (4), (5), (6) ist

$$\int_{-1}^{+1} [P_n^m(\xi)]^2 \, d\xi = (-1)^m \frac{(n+m)!}{(n-m)!} \int_{-1}^{+1} P_n^m(\xi) P_n^{-m}(\xi) \, d\xi$$

$$= \frac{(-1)^m (n+m)!}{2^{2n}(n!)^2 (n-m)!} \int_{-1}^{+1} \frac{d^{n+m}(\xi^2-1)^n}{d\xi^{n+m}} \frac{d^{n-m}(\xi^2-1)^n}{d\xi^{n-m}} d\xi.$$

Wenn wir teilweise integrieren, wird

$$\int_{-1}^{+1} \frac{d^{n+m}(\xi^2-1)^n}{d\xi^{n+m}} \frac{d^{n-m}(\xi^2-1)^n}{d\xi^{n-m}} d\xi$$

$$= -\int_{-1}^{+1} \frac{d^{n+m+1}(\xi^2-1)^n}{d\xi^{n+m+1}} \frac{d^{n-m-1}(\xi^2-1)^n}{d\xi^{n-m-1}} d\xi$$

$$= \cdots\cdots$$

$$= (-1)^{n-m} \int_{-1}^{+1} \frac{d^{2n}(\xi^2-1)^n}{d\xi^{2n}} (\xi^2-1)^n \, d\xi$$

$$= (-1)^{n-m} (2n)! \int_{-1}^{+1} (\xi^2-1)^n d\xi.$$

Nach (II, 10) und (II, 4) ist aber mit $\xi = 1 - 2x$

$$\int_{-1}^{+1} (1-\xi^2)^n \, d\xi = 2^{2n+1} \int_0^1 x^n (1-x)^n \, dx$$

$$= 2^{2n+1} B(n+1, n+1) = 2^{2n+1} \frac{[\Gamma(n+1)]^2}{\Gamma(2n+2)} = \frac{2^{2n+1}(n!)^2}{(2n+1)!},$$

daher

$$(7)\qquad \int_{-1}^{+1} [P_n^m(\xi)]^2 d\xi = \frac{2}{2n+1}\frac{(n+m)!}{(n-m)!}$$

oder nach (6)

$$(8)\qquad \int_{-1}^{+1} P_n^m(\xi)\, P_n^{-m}(\xi)\, d\xi = (-1)^m \frac{2}{2n+1}.$$

Zufolge der Beziehungen (2) und (8) bilden die mit $\sqrt{\frac{2n+1}{2}}$ multiplizierten Legendreschen Polynome $P_n(\xi)$ ein System von normierten Orthogonalfunktionen im Intervall $-1 \leqq \xi \leqq +1$. Gemäß den Überlegungen von Ziffer (III, 4) ist damit die Behauptung von Ziffer (III, 2) bewiesen.

21. Entwicklung von ξ^n nach Legendreschen Polynomen. Wir können die Orthogonalitätseigenschaft der Legendreschen Polynome benützen, um ξ^n ($n \geqq 0$, ganz) durch diese Polynome darzustellen. Wenn wir die Gleichungen (11, 2) nach den einzelnen Potenzen von ξ auflösen, erhalten wir

$$(1)\qquad \begin{aligned} 1 &= P_0(\xi), \\ \xi &= P_1(\xi), \\ \xi^2 &= \tfrac{2}{3}P_2(\xi) + \tfrac{1}{3}P_0(\xi), \\ \xi^3 &= \tfrac{2}{5}P_3(\xi) + \tfrac{3}{5}P_1(\xi), \\ \xi^4 &= \tfrac{8}{35}P_4(\xi) + \tfrac{4}{7}P_2(\xi) + \tfrac{1}{5}P_0(\xi) \text{ usw.} \end{aligned}$$

Allgemein wird

$$(2)\qquad \xi^n = a_n P_n(\xi) + a_{n-2} P_{n-2}(\xi) + \cdots.$$

Aus der letzten Gleichung folgt gemäß (20, 2)

$$(3)\qquad \int_{-1}^{+1} \xi^m P_n(\xi)\, d\xi = 0 \qquad \text{für } m = 0, 1, 2, \ldots, n-1.$$

Diese Behauptung läßt sich in folgender Form umkehren: Das einzige Polynom $f(\xi)$ vom n-ten Grad in ξ, welches der Bedingung

$$\int_{-1}^{+1} \xi^m f(\xi)\, d\xi = 0 \qquad \text{für } m = 0, 1, 2, \ldots, n-1$$

genügt, ist $C P_n(\xi)$, wobei C eine beliebige Konstante bedeutet. Denn $f(\xi)$ muß gemäß (1) im Intervall $-1 \leqq \xi \leqq +1$ orthogonal zu $1 = P_0(\xi)$, $\xi = P_1(\xi)$, ξ^2, daher auch zu $P_2(\xi)$, ξ^3, daher auch zu $P_3(\xi)$ usw., schließlich zu ξ^{n-1}, also auch zu $P_{n-1}(\xi)$ sein. Weil aber bei der Orthogonalisierung der Potenzen von ξ gemäß (III, 2) bis auf konstante Faktoren gerade die Legendreschen Polynome entstehen und das Polynom n-ten Grades dabei so bestimmt wird, daß es zu den früheren, nämlich $P_0(\xi)$, $P_1(\xi)$, ..., $P_{n-1}(\xi)$ orthogonal ist, ist damit die Behauptung bewiesen.

Nun lassen sich die Koeffizienten der Entwicklung (2) leicht bestimmen. Multiplizieren wir nämlich (2) mit $P_r(\xi)$ und integrieren von -1 bis $+1$, so ergibt sich nach (20, 2) und (20, 8)

$$a_r = (r + \tfrac{1}{2}) \int_{-1}^{+1} \xi^n P_r(\xi)\, d\xi\,,$$

also $a_r = 0$, wenn $r > n$, gemäß (3), oder wenn $n - r$ ungerade ist, weil in diesem Fall der Integrand eine ungerade Funktion von ξ ist. Dagegen ist für gerades $n - r$, weil jetzt der Integrand eine gerade Funktion von ξ ist, nach (12, 2), (II, 10) und (II, 4), wenn wir teilweise integrieren und $\xi = \sqrt{x}$ setzen,

(4)
$$\begin{aligned}
a_r &= (2r+1) \int_0^1 \xi^n P_r(\xi)\, d\xi \\
&= \frac{2r+1}{2^r r!} \int_0^1 \xi^n \frac{d^r (\xi^2 - 1)^r}{d\xi^r}\, d\xi \\
&= \frac{2r+1}{2^r r!} (-n) \int_0^1 \xi^{n-1} \frac{d^{r-1} (\xi^2 - 1)^r}{d\xi^{r-1}}\, d\xi \\
&= \cdots \\
&= \frac{2r+1}{2^r r!} n(n-1) \cdots (n-r+1) \int_0^1 \xi^{n-r} (1 - \xi^2)^r\, d\xi \\
&= \frac{2r+1}{2^{r+1} r!} n(n-1) \cdots (n-r+1) \int_0^1 x^{\frac{n-r-1}{2}} (1-x)^r\, dx \\
&= \frac{2r+1}{2^{r+1} r!} n(n-1) \cdots (n-r+1)\, B\left(\frac{n-r+1}{2}, r+1\right) \\
&= \frac{2r+1}{2^{r+1}} n(n-1) \cdots (n-r+1) \frac{\Gamma\left(\frac{n-r+1}{2}\right)}{\Gamma\left(\frac{n+r+3}{2}\right)} \\
&= \frac{(2r+1)\, n(n-1) \cdots (n-r+2)}{(n+r+1)(n+r-1) \cdots (n-r+3)}\,,
\end{aligned}$$

also

(5)
$$\xi^n = \frac{n!}{3 \cdot 5 \cdots (2n+1)} \Big[(2n+1) P_n(\xi) + (2n-3) \frac{2n+1}{2} P_{n-2}(\xi) + (2n-7) \frac{(2n+1)(2n-1)}{2 \cdot 4} P_{n-4}(\xi) + \cdots\Big].$$

Diese Formel stammt von Legendre[1]).

---

[1]) Siehe Anmerkung von Ziffer 8.

22. Entwicklung von $e^{iz\cos\vartheta}$. Mit Hilfe von (21, 5) und (IV, 6, 1) erhalten wir

$$(1) \qquad e^{iz\cos\vartheta} = \sum_{n=0}^{\infty} \frac{(iz\cos\vartheta)^n}{n!}$$

$$= \sum_{n=0}^{\infty} \frac{i^n z^n}{3\cdot 5\cdots(2n+1)} [(2n+1) P_n(\cos\vartheta)$$

$$+ (2n-3)\frac{2n+1}{2} P_{n-2}(\cos\vartheta)$$

$$+ (2n-7)\frac{(2n+1)(2n-1)}{2\cdot 4} P_{n-4}(\cos\vartheta)$$

$$+ (2n-11)\frac{(2n+1)(2n-1)(2n-3)}{2\cdot 4\cdot 6} P_{n-6}(\cos\vartheta) + \cdots]$$

$$= \sum_{n=0}^{\infty} (2n+1)\frac{i^n z^n}{3\cdot 5\cdots(2n+1)} P_n(\cos\vartheta)\left[1 - \frac{z^2}{2(2n+3)}\right.$$

$$\left. + \frac{z^4}{2\cdot 4\cdot(2n+3)(2n+5)} - \frac{z^6}{2\cdot 4\cdot 6\cdot(2n+3)(2n+5)(2n+7)} + \cdots\right]$$

$$= \sqrt{\frac{\pi}{2z}} \sum_{n=0}^{\infty} (2n+1)\, i^n J_{n+\frac{1}{2}}(z)\, P_n(\cos\vartheta).$$

Um diese Umordnung der Reihe zu rechtfertigen, müssen wir beweisen, daß sie absolut konvergiert. Das ist aber der Fall. Denn nach (IV, 6) konvergiert die Reihe für $J_{n+\frac{1}{2}}(z)$ absolut, daher auch die bis $n = N$ erstreckte Summe (1), wobei N eine beliebig große, aber feste ganze Zahl bedeutet. Die Glieder in der eckigen Klammer der vorletzten Summe in (1) sind dem Betrage nach nicht größer als die Glieder der geometrischen Reihe

$$\sum_{\nu=0}^{\infty} \left[\frac{|z|^2}{2(2n+3)}\right]^{\nu} = \frac{1}{1 - \frac{|z|^2}{2(2n+3)}}.$$

Die eckige Klammer ist also dem Betrage nach < 2, für alle $n > N$, sobald $N > \frac{|z|^2}{2}$ ist. Ferner ist $|P_n(\cos\vartheta)| \leqq 1$ nach (9, 2), schließlich

$$\frac{1}{3\cdot 5\cdots(2n-1)} = \frac{2^{n-1}(n-1)!}{(2n-1)!},$$

also gemäß (II, 6, 10) kleiner als $\dfrac{2^n(n-1)^{n-1} e^{-(n-1)}\sqrt{n-1}}{(2n-1)^{2n-1} e^{-(2n-1)}\sqrt{2n-1}}$.

Der natürliche Logarithmus des letzten Ausdruckes ist

$$n + \tfrac{1}{2}\ln(n-1) - \tfrac{1}{2}\ln(2n-1)$$
$$+ n\ln 2 + (n-1)\ln(n-1) - (2n-1)\ln(2n-1),$$

also für alle genügend großen n kleiner als $-\frac{n}{2}\ln n$. Die Glieder der vorletzten Summe in (1) sind somit dem Betrage nach kleiner als

$$(2) \qquad \frac{2\,|z|^n}{n^{\frac{n}{2}}} < \frac{1}{n^2}$$

für $n > N$, wobei N entsprechend groß gewählt werden muß und von z abhängt. Denn der natürliche Logarithmus der linken Seite von (2) ist unter diesen Bedingungen kleiner als derjenige der rechten Seite.

Es konvergiert also auch die von $n = N + 1$ an bis ins Unendliche erstreckte vorletzte Summe in (1) absolut, daher die ganze Summe. Damit ist aber nach einem bekannten Satz aus der Reihenlehre die Umordnung gerechtfertigt. Die Formel geht auf Bauer[1]) zurück.

d) Legendresche Funktionen zweiter Art

23. Legendresche Funktionen zweiter Art. Das Legendresche Polynom $P_n(\xi)$ genügt nach Ziffer 7 der Differentialgleichung zweiter Ordnung

$$(1) \qquad (1-\xi^2)\frac{d^2u}{d\xi^2} - 2\xi\frac{du}{d\xi} + n(n+1)u = 0.$$

Um die allgemeine Lösung der Differentialgleichung (1) zu finden, setzen wir $u = P_n(\xi)v$ und erhalten aus (1) zur Bestimmung von v

$$(1-\xi^2)\left[P_n(\xi)\frac{d^2v}{d\xi^2} + 2P_n'(\xi)\frac{dv}{d\xi}\right] - 2\xi P_n(\xi)\frac{dv}{d\xi} = 0$$

oder

$$\frac{v''}{v'} + \frac{2P_n'(\xi)}{P_n(\xi)} - \frac{2\xi}{1-\xi^2} = 0,$$

daher

$$v' = \frac{B}{(1-\xi^2)[P_n(\xi)]^2},$$

somit

$$v = B\int\frac{d\xi}{(1-\xi^2)[P_n(\xi)]^2} + A$$

und

$$(2) \qquad u = P_n(\xi)\left\{A + B\int\frac{d\xi}{(1-\xi^2)[P_n(\xi)]^2}\right\}.$$

Um das Integral zu berechnen, zerlegen wir den Integranden in Teilbrüche:

$$(3) \qquad \frac{1}{(1-\xi^2)[P_n(\xi)]^2} = \frac{a_0}{1-\xi} + \frac{b_0}{1+\xi} + \sum_{\nu=1}^{n}\left[\frac{c_\nu}{\xi-\alpha_\nu} + \frac{d_\nu}{(\xi-\alpha_\nu)^2}\right],$$

[1]) G. Bauer, J. reine angew. Math. **56** (1859), S. 104, 106.

wobei die α_ν die Nullstellen von $P_n(\xi)$ bedeuten (Ziffer 13). Wenn wir diese Gleichung mit $(1-\xi^2)[P_n(\xi)]^2$ multiplizieren und hernach $\xi = \pm 1$ setzen, finden wir $a_0 = \frac{1}{2}$, $b_0 = \frac{1}{2}$. Alle c_ν müssen Null sein. Sonst erhielte man Glieder von der Gestalt $P_n(\xi) \sum_{\nu=1}^{n} c_\nu \ln(\xi - \alpha_\nu)$, d. h. die Stellen α_ν wären singulär, während sie gemäß der Differentialgleichung regulär sind.

Das Integral hat also die Gestalt $\frac{1}{2} \ln \frac{1+\xi}{1-\xi} - \sum_{\nu=1}^{n} \frac{d_\nu}{\xi - \alpha_\nu}$, somit wird

$$(4) \qquad u = A P_n(\xi) + B \left[\frac{1}{2} P_n(\xi) \ln \frac{1+\xi}{1-\xi} - P_n(\xi) \sum_{\nu=1}^{n} \frac{d_\nu}{\xi - \alpha_\nu} \right].$$

$P_n(\xi) \sum_{\nu=1}^{n} \frac{d_\nu}{\xi - \alpha_\nu}$ ist ein Polynom $(n-1)$-ten Grades, das wir mit $W_{n-1}(\xi)$ bezeichnen wollen. Dabei ist

$$(5) \qquad d_\nu = \frac{W_{n-1}(\alpha_\nu)}{P'_n(\alpha_\nu)}.$$

Für $n = 0$ gibt es nach (3) die Glieder mit d_ν nicht, das Polynom $W_{n-1}(\xi)$ ist also in diesem Fall nicht vorhanden.

Wir haben bisher $-1 \leqq \xi \leqq +1$ vorausgesetzt. Im folgenden wollen wir diese Beschränkung fallen lassen und ξ als komplexe Veränderliche auffassen. $P_n(\xi)$ ist als Polynom in ξ auch dann wohl definiert. Die allgemeine Lösung der Differentialgleichung (1) können wir, da $P_n(\xi)$ eine besondere Lösung ist, nach (4) in der Gestalt

$$A P_n(\xi) + B \left[\frac{1}{2} P_n(\xi) \ln \frac{\xi+1}{\xi-1} - W_{n-1}(\xi) \right]$$

schreiben. Den Klammerausdruck wollen wir mit

$$(6) \qquad Q_n(\xi) = \frac{1}{2} P_n(\xi) \ln \frac{\xi+1}{\xi-1} - W_{n-1}(\xi)$$

bezeichnen. Für die Logarithmen sollen die Hauptwerte genommen werden, d. h. die Winkel von $\xi + 1$ und $\xi - 1$ sollen zwischen $-\pi$ und $+\pi$ liegen. $Q_n(\xi)$ ist also eindeutig, wenn wir die komplexe Zahlenebene längs der reellen Achse von $+1$ nach $-\infty$ aufschneiden.

Nähert sich ξ unbegrenzt einem Wert $\cos\vartheta$ zwischen -1 und $+1$, so wird demnach $\operatorname{arc}(\xi+1) = 0$ und $\operatorname{arc}(\xi-1) = \pi$, wenn sich ξ auf der oberen Halbebene der reellen Achse nähert, dagegen sind die Winkel Null bzw. $-\pi$, wenn sich ξ auf der unteren Halbebene der reellen Achse nähert. Die betreffenden Grenzwerte sind, wenn $\varepsilon > 0$ ist,

$$(7) \qquad \lim_{\varepsilon \to 0} Q_n(\cos\vartheta \pm \varepsilon i) = \frac{1}{2} P_n(\cos\vartheta) \left[\ln \frac{1+\cos\vartheta}{1-\cos\vartheta} \mp \pi i \right] - W_{n-1}(\cos\vartheta).$$

Für $-1 < \xi < +1$ wollen wir $Q_n(\xi)$ durch die Formel

$$(8) \qquad Q_n(\xi) = \frac{1}{2} P_n(\xi) \ln \frac{1+\xi}{1-\xi} - W_{n-1}(\xi),$$

d. h. durch den reellen Teil von (6) definieren.

Nähert sich ξ unbegrenzt einem Wert < -1, so werden die Winkel von $\xi + 1$ und $\xi - 1$ beide entweder $+\pi$ oder beide $-\pi$, je nachdem man sich auf der oberen oder unteren Halbebene der reellen Achse nähert; man erhält daher in beiden Fällen

$$Q_n(\xi) = \frac{1}{2} P_n(\xi) \ln \left| \frac{\xi+1}{\xi-1} \right| - W_{n-1}(\xi).$$

$Q_n(\xi)$ ist also stetig, wenn wir die Strecke von -1 bis $+1$ ausschließen. Überschreitet man diese Strecke von der oberen zur unteren Halbebene, so erleidet die Funktion den Sprung $i\pi P_n(\cos\vartheta)$. In den Punkten ± 1 hat $Q_n(\xi)$ logarithmische Singularitäten. Im Unendlichen ist es regulär und hat dort eine $(n+1)$-fache Nullstelle. Denn nach (2), (4) und (6) ist

$$(9) \qquad \frac{d}{d\xi}\left[\frac{Q_n(\xi)}{P_n(\xi)}\right] = \frac{1}{(1-\xi^2)[P_n(\xi)]^2},$$

hat infolgedessen im Unendlichen eine $(2n+2)$-fache Nullstelle, während $P_n(\xi)$ dort einen n-fachen Pol hat.

Nach (7) und (8) hat man

$$\lim_{\varepsilon \to 0} Q_n(\cos\vartheta \pm \varepsilon i) = Q_n(\cos\vartheta) \mp \frac{i\pi}{2} P_n(\cos\vartheta),$$

daher

$$(10) \qquad Q_n(\cos\vartheta) = \lim_{\varepsilon \to 0} Q_n(\cos\vartheta \pm \varepsilon i) \pm \frac{i\pi}{2} P_n(\cos\vartheta)$$

$$= \frac{1}{2}[\lim_{\varepsilon \to 0} Q_n(\cos\vartheta + \varepsilon i) + \lim_{\varepsilon \to 0} Q_n(\cos\vartheta - \varepsilon i)].$$

$Q_n(\xi)$ nennt man Legendresche Funktion zweiter Art im Gegensatz zu $P_n(\xi)$, das als Funktion erster Art bezeichnet wird.

24. Reihenentwicklung für die Legendreschen Funktionen zweiter Art. Wir wollen $Q_n(\xi)$ in eine Reihe nach fallenden Potenzen von ξ entwickeln. Sie muß nach der vorigen Ziffer mit der $-(n+1)$-ten Potenz von ξ beginnen und darf gemäß (23, 9) und (11, 3) nur gerade oder ungerade Potenzen von ξ enthalten. Wir setzen also in die Differentialgleichung (23, 1) $u = \sum_{\nu=0}^{\infty} c_\nu \xi^{\alpha - 2\nu}$ ein. Vergleichen wir die Koeffizienten von ξ^α, so ergibt sich $n(n+1) - 2\alpha - \alpha(\alpha-1) = 0$ oder $\alpha = n$ und $\alpha = -(n+1)$. Für $Q_n(\xi)$ kommt nur der zweite Wert in Frage. Der Vergleich der Koeffizienten von $\xi^{\alpha-2\nu} = \xi^{-(n+2\nu+1)}$ liefert

$$(n+2\nu-1)(n+2\nu)c_{\nu-1} - (n+2\nu+1)(n+2\nu+2)c_\nu$$
$$+ 2(n+2\nu+1)c_\nu + n(n+1)c_\nu = 0$$

oder

$$\frac{c_\nu}{c_{\nu-1}} = \frac{(n+2\nu-1)(n+2\nu)}{2\nu(2n+2\nu+1)},$$

somit

$$(1) \qquad Q_n(\xi) = c_0\left[\frac{1}{\xi^{n+1}} + \frac{(n+1)(n+2)}{2(2n+3)\xi^{n+3}} + \frac{(n+1)(n+2)(n+3)(n+4)}{2\cdot4\cdot(2n+3)(2n+5)\xi^{n+5}} + \cdots\right].$$

Der Wert $\alpha = n$ liefert $u = P_n(\xi)$, wenn c_0 passend gewählt wird. Die betreffende Rechnung wurde in Ziffer 11 durchgeführt.

Weil $\lim\limits_{\nu\to+\infty} \frac{c_\nu}{c_{\nu-1}} = 1$ ist, konvergiert die Reihe (1) für $|\xi| > 1$, daher als Potenzreihe in $\frac{1}{\xi}$ gleichmäßig für $|\xi| \geqq 1+\delta$ bei beliebigem, festem, positivem δ.

Um c_0 zu bestimmen, bedenken wir, daß

$$\frac{1}{2}\ln\frac{\xi+1}{\xi-1} = \frac{1}{2}\left[\ln\left(1+\frac{1}{\xi}\right) - \ln\left(1-\frac{1}{\xi}\right)\right] = \frac{1}{\xi} + \frac{1}{3\xi^3} + \frac{1}{5\xi^5} + \cdots$$

und nach (11,3)

$$P_n(\xi) = \frac{1\cdot3\cdots(2n-1)}{n!}\left[\xi^n - \frac{n(n-1)}{2(2n-1)}\xi^{n-2} + \frac{n(n-1)(n-2)(n-3)}{2\cdot4(2n-1)(2n-3)}\xi^{n-4} - \cdots\right]$$

ist. Für den Koeffizienten c_0 von $\frac{1}{\xi^{n+1}}$ erhalten wir daher nach (23, 6) und (21, 4)

$$c_0 = \frac{1\cdot3\cdots(2n-1)}{n!}\left[\frac{1}{2n+1} - \frac{n(n-1)}{2(2n-1)}\frac{1}{2n-1} + \frac{n(n-1)(n-2)(n-3)}{2\cdot4(2n-1)(2n-3)}\frac{1}{2n-3} - \cdots\right]$$

$$= \int_0^1 \xi^n P_n(\xi)\,d\xi = \frac{n!}{1\cdot3\cdots(2n+1)}.$$

Es ergibt sich also schließlich die für $|\xi| \geqq 1+\delta$ gleichmäßig konvergente Reihe

$$(2) \qquad Q_n(\xi) = \frac{n!}{1\cdot3\cdots(2n+1)}\left[\frac{1}{\xi^{n+1}} + \frac{(n+1)(n+2)}{2(2n+3)\xi^{n+3}} + \frac{(n+1)(n+2)(n+3)(n+4)}{2\cdot4(2n+3)(2n+5)\xi^{n+5}} + \cdots\right].$$

Da in (2) keine Potenz von ξ mit positivem Exponenten vorkommt, müssen sich in der Entwicklung von (23, 6) alle Glieder mit ξ^m $(m = 0, 1, 2, \ldots n-1)$ wegheben. Daraus kann man die Koeffizienten des Polynoms $W_{n-1}(\xi)$ bestimmen.

25. Integraldarstellung der Legendreschen Funktionen zweiter Art. Der Formel (21, 4) entnehmen wir

$$\int_0^1 \xi^{n-r}(1-\xi^2)^r d\xi = \frac{2^r r!}{(n-r+1)(n-r+3)\cdots(n+r+1)}$$

oder in anderer Bezeichnung ($n, \nu \geqq 0$, ganz)

$$\int_0^1 (1-t^2)^n t^{2\nu} dt = \frac{2^n n!}{(2\nu+1)(2\nu+3)\cdots(2\nu+2n+1)}.$$

Beachten wir noch $\int_{-1}^{+1}(1-t^2)^n t^{2\nu} dt = 2\int_0^1 (1-t^2)^n t^{2\nu} dt$ und $\int_{-1}^{+1}(1-t^2)^n t^{2\nu+1} dt = 0$, so erhalten wir aus (24, 2) für $|x| > 1$

$$(1) \qquad Q_n(x) = \frac{1}{2^n x^{n+1}}\left[\int_0^1 (1-t^2)^n dt \right.$$

$$\left. + \sum_{\nu=1}^{\infty} \frac{(n+1)(n+2)\cdots(n+2\nu)}{(2\nu)!\, x^{2\nu}} \int_0^1 (1-t^2)^n t^{2\nu} dt\right]$$

$$= \frac{1}{2^{n+1} x^{n+1}} \int_{-1}^{+1} (1-t^2)^n \left[1 + \sum_{\nu=1}^{\infty} \frac{(n+1)(n+2)\cdots(n+\nu)}{\nu!}\left(\frac{t}{x}\right)^{\nu}\right] dt$$

$$= \frac{1}{2^{n+1} x^{n+1}} \int_{-1}^{+1} (1-t^2)^n \left(1-\frac{t}{x}\right)^{-n-1} dt$$

$$= \frac{1}{2^{n+1}} \int_{-1}^{+1} (1-t^2)^n (x-t)^{-n-1} dt.$$

Diese Formel stammt von L. Schläfli[1]).

Wir führen nun die neue Veränderliche u durch die Gleichung $e^u = \frac{1+t}{1-t}\sqrt{\frac{x-1}{x+1}}$ ein und setzen $x > 1$ voraus. Es ist also

$$\mathfrak{Cof}\, u = \frac{x(1+t^2)-2t}{(1-t^2)\sqrt{x^2-1}}, \quad x + \sqrt{x^2-1}\,\mathfrak{Cof}\, u = \frac{2(x-t)}{1-t^2},$$

[1]) L. Schläfli, Über die zwei Heineschen Kugelfunktionen mit beliebigem Parameter und ihre ausnahmslose Darstellung durch bestimmte Integrale, Universitätsfestschrift, Bern 1881.

ferner

$$e^u \frac{du}{dt} = \frac{2}{(1-t)^2}\sqrt{\frac{x-1}{x+1}} = \frac{2}{(1-t)^2}\frac{1-t}{1+t}e^u, \qquad \frac{du}{dt} = \frac{2}{1-t^2},$$

somit

$$(2) \qquad Q_n(x) = \frac{1}{2}\int_{-\infty}^{+\infty}(x+\sqrt{x^2-1}\,\mathfrak{Cos}\,u)^{-n-1}\,du$$

$$= \int_0^\infty (x+\sqrt{x^2-1}\,\mathfrak{Cos}\,u)^{-n-1}\,du,$$

eine Formel, die auf E. Heine[1]) zurückgeht.

26. Zusammenhang zwischen den Legendreschen Funktionen erster und zweiter Art. Für $|x| \leqq 1$, $|y| > 1$ gilt die Entwicklung

$$\frac{1}{y-x} = \frac{1}{y\left(1-\frac{x}{y}\right)} = \frac{1}{y} + \frac{x}{y^2} + \frac{x^2}{y^3} + \cdots.$$

Daraus erhalten wir mit Hilfe von Formel (21, 5)

$$\frac{1}{y-x} = \sum_{n=0}^{\infty} \frac{n!}{1\cdot 3\cdot 5\cdots(2n+1)\,y^{n+1}}\Big[(2n+1)\,P_n(x)$$

$$+(2n-3)\frac{2n+1}{2}P_{n-2}(x) + (2n-7)\frac{(2n+1)(2n-1)}{2\cdot 4}P_{n-4}(x) + \cdots\Big].$$

Für $-1 \leqq x \leqq +1$ ist nach (9,2) immer $|P_\nu(x)| \leqq 1$, während $P_\nu(1) = +1$ ist. Da die Reihe für $x = 1$ und $|y| > 1$ konvergiert, so konvergiert auch jene Reihe, die aus ihr entsteht, wenn man y und $P_\nu(x)$ durch die zugehörigen absoluten Beträge ersetzt, und zwar gleichmäßig für $-1 \leqq x \leqq +1$. Wir können also die Reihe nach $P_n(x)$ ordnen und erhalten

$$(1) \qquad \frac{1}{y-x} = \sum_{n=0}^{\infty} \frac{n!\,(2n+1)\,P_n(x)}{1\cdot 3\cdot 5\cdots(2n+1)}\Big[\frac{1}{y^{n+1}} + \frac{(n+1)(n+2)}{2\,(2n+3)\,y^{n+3}}$$

$$+ \frac{(n+1)(n+2)(n+3)(n+4)}{2\cdot 4\,(2n+3)(2n+5)\,y^{n+5}} + \cdots\Big]$$

$$= \sum_{n=0}^{\infty}(2n+1)\,P_n(x)\,Q_n(y) \qquad \text{gemäß (24, 2)}.$$

Die Entwicklung (1) stammt von Heine[2]). Sie konvergiert gleichmäßig für $-1 \leqq x \leqq +1$ und $|y| \geqq 1+\delta$ mit festem $\delta > 0$. Multiplizieren wir mit $P_n(x)$ und integrieren von -1 bis $+1$, so liefert uns die Orthogonalitätseigenschaft (Ziffer 20) die Formel von F. Neumann[3])

$$(2) \qquad Q_n(y) = \frac{1}{2}\int_{-1}^{+1}\frac{P_n(x)\,dx}{y-x}.$$

[1]) E. Heine, J. reine angew. Math. **42** (1851), S. 73, 75.
[2]) E. Heine, J. reine angew. Math. **42** (1851), S. 72.
[3]) F. Neumann, J. reine angew. Math. **37** (1848), S. 21.

27. Rekursionsformeln für die Legendreschen Funktionen zweiter Art. Dividieren wir die Rekursionsformel (10, 1) durch $2(y-x)$ und integrieren hierauf von -1 bis $+1$, so folgt dieselbe Rekursionsformel für $Q_n(y)$. Denn nach (20, 2) mit $m=0$ und (26, 2) ist für $n>0$

$$\frac{1}{2}\int_{-1}^{+1}\frac{x P_n(x)}{y-x}\,dx = -\frac{1}{2}\int_{-1}^{+1}P_n(x)\,dx + \frac{y}{2}\int_{-1}^{+1}\frac{P_n(x)}{y-x}\,dx = yQ_n(y).$$

Ferner ist nach (26, 2) und (8, 3)

$$Q_n'(y) = -\frac{1}{2}\int_{-1}^{+1}\frac{P_n(x)}{(y-x)^2}\,dx$$

$$= \left[-\frac{P_n(x)}{2(y-x)}\right]_{-1}^{+1} + \frac{1}{2}\int_{-1}^{+1}\frac{P_n'(x)}{y-x}\,dx$$

$$= -\frac{1}{2(y-1)} + \frac{(-1)^n}{2(y+1)} + \frac{1}{2}\int_{-1}^{+1}\frac{P_n'(x)}{y-x}\,dx,$$

somit nach (26, 2), (10, 2) und (8, 3)

$$Q_{n+1}'(y) + Q_{n-1}'(y) - 2yQ_n'(y)$$

$$= 1 + (-1)^{n+1} + \frac{1}{2}\int_{-1}^{+1}\frac{P_{n+1}'(x) + P_{n-1}'(x) - 2y\,P_n'(x)}{y-x}\,dx$$

$$= 1 + (-1)^{n+1} + \frac{1}{2}\int_{-1}^{+1}\frac{P_{n+1}'(x) + P_{n-1}'(x) - 2x\,P_n'(x)}{y-x}\,dx - \int_{-1}^{+1}P_n'(x)\,dx$$

$$= Q_n(y).$$

Die Formel (10, 2) gilt also auch für die Funktionen $Q_n(y)$. Da sich aber die übrigen Rekursionsformeln (4) bis (7) von Ziffer 10 aus den Formeln (1) und (2) der Ziffer 10 herleiten lassen und diese beiden Formeln für die Funktion $Q_n(y)$ erfüllt sind, sehen wir, daß *die Rekursionsformeln von Ziffer 10 für die Legendreschen Funktionen erster und zweiter Art gelten, und zwar nach den Regeln der analytischen Fortsetzung für den gesamten Bereich, in dem die auftretenden Funktionen analytisch sind.*

Aus (10, 1) und (23, 5) ergibt sich damit für $W_{n-1}(\xi)$ die Rekursionsformel

$$(n+1)\,W_n(\xi) - (2n+1)\,\xi\,W_{n-1}(\xi) + nW_{n-2}(\xi) = 0 \quad (n \geqq 2).$$

28. Bestimmung des Polynomrestes der Legendreschen Funktionen zweiter Art. Wie wir in Ziffer 9 gesehen haben, konvergiert die Reihe

$$(1 - 2\alpha\xi + \alpha^2)^{-1/2} = \sum_{n=0}^{\infty} P_n(\xi)\,\alpha^n$$

gleichmäßig für $|\alpha| \leqq q < 1$ und $-1 \leqq \xi \leqq +1$. Wir haben daher unter diesen Bedingungen für $\eta > 1$ nach (26, 2)

$$(1) \qquad \frac{1}{2}\int_{-1}^{+1} \frac{d\xi}{(\eta-\xi)\sqrt{1-2\alpha\xi+\alpha^2}} = \sum_{n=0}^{\infty} Q_n(\eta)\,\alpha^n.$$

Im Integral führen wir die neue Veränderliche $u = \sqrt{\dfrac{1-2\alpha\xi+\alpha^2}{\eta-\xi}}$ ein.

Es sei α positiv und $1 < \eta < \dfrac{1+\alpha^2}{2\alpha}$. Dann ist

$$\xi = \frac{1+\alpha^2-\eta u^2}{2\alpha-u^2},\quad \eta-\xi = \frac{1-2\alpha\eta+\alpha^2}{u^2-2\alpha},\quad \frac{d\xi}{du} = \frac{2u(1-2\alpha\eta+\alpha^2)}{(u^2-2\alpha)^2},$$

somit

$$\frac{1}{2}\int_{-1}^{+1} \frac{d\xi}{(\eta-\xi)\sqrt{1-2\alpha\xi+\alpha^2}} = \frac{1}{\sqrt{1-2\alpha\eta+\alpha^2}} \int_{\frac{1+\alpha}{\sqrt{\eta+1}}}^{\frac{1-\alpha}{\sqrt{\eta-1}}} \frac{du}{\sqrt{u^2-2\alpha}}$$

$$= \frac{1}{\sqrt{1-2\alpha\eta+\alpha^2}}\left[\ln\left(u+\sqrt{u^2-2\alpha}\right)\right]_{\frac{1+\alpha}{\sqrt{\eta+1}}}^{\frac{1-\alpha}{\sqrt{\eta-1}}}$$

$$= \frac{1}{\sqrt{1-2\alpha\eta+\alpha^2}} \ln \frac{\left(1-\alpha+\sqrt{1-2\alpha\eta+\alpha^2}\right)\sqrt{\eta+1}}{\left(1+\alpha+\sqrt{1-2\alpha\eta+\alpha^2}\right)\sqrt{\eta-1}}$$

$$= \frac{1}{\sqrt{1-2\alpha\eta+\alpha^2}} \ln \frac{\eta-\alpha+\sqrt{1-2\alpha\eta+\alpha^2}}{\sqrt{\eta^2-1}}.$$

$Q_n(\eta)$ ist der Koeffizient von α^n in der Entwicklung dieses Ausdruckes nach Potenzen von α. Liegt η zwischen -1 und $+1$, so haben wir gemäß Ziffer 23 $\sqrt{\eta^2-1}$ durch $\sqrt{1-\eta^2}$ zu ersetzen. Denn der gemäß (23, 8) zu bildende reelle Teil des Koeffizienten von α^n ist gleich dem Koeffizienten des reellen Teils der Entwicklung (1), (α ist ja reell vorausgesetzt). Der Bruch im Logarithmus ist auch dann wieder positiv ebenso wie $1-2\alpha\eta+\alpha^2$. Führen wir noch

$\alpha = \dfrac{r'}{r}$, $\eta = \dfrac{z}{r}$, $r^2 = x^2+y^2+z^2$ ein, so ist $Q_n(\eta)$ der Koeffizient von

$\dfrac{r'^n}{r^{n+1}}$ in der Entwicklung von

$$f = \frac{1}{\sqrt{x^2+y^2+(z-r')^2}} \ln \frac{z-r'+\sqrt{x^2+y^2+(z-r')^2}}{\sqrt{x^2+y^2}}$$

nach Potenzen von r', somit gemäß (7, 2)

$$Q_n(\eta) = \frac{r^{n+1}}{n!}\left(\frac{\partial^n f}{\partial r'^n}\right)_{r'=0}$$

$$= \frac{(-1)^n}{n!} r^{n+1} \frac{\partial^n}{\partial z^n}\left(\frac{1}{r} \ln \frac{z+r}{\sqrt{x^2+y^2}}\right)$$

$$= \frac{(-1)^n}{n!} r^{n+1} \frac{\partial^n}{\partial z^n}\left(\frac{1}{r} \cdot \frac{1}{2} \ln \frac{r+z}{r-z}\right)$$

$$= \frac{(-1)^n}{n!} r^{n+1} \left[\frac{1}{2} \ln \frac{r+z}{r-z} \frac{\partial^n \frac{1}{r}}{\partial z^n} + n \frac{1}{r} \frac{\partial^{n-1} \frac{1}{r}}{\partial z^{n-1}}\right.$$

$$\left. + \frac{n(n-1)}{1 \cdot 2} \frac{\partial \frac{1}{r}}{\partial z} \frac{\partial^{n-2} \frac{1}{r}}{\partial z^{n-2}} + \cdots \right]$$

$$= \frac{1}{2} P_n(\eta) \ln \frac{1+\eta}{1-\eta} - [P_0(\eta) P_{n-1}(\eta) + \frac{1}{2} P_1(\eta) P_{n-2}(\eta)$$

$$+ \frac{1}{3} P_2(\eta) P_{n-3}(\eta) + \cdots + \frac{1}{n} P_{n-1}(\eta) P_0(\eta)],$$

also

$$W_{n-1}(\xi) = \sum_{m=1}^{n} \frac{1}{m} P_{m-1}(\xi) P_{n-m}(\xi).$$

Diese Formel gilt natürlich als Gleichung zwischen Polynomen für jeden Wert von ξ. Sie stammt von L. Schläfli[1]). Man erhält z. B. $W_0(\xi) = 1$, $W_1(\xi) = \frac{3}{2}\xi$. Die übrigen kann man dann auch nach der Rekursionsformel von Ziffer 27 berechnen.

29. Zugeordnete Legendresche Funktionen zweiter Art. Ebenso wie die m-te Ableitung von $P_n(\xi)$ genügt auch die m-te Ableitung von $Q_n(\xi)$ der Differentialgleichung (18, 1), weil diese durch m-malige Differentiation aus der Gleichung (7, 1) entstanden ist, der $Q_n(\xi)$ genügt. Da $Q_n^{(m)}(\xi)$ logarithmische Glieder enthält, $P_n^{(m)}(\xi)$ aber ein Polynom ist ($m \leqq n$), sind $P_n^{(m)}(\xi)$ und $Q_n^{(m)}(\xi)$ linear unabhängige Lösungen der Differentialgleichung. $A P_n^{(m)}(\xi) + B Q_n^{(m)}(\xi)$ mit willkürlichen Konstanten A und B ist daher die allgemeine Lösung von (18, 1).

Für beliebiges ξ, das nicht zwischen -1 und $+1$ liegt, wollen wir nun $P_n^m(\xi)$ und $Q_n^m(\xi)$ durch

---

[1]) Siehe Anmerkung in Ziffer 25.

(1) $$\begin{cases} P_n^m(\xi) = (\xi^2 - 1)^{\frac{m}{2}} P_n^{(m)}(\xi), \\ Q_n^m(\xi) = (\xi^2 - 1)^{\frac{m}{2}} Q_n^{(m)}(\xi) \end{cases}$$

definieren, wobei $\sqrt{\xi^2 - 1} > 0$ für $\xi > 1$ sein soll. Genau wie in Ziffer 23 erhält man jetzt mit $\varepsilon > 0$

$$\lim_{\varepsilon \to 0} P_n^m(\cos\vartheta \pm \varepsilon i) = e^{\pm \frac{m\pi i}{2}} \sin^m \vartheta \, P_n^{(m)}(\cos\vartheta),$$

also nach (18, 2)

$$P_n^m(\cos\vartheta) = e^{\mp \frac{m\pi i}{2}} \lim_{\varepsilon \to 0} P_n^m(\cos\vartheta \pm \varepsilon i).$$

Die Funktionen $Q_n^m(\xi)$ nennt man zugeordnete Legendresche Funktionen zweiter Art. Gemäß (1) und der in Ziffer 18 durchgeführten Rechnung ist $A P_n^m(\xi) + B Q_n^m(\xi)$ die allgemeine Lösung der Differentialgleichung (18, 5).

30. Näherungsweise Berechnung bestimmter Integrale. $f(x)$ sei stetig im Intervall $-1 \leqq x \leqq +1$. Wir suchen einen Näherungswert für $\int_{-1}^{+1} f(x)\,dx$ dadurch zu erhalten, daß wir $f(x)$ durch eine Funktion $\Phi(x)$ ersetzen, derart, daß sich $\int_{-1}^{+1} \Phi(x)\,dx$ einfach berechnen läßt und ein Näherungswert von $\int_{-1}^{+1} f(x)\,dx$ ist. Wir wählen wie in (I, 8) zu diesem Zweck n Zahlen $a_1, a_2, \ldots, a_n$ im Intervall $(-1, +1)$ so, daß $-1 < a_1 < a_2 < \cdots < a_n < +1$ ist und setzen

(1) $$F(x) = \prod_{m=1}^{n} (x - a_m).$$

Die Lagrangesche Interpolationsformel

(2) $$\Phi(x) = F(x) \sum_{m=1}^{n} \frac{f(a_m)}{(x - a_m) F'(a_m)}$$

liefert das einzige Polynom $\Phi(x)$, dessen Grad $n-1$ nicht übersteigt und das an den Stellen $a_1, a_2, \ldots, a_n$ gerade die Werte $f(a_1), f(a_2), \ldots, (fa_n)$ annimmt. Schreiben wir

(3) $$A_m = \frac{1}{F'(a_m)} \int_{-1}^{+1} \frac{F(x)\,dx}{x - a_m} \qquad (m = 1, 2, \ldots, n),$$

so ist

(4) $$\int_{-1}^{+1} \Phi(x)\,dx = \sum_{m=1}^{n} A_m f(a_m).$$

Die Zahlen A_m hängen von $f(x)$ nicht ab, sondern nur von den a_m und können daher ein für allemal berechnet werden. Newton[1]) und Cotes[2]) wählten die Stellen a_m so, daß das gegebene Intervall in gleiche Teile geteilt wird, und erhielten in (4) einen Näherungswert für das vorliegende Integral. Gauß[3]) bemerkte, daß man eine bessere Näherung erzielen kann, wenn man für die a_m die Nullstellen der Kugelfunktion $P_n(x)$ wählt.

Der Fehler, den man erhält, wenn man das Integral durch (4) ersetzt, ist

$$D(f) = \int_{-1}^{+1} f(x)\,dx - \sum_{m=1}^{n} A_m f(a_m). \tag{5}$$

Auf $D(f)$ kann man das in (I, 8) behandelte Verfahren anwenden. Ist $f(x)$ ein Polynom, dessen Grad $n-1$ nicht übersteigt, so ist $D(f) = 0$ bei beliebigen a_m. Denn in diesem Fall ist $f(x) = \Phi(x)$, weil die Funktionen $f(x)$ und $\Phi(x)$ an den n verschiedenen Stellen a_m jeweils dieselben Werte $f(a_m)$ annehmen. Wählt man aber mit Gauß für die a_m die Nullstellen von $P_n(x)$, so ist $D(f) = 0$, wenn $f(x)$ ein Polynom ist, dessen Grad $2n-1$ nicht übersteigt. Wir können das in folgender Weise einsehen: $f(x) - \Phi(x)$ verschwindet an den Stellen a_m, ist also durch $F(x)$ teilbar, somit ist $\frac{f(x)-\Phi(x)}{F(x)}$ ein Polynom höchstens $(n-1)$-ten Grades, daher

$$f(x) = \Phi(x) + F(x)\,(b_0 + b_1 x + \cdots + b_{n-1}x^{n-1}).$$

Soll $\int_{-1}^{+1} f(x)\,dx - \int_{-1}^{+1} \Phi(x)\,dx$ für alle Polynome $f(x)$, deren Grad $2n-1$ nicht übersteigt, sonach für beliebige Werte der b_m verschwinden, so muß gelten

$$\int_{-1}^{+1} x^m F(x)\,dx = 0 \quad (m = 0, 1, 2, \ldots, n-1).$$

Dazu ist aber nach Ziffer 21 notwendig und hinreichend, daß $F(x)$ bis auf einen konstanten Faktor mit $P_n(x)$ übereinstimmt. Dieser Faktor ist so zu wählen, daß x^n in $F(x)$ den Koeffizienten 1 erhält, also

$$F(x) = \frac{n!}{1\cdot 3\cdots(2n-1)} P_n(x) \tag{6}$$

nach (11, 3). Die a_m sind daher die Nullstellen von $P_n(x)$.

Sie liegen nach Ziffer 18 spiegelbildlich zum Nullpunkt, also ist

$$a_m = -a_{n-m+1}. \tag{7}$$

---

[1]) I. Newton, Methodus differentialis (1711), abgedruckt Werke 1 (Ausgabe von Horsley 1778), S. 521—553.

[2]) R. Cotes, Harmonia mensurarum, Anhang: De methodo differentiali Newtonia, Cambridge 1722.

[3]) C. F. Gauß, Methodus nova integralium valores per approximationem inveniendi, Gott. Comm. 3 (1814) oder Werke 3, S. 163.

Die drei erwähnten Abhandlungen von Newton, Cotes und Gauß sind übersetzt und herausgegeben von A. Kowalewski in seinem Buch: Newton, Cotes, Gauß, Jacobi, Leipzig 1917.

Ferner ist nach (6) und (11, 4)

$$F(-x) = (-1)^n F(x),$$

daher nach (7)

$$F'(-x) = (-1)^{n-1} F'(x),$$

$$F'(a_{n-m+1}) = (-1)^{n-1} F'(a_m),$$

hiermit wegen (1), (3), (6) und (7)

$$(8) \qquad A_{n-m+1} = \frac{(-1)^{n-1}}{F'(a_m)} \int_{-1}^{+1} \frac{F(x)\,dx}{x + a_m} = \frac{1}{F'(a_m)} \int_{-1}^{+1} \frac{F(x)\,dx}{x - a_m} = A_m,$$

indem wir im Integral $-x$ statt x als Veränderliche einführen. Da die A_m von $f(x)$ nicht abhängen, können wir ihre Summe bestimmen, indem wir in (5) $f(x) = 1$ setzen. Es folgt $\sum_{m=1}^{n} A_m = 2$ wegen $D(1) = 0$.

Aus (26, 2), (23, 6), (23, 5) ergibt sich, wenn wir z. B. ξ auf der oberen Halbebene gegen a_m streben lassen

$$(9) \qquad A_m = \frac{1}{P_n'(a_m)} \int_{-1}^{+1} \frac{P_n(x)\,dx}{x - a_m} = -\frac{1}{P_n'(a_m)} \lim_{\xi \to a_m} \int_{-1}^{+1} \frac{P_n(x)\,dx}{\xi - x}$$

$$= -\frac{2}{P_n'(a_m)} \lim_{\xi \to a_m} Q_n(\xi) = -\frac{2\,Q_n(a_m)}{P_n'(a_m)} = \frac{2\,W_{n-1}(a_m)}{P_n'(a_m)} = 2\,d_m.$$

31. Fehlerabschätzung. Wir setzen $f(x) = x^k$ (k positive ganze Zahl). Ist k ungerade, so erhalten wir $D(x^k) = 0$, weil $\int_{-1}^{+1} x^k\,dx = 0$ und $\sum_{m=1}^{n} A_m a_m^k = 0$ ist wegen $A_{n-m+1} = A_m$ und $a_{n-m+1}^k = -a_m^k$ nach (30, 7) und (30, 8). Um $D(x^k)$ für gerades k zu erhalten, benützen wir die Funktion $Q_n(\xi)$.

Es ist nach (23, 6), (30, 9), (30, 7), (30, 8), (30, 5) für $|\xi| > 1$ wegen $|a_m| < 1$ (vgl. Ziffer 13)

$$\frac{2\,Q_n(\xi)}{P_n(\xi)} = \ln\frac{\xi+1}{\xi-1} - \sum_{m=1}^{n} \frac{A_m}{\xi - a_m}$$

$$= \ln\left(1+\frac{1}{\xi}\right) - \ln\left(1-\frac{1}{\xi}\right) - \frac{1}{2}\sum_{m=1}^{n}\frac{A_m}{\xi - a_m} - \frac{1}{2}\sum_{m=1}^{n}\frac{A_m}{\xi + a_m}$$

$$= \sum_{k=1}^{\infty}\frac{(-1)^{k-1}}{k\xi^k} + \sum_{k=1}^{\infty}\frac{1}{k\,\xi^k} - \frac{1}{2\xi}\sum_{m=1}^{n}\frac{A_m}{1-\dfrac{a_m}{\xi}} - \frac{1}{2\xi}\sum_{m=1}^{n}\frac{A_m}{1+\dfrac{a_m}{\xi}}$$

$$= \sum_{k=0}^{\infty}\frac{2}{(2k+1)\,\xi^{2k+1}} - \frac{1}{2\xi}\sum_{m=1}^{n} A_m \sum_{k=0}^{\infty}\frac{a_m^k}{\xi^k} - \frac{1}{2\xi}\sum_{m=1}^{n} A_m \sum_{k=0}^{\infty}(-1)^k\frac{a_m^k}{\xi^k}$$

$$= \sum_{k=0}^{\infty}\frac{2}{(2k+1)\,\xi^{2k+1}} - \sum_{k=0}^{\infty}\frac{1}{\xi^{2k+1}}\sum_{m=1}^{n} A_m a_m^{2k} = \sum_{k=0}^{\infty}\frac{D(x^{2k})}{\xi^{2k+1}}.$$

Ferner ist nach (26, 2)

$$\frac{2\,Q_n(\xi)}{P_n(\xi)} = \frac{1}{P_n(\xi)} \int_{-1}^{+1} \frac{P_n(x)\,d\,x}{\xi - x}.$$

Wir haben hiermit diese Funktion nach fallenden Potenzen von ξ zu entwickeln und erhalten dann in den Koeffizienten die gesuchten Fehler $D(x^{2k})$. Setzen wir zur Abkürzung

$$P_n(x) = \sum_{m=0}^{n} C_m x^{n-m},$$

also nach (11, 3)

$$C_0 = \frac{1 \cdot 3 \cdots (2\,n - 1)}{n!},$$

so wird gemäß (21, 2) und (21, 4) für entsprechend große $|\,\xi\,|$

$$\frac{2\,Q_n(\xi)}{P_n(\xi)} = \frac{1}{C_0\,\xi^{n+1}}\left(1 + \frac{C_1}{C_0\,\xi} + \cdot\cdot\right)^{-1} \int_{-1}^{+1} P_n(x)\left(1 + \frac{x}{\xi} + \frac{x^2}{\xi^2} + \cdots\right) d\,x$$

$$= \frac{1}{C_0 \xi^{2n+1}} \int_{-1}^{+1} P_n(x)\,x^n\,d\,x + \cdot\cdot$$

$$= \frac{2}{2\,n+1}\left[\frac{n!}{1 \cdot 3 \cdots (2\,n-1)}\right]^2 \frac{1}{\xi^{2n+1}} + \cdots.$$

In Übereinstimmung mit Ziffer 30 beginnt die Entwicklung mit ξ^{-2n-1} d. h. $D(x^k) = 0$ für $k < 2\,n - 1$. Für $D(x^{2n})$ ergibt sich

$$D(x^{2n}) = \frac{2}{2\,n+1}\left[\frac{n!}{1 \cdot 3 \cdots (2\,n-1)}\right]^2.$$

Läßt sich $f(x)$ allgemein durch eine im Intervall $-1 \leqq x \leqq +1$ gleichmäßig konvergente Potenzreihe $f(x) = \sum_{k=0}^{\infty} c_k x^k$ darstellen, so erhalten wir nach den bisherigen Ergebnissen

$$D(f) = \sum_{k=0}^{\infty} c_k \left(\int_{-1}^{+1} x^k\,d\,x - \sum_{m=1}^{n} A_m a_m^k\right) = \sum_{k=n}^{\infty} c_{2k} D(x^{2k}).$$

Gauß hat folgende Zahlenwerte für diesen Zweck berechnet (wir geben sie auf 5 Stellen genau):

$n = 1$: $a_1 = 0$, $A_1 = 2$, $D(x^2) = \frac{2}{3}$,

$n = 2$: $-a_1 = a_2 = 0{,}57735$, $A_1 = A_2 = 1$, $D(x^4) = \frac{8}{45}$,

$n = 3$: $-a_1 = a_3 = 0{,}77460$, $a_2 = 0$, $A_1 = A_3 = \frac{5}{9}$, $A_2 = \frac{8}{9}$, $D(x^6) = \frac{8}{175}$,

$n = 4$: $-a_1 = a_4 = 0{,}86114$, $-a_2 = a_3 = 0{,}33998$,
$A_1 = A_4 = 0{,}34785$, $A_2 = A_3 = 0{,}65215$, $D(x^8) = \frac{128}{11025}$,

$$n = 5: \; -a_1 = a_5 = 0{,}90618, \quad -a_2 = a_4 = 0{,}53847,$$
$$a_3 = 0, \quad A_1 = A_5 = 0{,}23693,$$
$$A_2 = A_4 = 0{,}47863, \quad A_3 = \frac{128}{225}, \quad D(x^{10}) = \frac{128}{43\,659},$$
$$n = 6: \; -a_1 = a_6 = 0{,}93247, \quad -a_2 = a_5 = 0{,}66121,$$
$$-a_3 = a_4 = 0{,}23862, \quad A_1 = A_6 = 0{,}17132,$$
$$A_2 = A_5 = 0{,}36076, \quad A_3 = A_4 = 0{,}46791, \quad D(x^{12}) = \frac{512}{693\,693},$$
$$n = 7: \; -a_1 = a_7 = 0{,}94911, \quad -a_2 = a_6 = 0{,}74153,$$
$$-a_3 = a_5 = 0{,}40585, \quad a_4 = 0,$$
$$A_1 = A_7 = 0{,}12948, \quad A_2 = A_6 = 0{,}27971,$$
$$A_3 = A_5 = 0{,}38183, \quad A_4 = \frac{512}{12\,259}, \quad D(x^{14}) = \frac{512}{2\,760\,615}.$$

e) Kugelflächenfunktionen.

32. Laplacesche Kugelfunktionen. In Ziffer 5 und 6 haben wir gesehen, daß sich die allgemeinste ganze rationale räumliche Kugelfunktion n-ten Grades in der Gestalt $U_n = r^n\, S_n(\vartheta, \varphi)$ darstellen läßt, wobei U_n ein Polynom n-ten Grades in x, y, z ist, das von höchstens $2n + 1$ willkürlichen Konstanten linear homogen abhängt. Wir nennen $S_n(\vartheta, \varphi)$ eine Laplacesche Kugelfunktion n-ten Grades. Sie ist eine Kugelflächenfunktion und genügt der Differentialgleichung

$$(1) \qquad n(n+1)\, S_n + \frac{1}{\sin\vartheta} \frac{\partial}{\partial\vartheta}\left(\sin\vartheta \frac{\partial S_n}{\partial\vartheta}\right) + \frac{1}{\sin^2\vartheta} \frac{\partial^2 S_n}{\partial\varphi^2} = 0.$$

Um eine Lösung dieser Gleichung zu finden, setzen wir $S_n = \Theta\Phi$, wobei Θ nur von ϑ, Φ nur von φ abhängen soll. Man erhält

$$n(n+1)\,\Theta\Phi + \frac{\Phi}{\sin\vartheta} \frac{d}{d\vartheta}\left(\sin\vartheta \frac{d\Theta}{d\vartheta}\right) + \frac{\Theta}{\sin^2\vartheta} \frac{d^2\Phi}{d\varphi^2} = 0$$

oder

$$n(n+1)\sin^2\vartheta + \frac{\sin\vartheta}{\Theta} \frac{d}{d\vartheta}\left(\sin\vartheta \frac{d\Theta}{d\vartheta}\right) = -\frac{1}{\Phi} \frac{d^2\Phi}{d\varphi^2}.$$

Differenziert man nach φ, so folgt

$$\frac{d}{d\varphi}\left(\frac{1}{\Phi} \frac{d^2\Phi}{d\varphi^2}\right) = 0,$$

daher

$$\frac{1}{\Phi} \frac{d^2\Phi}{d\varphi^2} = -m^2,$$

wobei m eine Konstante ist, also

$$\Phi = A_m \cos m\varphi + B_m \sin m\varphi.$$

Für Θ ergibt sich die Differentialgleichung

$$\frac{1}{\sin\vartheta}\frac{d}{d\vartheta}\left(\sin\vartheta\frac{d\Theta}{d\vartheta}\right)+\left[n(n+1)-\frac{m^2}{\sin^2\vartheta}\right]\Theta=0.$$

Sie wird nach Ziffer 18 für ganzzahliges $m \geqq 0$ durch $\Theta = P_n^m(\cos\vartheta)$ befriedigt. Wir erhalten also, weil die Differentialgleichung (1) linear homogen ist, in

$$(2) \qquad S_n(\vartheta,\varphi)=\sum_{m=0}^{n}(A_m\cos m\varphi+B_m\sin m\varphi)\,P_n^m(\cos\vartheta)$$

eine Lösung von (1). Sie enthält die $2n+1$ willkürlichen Konstanten A_0, $A_1, \ldots, A_n, B_1, B_2, \ldots, B_n$ linear homogen. Sie ist die gesuchte allgemeinste Laplacesche Kugelfunktion, weil sie, mit r^n multipliziert, ein homogenes Polynom n-ten Grades in x, y, z ist und die $2n+1$ Glieder, aus denen sie linear homogen zusammengesetzt ist, linear unabhängig sind.

Denn nach der Formel $(\cos\varphi + i\sin\varphi)^m = \cos m\varphi + i\sin m\varphi$ sind $\cos m\varphi$ und $\sin m\varphi$ homogene Polynome m-ten Grades in den Veränderlichen $\cos\varphi$ und $\sin\varphi$; $r^m(A_m\cos m\varphi + B_m\sin m\varphi)\sin^m\vartheta$ ist daher ein homogenes Polynom m-ten Grades in x und y. Der noch übrige Teil von $P_n^m(\cos\vartheta)$, nämlich $P_n^{(m)}(\cos\vartheta)$, ist nach Ziffer 11 ein Polynom $(n-m)$-ten Grades in $\cos\vartheta$, das nur gerade oder nur ungerade Potenzen von $\cos\vartheta$ enthält, $r^{n-m}P_n^{(m)}(\cos\vartheta)$ somit ein homogenes Polynom $(n-m)$-ten Grades in x, y, z. Damit ist der erste Teil der Behauptung bewiesen. Die Richtigkeit des zweiten Teiles erkennt man so: Aus $S_n(\vartheta,\varphi)=0$ folgt, wenn wir mit $\cos k\varphi$ bzw. $\sin k\varphi$ multiplizieren und zwischen $-\pi$ und $+\pi$ integrieren, nach den Formeln (2, 4) der Einleitung $A_k = B_k = 0$ $(k = 0, 1, 2, \ldots, m)$. Damit ist zugleich bewiesen, daß es genau $2n+1$ linear unabhängige ganze rationale räumliche Kugelfunktionen n-ten Grades gibt.

Die linear unabhängigen Bestandteile

$$\cos m\varphi\, P_n^m(\cos\vartheta) \text{ bzw. } \sin m\varphi\, P_n^m(\cos\vartheta),$$

aus denen $S_n(\vartheta,\varphi)$ linear homogen zusammengesetzt ist, nennt man tesserale Kugelfunktionen. Eine solche Kugelfunktion verschwindet auf den $2m$ Meridianen

$$\varphi=\frac{\pi}{2m},\frac{3\pi}{2m},\frac{5\pi}{2m},\ldots,\frac{(4m-1)\pi}{2m} \text{ bzw. } \varphi=0,\frac{\pi}{m},\frac{2\pi}{m},\ldots,\frac{(2m-1)\pi}{m}$$

und auf $n-m$ Parallelkreisen, entsprechend der Tatsache, daß $P_n^m(\cos\vartheta)$ $n-m$ verschiedene, spiegelbildlich zum Äquator $\vartheta=\frac{\pi}{2}$ gelegene Nullstellen hat (vergl. Ziffer 18). In einem von zwei solchen unmittelbar aufeinanderfolgenden Meridianen und Parallelkreisen begrenzten sphärischen Viereck hat $\cos m\varphi\, P_n^m(\cos\vartheta)$ bzw. $\sin m\varphi\, P_n^m(\cos\vartheta)$ keine Nullstellen, behält somit dort sein Vorzeichen und daher stammt der Name. Für $m=0$ erhält man die zonalen Kugelfunktionen. Es entfällt dabei der Faktor $\cos m\varphi$ bzw. $\sin m\varphi$, das erwähnte Viereck wird zu einer Kugelzone. $P_n(\cos\vartheta)$ behält also sein Vorzeichen längs einer ganzen Kugelzone, woraus sich der Name zonal erklärt. Schließlich bezeichnet man die für $m = n$ auftretenden Funktionen, welche bis auf einen Faktor die Gestalt $\cos n\varphi \sin^n \vartheta$ bzw. $\sin n\varphi \sin^n \vartheta$ haben, als sektorielle Kugelfunktionen, weil sich bei ihnen das erwähnte Viereck auf einen Kugelsektor ausdehnt, in dem sie ihr Vorzeichen behalten.

33. Additionstheorem. Der Punkt P habe die rechtwinkeligen Koordinaten x, y, z und die Kugelkoordinaten r, ϑ, φ, der Punkt P' die rechtwinkeligen Koordinaten x', y', z' und die Kugelkoordinaten r', ϑ', φ'. γ sei der Winkel, den die beiden Vektoren $\overrightarrow{OP}$ und $\overrightarrow{OP'}$ (O Nullpunkt des Koordinatensystems) miteinander einschließen. Nach (3, 1) ist

$$(1)\qquad \cos\gamma = \frac{x x' + y y' + z z'}{r r'} = \cos\vartheta \cos\vartheta' + \sin\vartheta \sin\vartheta' \cos(\varphi - \varphi').$$

$P_n(\cos\gamma)$ ist ein Polynom n-ten Grades in $\cos\gamma$, das nur gerade oder nur ungerade Potenzen von $\cos\gamma$ enthält, somit ist $r^n P_n(\cos\gamma)$ ein homogenes Polynom n-ten Grades in x, y, z. Es genügt der Laplaceschen Differentialgleichung, wenn die positive Z-Achse mit dem Vektor $\overrightarrow{OP'}$ zusammenfällt. Da $\Delta = \operatorname{div} \operatorname{grad}$ unabhängig vom Koordinatensystem definiert, also gegenüber Drehungen des Koordinatensystems invariant ist, genügt $r^n P_n(\cos\gamma)$ auch der Laplaceschen Differentialgleichung, ist also räumliche Kugelfunktion, $P_n(\cos\gamma)$ als Funktion von ϑ und φ daher Laplacesche Kugelfunktion. Da die Koordinaten der beiden Punkte P und P' in $P_n(\cos\gamma)$ symmetrisch auftreten, ist $P_n(\cos\gamma)$ auch als Funktion von ϑ' und φ' eine Laplacesche Kugelfunktion. Weil sie von den Richtungen (ϑ, φ) und (ϑ', φ') symmetrisch abhängt, bezeichnet man sie auch als zweiachsige Kugelfunktion, wozu man im Gegensatz die nur von ϑ abhängige zonale Kugelfunktion auch einachsige Kugelfunktion nennt.

Als Polynom n-ten Grades in $\cos\gamma$ ist $P_n(\cos\gamma)$ gemäß (1) auch ein Polynom n-ten Grades in $\cos(\varphi - \varphi')$. Denkt man sich die Potenzen von $\cos(\varphi - \varphi')$ durch die Kosinus der Vielfachen dieses Winkels nach der Formel $\cos\alpha = \frac{e^{i\alpha} + e^{-i\alpha}}{2}$ ausgedrückt und berücksichtigt man, daß $P_n(\cos\gamma)$ φ und φ' außer in der Verbindung $\cos(\varphi - \varphi')$ nicht mehr enthält, so kann man setzen

$$P_n(\cos\gamma) = \sum_{m=0}^{n} u_m(\vartheta, \vartheta') \cos m(\varphi - \varphi').$$

$u_m(\vartheta, \vartheta')$ muß ϑ und ϑ' symmetrisch enthalten und nach (32, 2) sowohl von der Gestalt $c_m'(\vartheta') P_n^m(\cos\vartheta)$ als auch von der Gestalt $c_m(\vartheta) P_n^m(\cos\vartheta')$ sein. Es ist daher $u_m(\vartheta, \vartheta') = a_m P_n^m(\cos\vartheta) P_n^m(\cos\vartheta')$ mit festem a_m, also

$$(2)\qquad P_n(\cos\gamma) = \sum_{m=0}^{n} a_m P_n^m(\cos\vartheta) P_n^m(\cos\vartheta') \cos m(\varphi - \varphi').$$

Wir führen jetzt $\xi = \cos\vartheta$, $\xi' = \cos\vartheta'$ ein. Dann wird

$$\cos\gamma = \xi\xi' + \sqrt{1 - \xi^2}\sqrt{1 - \xi'^2} \cos(\varphi - \varphi').$$

Beide Seiten der Formel (2) sind Polynome in ξ, ξ', $\sqrt{1-\xi^2}$, $\sqrt{1-\xi'^2}$. Um a_m zu bestimmen, dividieren wir Formel (2) durch $\xi^n \xi'^n$ und gehen zur Grenze $\xi, \xi' \to +\infty$ über, wobei wir den Punkt $+1$ auf einem kleinen Halbkreis im negativen Sinn umlaufen. Da $P_n(\cos\gamma)$ ein Polynom n-ten Grades in $\cos\gamma$ ist, fallen bei diesem Grenzübergang sämtliche Glieder mit Ausnahme von $\cos^n\gamma$ weg. Weil $\lim\limits_{\xi,\xi'\to+\infty} \frac{\cos\gamma}{\xi\xi'} = 1 - \cos(\varphi - \varphi')$ ist, wird nach (11, 3)

$$\lim_{\xi,\xi'\to+\infty} \frac{P_n(\cos\gamma)}{(\xi\xi')^n} = \frac{1\cdot 3\cdots(2n-1)}{n!}\left(2\sin^2\frac{\varphi-\varphi'}{2}\right)^n.$$

$P_n^m(\cos\vartheta)$ ist bis auf den Faktor $(1-\xi^2)^{\frac{m}{2}}$ ein Polynom $(n-m)$-ten Grades in ξ, daher bleibt auch hier beim Grenzübergang nur das erste Glied übrig und man erhält nach (18, 2)

$$\lim_{\xi,\xi'\to+\infty} \frac{P_n^m(\cos\vartheta)\,P_n^m(\cos\vartheta')}{(\xi\xi')^n} = (-1)^m\left[\frac{1\cdot 3\cdots(2n-1)}{(n-m)!}\right]^2,$$

somit

$$(3)\qquad \frac{2^n}{n!}\sin^{2n}\frac{\varphi-\varphi'}{2} = 1\cdot 3\cdots(2n-1)\sum_{m=0}^{n}\frac{(-1)^m a_m\cos m(\varphi-\varphi')}{[(n-m)!]^2}.$$

Auf der linken Seite der Gleichung erhalten wir

$$\sin^{2n}\frac{\varphi-\varphi'}{2} = \left(\frac{e^{i\frac{\varphi-\varphi'}{2}} - e^{-i\frac{\varphi-\varphi'}{2}}}{2i}\right)^{2n}$$

$$= \frac{(-1)^n}{2^{2n}}\sum_{k=0}^{2n}\frac{(-1)^k(2n)!}{k!\,(2n-k)!}e^{(n-k)i(\varphi-\varphi')}$$

$$= \frac{1}{2^{2n}}\left[\frac{(2n)!}{(n!)^2} + 2\sum_{k=0}^{n-1}\frac{(-1)^{n+k}(2n)!}{k!\,(2n-k)!}\cos(n-k)(\varphi-\varphi')\right]$$

$$= \frac{1}{2^{2n}}\left[\frac{(2n)!}{(n!)^2} + 2\sum_{m=1}^{n}\frac{(-1)^m(2n)!}{(n-m)!\,(n+m)!}\cos m(\varphi-\varphi')\right].$$

Setzt man diesen Ausdruck in (3) ein, so erhält man

$$\frac{1}{2^n n!}\left[\frac{(2n)!}{(n!)^2} + 2\sum_{m=1}^{n}\frac{(-1)^m(2n)!}{(n-m)!\,(n+m)!}\cos m(\varphi-\varphi')\right]$$

$$= \frac{(2n)!}{2^n n!}\sum_{m=0}^{n}\frac{(-1)^m a_m}{[(n-m)!]^2}\cos m(\varphi-\varphi')$$

oder, weil die Glieder der Summe gemäß (III, 1) und (III, 2) linear unabhängig sind,

$$a_0 = 1,\ a_m = 2\frac{(n-m)!}{(n+m)!},$$

also schließlich nach (20, 6)

$$(4)\qquad P_n(\cos\gamma) = P_n(\cos\vartheta)\, P_n(\cos\vartheta') + 2\sum_{m=1}^{n} \frac{(n-m)!}{(n+m)!} P_n^m(\cos\vartheta)\, P_n^m(\cos\vartheta') \cos m(\varphi-\varphi') = \sum_{m=-n}^{n} (-1)^m P_n^m(\cos\vartheta)\, P_n^{-m}(\cos\vartheta')\, e^{im(\varphi-\varphi')}.$$

Diese Formel stammt von Legendre und wird als Additionstheorem von $P_n(\cos\gamma)$ bezeichnet.

34. Integraleigenschaften der Laplaceschen Kugelfunktionen. Aus (32, 2), (20, 2) und den Formeln (2, 4) der Einleitung erhält man

$$(1)\qquad \int_0^{2\pi} d\varphi \int_0^{\pi} S_m(\vartheta,\varphi)\, S_n(\vartheta,\varphi) \sin\vartheta\, d\vartheta = 0 \qquad \text{für } m \neq n.$$

Die Laplaceschen Kugelfunktionen sind demnach orthogonale Funktionen auf der Einheitskugel. Ferner ergibt sich aus (33, 4), (32, 2), (20, 8) und den Formeln (2, 4) der Einleitung

$$(2)\qquad \int_0^{2\pi} d\varphi' \int_0^{\pi} P_n(\cos\gamma)\, S_n(\vartheta',\varphi') \sin\vartheta'\, d\vartheta' = \frac{4\pi}{2n+1} S_n(\vartheta,\varphi).$$

$f(\vartheta,\varphi)$ sei eine auf der Einheitskugel definierte reelle Funktion. Wir setzen

$$(3)\qquad f(\vartheta,\varphi) = \sum_{k=0}^{\infty} S_k(\vartheta,\varphi)$$

und nehmen an, daß diese Reihe gleichmäßig konvergiert. Wir multiplizieren mit $P_n(\cos\gamma)$ und integrieren über die Oberfläche der Einheitskugel. Dann folgt aus (1) und (2)

$$(4)\qquad S_n(\vartheta,\varphi) = \frac{2n+1}{4\pi} \int_0^{2\pi} d\varphi' \int_0^{\pi} f(\vartheta',\varphi')\, P_n(\cos\gamma) \sin\vartheta'\, d\vartheta',$$

daher für die Koeffizienten von

$$S_n(\vartheta,\varphi) = \sum_{m=0}^{n} (A_{nm}\cos m\varphi + B_{nm}\sin m\varphi)\, P_n^m(\cos\vartheta)$$

mit Hilfe von (33, 4)

$$(5)\qquad \begin{cases} A_{n0} = \dfrac{2n+1}{4\pi} \displaystyle\int_0^{2\pi} d\varphi' \int_0^{\pi} f(\vartheta',\varphi')\, P_n(\cos\vartheta') \sin\vartheta'\, d\vartheta', \\[2ex] A_{nm} = \dfrac{2n+1}{2\pi} \dfrac{(n-m)!}{(n+m)!} \displaystyle\int_0^{2\pi} \cos m\varphi'\, d\varphi' \int_0^{\pi} f(\vartheta'\varphi')\, P_n^m(\cos\vartheta') \sin\vartheta'\, d\vartheta', \\[2ex] B_{nm} = \dfrac{2n+1}{2\pi} \dfrac{(n-m)!}{(n+m)!} \displaystyle\int_0^{2\pi} \sin m\varphi'\, d\varphi' \int_0^{\pi} f(\vartheta',\varphi')\, P_n^m(\cos\vartheta') \sin\vartheta'\, d\vartheta'. \\[2ex] \qquad (n = 0, 1, 2, \ldots;\quad m = 1, 2, \ldots, n). \end{cases}$$

Damit sind die einzelnen Glieder der Entwicklung (3) bestimmt sie ist also eindeutig.

35. Erste Randwertaufgabe für die Kugel. Als Beispiel für die in Ziffer 34 besprochene Entwicklung nach Kugelfunktionen wollen wir die Randwertaufgaben der Potentialtheorie für die Kugel lösen. Die Kugel habe den Durchmesser a, ihr Mittelpunkt falle mit dem Nullpunkt des Koordinatensystems zusammen. Bei der ersten Randwertaufgabe sind die Werte $\overline{V}$ der gesuchten Potentialfunktion V auf der Kugel gegeben, also $\overline{V} = f(\vartheta, \varphi)$. Im Unendlichen soll V mindestens von der Ordnung $\frac{1}{r}$ verschwinden, d. h. Vr beschränkt sein. Wir setzen voraus, daß sich $f(\vartheta, \varphi)$ in eine gleichmäßig konvergente Reihe nach Laplaceschen Kugelfunktionen entwickeln läßt, d. h.

$$f(\vartheta, \varphi) = \sum_{n=0}^{\infty} S_n(\vartheta, \varphi).$$

Dann ist für die Werte V_i der gesuchten Potentialfunktion im Innern der Kugel ($r < a$)

$$V_i = \sum_{n=0}^{\infty} \left(\frac{r}{a}\right)^n S_n(\vartheta, \varphi),$$

für die Werte V_a im Äußern der Kugel ($r > a$)

$$V_a = \sum_{n=0}^{\infty} \left(\frac{a}{r}\right)^{n+1} S_n(\vartheta, \varphi).$$

Denn nach Ziffer 6 sind $r^n S_n(\vartheta, \varphi)$ und $r^{-n-1} S_n(\vartheta, \varphi)$ räumliche Kugelfunktionen, genügen somit der Laplaceschen Differentialgleichung und für $r = a$ ist $V_i = V_a = \overline{V}$.

Daher konvergiert nach dem Satz von Harnack der Potentialtheorie[1]) die erste dieser beiden Reihen gleichmäßig innerhalb und auf der Kugel, somit die zweite außerhalb und auf der Kugel. Schließlich verschwindet V im Unendlichen mindestens von der Ordnung $\frac{1}{r}$, wie verlangt wurde. Da unter diesen Bedingungen die erste Randwertaufgabe eindeutig lösbar ist, kann keine andere Lösung vorhanden sein.

Für die Belegungsdichte σ der Kugeloberfläche, welche dieses Potential hervorruft, ergibt sich nach einem Satz der Potentialtheorie

$$-4\pi\sigma = \left(\frac{\partial V_a}{\partial r} - \frac{\partial V_i}{\partial r}\right)_{r=a} = -\sum_{n=0}^{\infty}\left[\frac{n+1}{r}\left(\frac{a}{r}\right)^{n+1} + \frac{n}{r}\left(\frac{r}{a}\right)^n\right]_{r=a} S_n(\vartheta, \varphi),$$

daher

$$\sigma = \frac{1}{4\pi a}\sum_{n=0}^{\infty}(2n+1)\, S_n(\vartheta, \varphi), \tag{1}$$

1) Bezüglich der hier und später benützten Sätze aus der Potentialtheorie siehe z. B. O. Kellogg, Foundations of Potential Theory, Berlin 1929, J. Springer oder W. Sternberg, Potentialtheorie, Sammlung Göschen Bd. 901, 944, Berlin und Leipzig 1925 und 1926, W. de Gruyter & Co.

falls diese Reihe gleichmäßig konvergiert. Denn nach dem Satz von Harnack kann man die Reihen für V_i und V_a gliedweise differenzieren und erhält eine innerhalb und auf einer Kugel mit gleichem Mittelpunkt und kleinerem Halbmesser bzw. eine außerhalb und auf einer Kugel mit gleichem Mittelpunkt und größerem Halbmesser gleichmäßig konvergente Reihe für die Ableitungen. Da aber diese Reihen wegen der gleichmäßigen Konvergenz von (1) nach dem Abelschen Reihenkriterium auch für $r = a$ gleichmäßig konvergieren, so ist der gliedweise Grenzübergang $r \to a$ nach dem Abelschen Grenzwertsatz gerechtfertigt (L. S. 233 und 219). Die gesamte Belegung ist daher

$$M = a^2 \int_0^{2\pi} d\varphi \int_0^{\pi} \sigma \sin\vartheta\, d\vartheta = \frac{a}{4\pi} \sum_{n=0}^{\infty} (2n+1) \int_0^{2\pi} d\varphi \int_0^{\pi} S_n(\vartheta, \varphi) \sin\vartheta\, d\vartheta = a S_0,$$

weil 1 als Konstante eine Laplacesche Kugelfunktion nullten Grades und daher nach Ziffer 34 $\int_0^{2\pi} d\varphi \int_0^{\pi} S_n(\vartheta, \varphi) \sin\vartheta\, d\vartheta = 0$ $(n = 1, 2, 3 \ldots)$ ist.

Wenn umgekehrt die Dichte durch eine gleichmäßig konvergente Entwicklung nach Laplaceschen Kugelfunktionen gegeben ist,

$$\sigma = \sum_{n=0}^{\infty} T_n(\vartheta, \varphi),$$

so muß nach (1) wegen der Eindeutigkeit der Entwicklung

$$S_n(\vartheta, \varphi) = \frac{4\pi a}{2n+1} T_n(\vartheta, \varphi)$$

sein, und daraus ergibt sich das durch σ erzeugte Potential V. Aus der gleichmäßigen Konvergenz der Reihe für σ folgt nach dem Abelschen Reihenkriterium die gleichmäßige Konvergenz der Reihe $\sum_{n=0}^{\infty} S_n(\vartheta, \varphi)$, damit die der Reihen für V_i und V_a, dann die der differenzierten Reihen und die Möglichkeit des gliedweisen Grenzüberganges wie früher.

36. Zweite Randwertaufgabe für die Kugel. Hier verlangt man, daß die Werte von $\frac{\partial V}{\partial r}$ auf der Kugelfläche gegeben sind, also $\left(\frac{\partial V}{\partial r}\right)_{r=a} = g(\vartheta, \varphi)$.

Wir nehmen wieder an, daß sich $g(\vartheta, \varphi)$ in eine gleichmäßig konvergente Reihe nach Laplaceschen Kugelfunktionen entwickeln läßt, also

$$g(\vartheta, \varphi) = \sum_{n=0}^{\infty} T_n(\vartheta, \varphi).$$

Für das Innere setzen wir wie in der vorigen Ziffer

$$V_i = \sum_{n=0}^{\infty} \left(\frac{r}{a}\right)^n S_n(\vartheta, \varphi),$$

daher

$$\frac{\partial V_i}{\partial r} = \sum_{n=0}^{\infty} \frac{n\, r^{n-1}}{a^n} S_n(\vartheta, \varphi),$$

also

$$\left(\frac{\partial V_i}{\partial r}\right)_{r=a} = \sum_{n=0}^{\infty} \frac{n}{a} S_n(\vartheta, \varphi) = \sum_{n=0}^{\infty} T_n(\vartheta, \varphi),$$

$$(1) \qquad S_n(\vartheta, \varphi) = \frac{a}{n} T_n(\vartheta, \varphi).$$

Wegen des Nenners müssen wir den Wert $n = 0$ ausschließen, d. h. die Aufgabe ist nur lösbar, wenn $T_0 = 0$ oder, was dasselbe ist (vgl. Ziffer 34), $\int_0^{2\pi} d\varphi \int_0^{\pi} g(\vartheta, \varphi) \sin\vartheta\, d\vartheta = 0$ ist.

Das ist ein bekanntes Ergebnis der Potentialtheorie. Wie man weiß, ist die Lösung bis auf eine additive Konstante eindeutig, in Übereinstimmung mit der Formel (1), in der S_0 willkürlich bleibt. Alle durchgeführten Rechnungen werden aus der gleichmäßigen Konvergenz der Reihe für $g(\vartheta, \varphi)$ genau wie in der vorigen Ziffer gerechtfertigt.

Für das Äußere setzen wir wie in der vorigen Ziffer

$$V_a = \sum_{n=0}^{\infty} \left(\frac{a}{r}\right)^{n+1} S_n(\vartheta, \varphi),$$

daher

$$\frac{\partial V_a}{\partial r} = -\sum_{n=0}^{\infty} (n+1) \frac{a^{n+1}}{r^{n+2}} S_n(\vartheta, \varphi),$$

also

$$\left(\frac{\partial V_a}{\partial r}\right)_{r=a} = -\sum_{n=0}^{\infty} \frac{n+1}{a} S_n(\vartheta, \varphi) = \sum_{n=0}^{\infty} T_n(\vartheta, \varphi),$$

$$S_n(\vartheta, \varphi) = -\frac{a}{n+1} T_n(\vartheta, \varphi).$$

Die Lösung erfüllt alle Bedingungen. Wegen der Eindeutigkeit der Aufgabe kann es daher keine andere geben. Rechtfertigung der durchgeführten Rechnungen wie früher.

37. Dritte Randwertaufgabe für die Kugel. Auf der Kugelfläche, d. h. für $r = a$, seien die Werte von $hV + k\frac{\partial V}{\partial r}$ durch eine gleichmäßig konvergente Entwicklung nach Laplaceschen Kugelfunktionen $\sum_{n=0}^{\infty} T_n(\vartheta, \varphi)$ gegeben. Für das Innere setzen wir

$$V_i = \sum_{r=0}^{\infty} \left(\frac{r}{a}\right)^n S_n(\vartheta, \varphi),$$

daher muß wegen der Randbedingung

$$\left(h + \frac{nk}{a}\right) S_n(\vartheta, \varphi) = T_n(\vartheta, \varphi)$$

oder

$$S_n(\vartheta, \varphi) = \frac{a\,T_n(\vartheta, \varphi)}{ah + nk}$$

sein. Der Nenner verschwindet nicht, wenn h und k dasselbe Zeichen haben. Wie man aus der Potentialtheorie weiß, ist gerade unter dieser Bedingung die dritte Randwertaufgabe für den Innenraum eindeutig lösbar, daher ist die gefundene Lösung die einzig mögliche.

Für das Äußere setzen wir

$$V_a = \sum_{n=0}^{\infty} \left(\frac{a}{r}\right)^{n+1} S_n(\vartheta, \varphi),$$

daher muß wegen der Randbedingung

$$\left[h - \frac{(n+1)\,k}{a}\right] S_n(\vartheta, \varphi) = T_n(\vartheta, \varphi)$$

oder

$$S_n(\vartheta, \varphi) = \frac{a\,T_n(\vartheta, \varphi)}{ah - (n+1)\,k}$$

sein. Der Nenner verschwindet nicht, wenn h und k verschiedenes Zeichen haben. Unter dieser Bedingung ist, wie aus der Potentialtheorie bekannt ist, die dritte Randwertaufgabe für den Außenraum eindeutig lösbar, daher ist abermals die gefundene Lösung die einzig mögliche. Der Nachweis der Konvergenz und der Berechtigung der durchgeführten Rechnungen erfolgt wie früher.

VI. Abschnitt

Lamésche Funktionen

1. Elliptische Koordinaten. Die Kugelfunktionen, die wir im vorigen Abschnitt einführten, erwiesen sich als taugliches Werkzeug, die Randwertaufgaben der Potentialtheorie für kugelförmige Begrenzungsflächen zu lösen. Ziel dieses Abschnittes ist es, Funktionen aufzustellen, die sich besonders dafür eignen, solche Aufgaben zu behandeln, bei denen die Begrenzung aus Ellipsoiden besteht. Wir denken uns das Koordinatensystem so gelegt, daß die X-Achse mit der längsten, die Z-Achse mit der kürzesten Achse des Ellipsoids zusammenfällt. Bedeuten X, Y, Z die laufenden Koordinaten, a, b, c die Halbachsen des Ellipsoids ($a > b > c$), so lautet die Gleichung des Ellipsoids

(1) $$\frac{X^2}{a^2} + \frac{Y^2}{b^2} + \frac{Z^2}{c^2} = 1.$$

Während wir im Fall der Kugel Polarkoordinaten eingeführt haben, d. h. jenes dreifach orthogonale Flächensystem betrachtet haben, das aus den Kugeln mit gleichem Mittelpunkt und den senkrecht schneidenden Drehkegeln und Ebenen besteht, werden wir hier das dreifach orthogonale Flächensystem zugrunde legen, das die zum Ellipsoid (1) konfokalen Mittelpunktsflächen zweiter Ordnung bilden. Darunter versteht man alle Flächen, welche durch die Gleichung

$$\frac{X^2}{a^2+\varrho}+\frac{Y^2}{b^2+\varrho}+\frac{Z^2}{c^2+\varrho}=1 \tag{2}$$

gegeben sind. ϱ bedeutet einen Parameter, der sämtliche reellen Zahlen durchläuft.

Durch jeden Punkt $P(x, y, z)$ des Raumes gehen drei solche Flächen. Setzen wir nämlich, um die Schreibweise abzukürzen

$$1-\frac{x^2}{a^2+\varrho}-\frac{y^2}{b^2+\varrho}-\frac{z^2}{c^2+\varrho}=\frac{f(\varrho)}{(a^2+\varrho)(b^2+\varrho)(c^2+\varrho)}, \tag{3}$$

so ist $f(\varrho)$ ein Polynom dritten Grades in ϱ. Man erhält aber gerade eine Fläche des Systems (2), die durch den Punkt (x, y, z) geht, wenn $f(\varrho)=0$ ist, d. h. für jene Werte des Parameters ϱ, die Lösungen dieser Gleichung dritten Grades sind.

Um die Art dieser Flächen kennenzulernen, untersuchen wir $f(\varrho)$ genauer. Aus (3) folgt

$$\begin{aligned}
\lim_{\varrho\to-\infty} f(\varrho) &= -\infty,\\
f(-a^2) &= -x^2(a^2-b^2)(a^2-c^2),\\
f(-b^2) &= y^2(a^2-b^2)(b^2-c^2),\\
f(-c^2) &= -z^2(a^2-c^2)(b^2-c^2),\\
\lim_{\varrho\to+\infty} f(\varrho) &= +\infty.
\end{aligned}$$

Daraus schließen wir: Die Gleichung $f(\varrho)=0$ hat drei reelle Lösungen λ, μ, ν, für die $\lambda \geqq -c^2 \geqq \mu \geqq -b^2 \geqq \nu \geqq -a^2$ gilt. Die Gleichheitszeichen treten nur auf, wenn der Punkt (x, y, z) auf einer der Koordinatenebenen liegt. Schließen wir diesen Fall aus, so liefert λ ein Ellipsoid, μ ein einschaliges und ν ein zweischaliges Hyperboloid. Jedem Punkt (x, y, z) entspricht ein Wertsystem (λ, μ, ν).

(3) läßt sich jetzt in folgender Form schreiben (ϱ^3 hat ja den Koeffizienten 1):

$$1-\frac{x^2}{a^2+\varrho}-\frac{y^2}{b^2+\varrho}-\frac{z^2}{c^2+\varrho}=\frac{(\varrho-\lambda)(\varrho-\mu)(\varrho-\nu)}{(a^2+\varrho)(b^2+\varrho)(c^2+\varrho)}. \tag{4}$$

Wenn wir diese Gleichung der Reihe nach mit $a^2+\varrho$, $b^2+\varrho$, $c^2+\varrho$ multiplizieren und jedesmal nachher ϱ durch $-a^2$, $-b^2$, $-c^2$ ersetzen, erhalten wir

$$x^2=\frac{(a^2+\lambda)(a^2+\mu)(a^2+\nu)}{(a^2-b^2)(a^2-c^2)}, \tag{5}$$

$$y^2 = -\frac{(b^2+\lambda)(b^2+\mu)(b^2+\nu)}{(a^2-b^2)(b^2-c^2)},$$

$$z^2 = \frac{(c^2+\lambda)(c^2+\mu)(c^2+\nu)}{(a^2-c^2)(b^2-c^2)}.$$

Jedem Wertesystem λ, μ, ν entspricht daher ein Wertesystem x^2, y^2, z^2, im allgemeinen also 8 Punkte, entsprechend den 8 Oktanten, in die der Raum durch das rechtwinkelige Koordinatensystem zerlegt wird. Man nennt λ, μ, ν die elliptischen Koordinaten des Punktes (x, y, z) in bezug auf das Ellipsoid (1).

2. Konfokale Mittelpunktsflächen zweiter Ordnung. Daß sich die Flächen $\lambda = \text{const.}$, $\mu = \text{const.}$, $\nu = \text{const.}$ (wir wollen sie kurz die Flächen λ, μ, ν nennen) rechtwinkelig schneiden, ist leicht zu sehen. Die Richtungskosinus der drei Flächennormalen sind ja nach (1, 2) proportional $\frac{x}{a^2+\varrho}$, $\frac{y}{b^2+\varrho}$, $\frac{z}{c^2+\varrho}$ mit $\varrho = \lambda, \mu, \nu$, und nach (1, 5) ist

$$\frac{x^2}{(a^2+\lambda)(a^2+\mu)} + \frac{y^2}{(b^2+\lambda)(b^2+\mu)} + \frac{z^2}{(c^2+\lambda)(c^2+\mu)} \tag{1}$$

$$= \frac{a^2+\nu}{(a^2-b^2)(a^2-c^2)} - \frac{b^2+\nu}{(a^2-b^2)(b^2-c^2)} + \frac{c^2+\nu}{(a^2-c^2)(b^2-c^2)}$$

$$= \frac{(b^2-c^2)(a^2+\nu)-(a^2-c^2)(b^2+\nu)+(a^2-b^2)(c^2+\nu)}{(a^2-b^2)(a^2-c^2)(b^2-c^2)} = 0,$$

d. h. aber die Flächen λ und μ schneiden sich rechtwinkelig. Ebenso folgt, daß auch die Fläche ν die beiden anderen Flächen senkrecht durchsetzt.

Wenn man (1, 5) logarithmisch differenziert, erhält man

$$\frac{2\,dx}{x} = \frac{d\lambda}{a^2+\lambda} + \frac{d\mu}{a^2+\mu} + \frac{d\nu}{a^2+\nu},$$

$$\frac{2\,dy}{y} = \frac{d\lambda}{b^2+\lambda} + \frac{d\mu}{b^2+\mu} + \frac{d\nu}{b^2+\nu},$$

$$\frac{2\,dz}{z} = \frac{d\lambda}{c^2+\lambda} + \frac{d\mu}{c^2+\mu} + \frac{d\nu}{c^2+\nu},$$

daher für das Quadrat des Bogenelementes nach (1) und (1, 4)

$$ds^2 = dx^2+dy^2+dz^2 = \left(\frac{d\lambda}{H_1}\right)^2 + \left(\frac{d\mu}{H_2}\right)^2 + \left(\frac{d\nu}{H_3}\right)^2, \tag{2}$$

$$\frac{1}{H_1^2} = \frac{1}{4}\left[\frac{x^2}{(a^2+\lambda)^2} + \frac{y^2}{(b^2+\lambda)^2} + \frac{z^2}{(c^2+\lambda)^2}\right]$$

$$= \frac{1}{4}\left[\frac{d}{d\varrho}\,\frac{(\varrho-\lambda)(\varrho-\mu)(\varrho-\nu)}{(a^2+\varrho)(b^2+\varrho)(c^2+\varrho)}\right]_{\varrho=\lambda} = \frac{(\lambda-\mu)(\lambda-\nu)}{4(a^2+\lambda)(b^2+\lambda)(c^2+\lambda)},$$

und ähnlich

$$\frac{1}{H_2^2} = \frac{(\mu - \nu)(\mu - \lambda)}{4(a^2+\mu)(b^2+\mu)(c^2+\mu)},$$

$$\frac{1}{H_3^2} = \frac{(\nu - \lambda)(\nu - \mu)}{4(a^2+\nu)(b^2+\nu)(c^2+\nu)}.$$

Darum läßt sich nach (V, 2) leicht die Laplacesche Differentialgleichung in elliptischen Koordinaten angeben. Zur Abkürzung setzen wir

$$(3) \qquad \Delta_\varrho = \sqrt{(a^2+\varrho)(b^2+\varrho)(c^2+\varrho)}.$$

Dann ist

$$\frac{H_1}{H_2 H_3} = \frac{i\,\Delta_\lambda}{2\,\Delta_\mu \Delta_\nu}(\mu - \nu),$$

$$\frac{H_2}{H_3 H_1} = \frac{i\,\Delta_\mu}{2\,\Delta_\nu \Delta_\lambda}(\nu - \lambda),$$

$$\frac{H_3}{H_1 H_2} = \frac{i\,\Delta_\nu}{2\,\Delta_\lambda \Delta_\mu}(\lambda - \mu).$$

Daher lautet die Laplacesche Differentialgleichung nach (V, 2, 4)

$$(4) \qquad (\mu-\nu)\,\Delta_\lambda \frac{\partial}{\partial\lambda}\left(\Delta_\lambda \frac{\partial V}{\partial \lambda}\right) + (\nu-\lambda)\,\Delta_\mu \frac{\partial}{\partial\mu}\left(\Delta_\mu \frac{\partial V}{\partial \mu}\right)$$

$$+ (\lambda-\mu)\,\Delta_\nu \frac{\partial}{\partial\nu}\left(\Delta_\nu \frac{\partial V}{\partial \nu}\right) = 0.$$

3. Lamésche Funktionen. Wir versuchen jetzt die Gleichung (2, 4) durch den Ansatz $V = L(\lambda)\,M(\mu)\,N(\nu)$ zu befriedigen. Wir erhalten, wenn wir

$$\mathsf{\Lambda}(\lambda) = \frac{\Delta_\lambda}{L}\frac{d}{d\lambda}\left(\Delta_\lambda \frac{dL}{d\lambda}\right),$$

$$\mathsf{M}(\mu) = \frac{\Delta_\mu}{M}\frac{d}{d\mu}\left(\Delta_\mu \frac{dM}{d\mu}\right),$$

$$\mathsf{N}(\nu) = \frac{\Delta_\nu}{N}\frac{d}{d\nu}\left(\Delta_\nu \frac{dN}{d\nu}\right)$$

setzen,

$$(\mu-\nu)\,\mathsf{\Lambda} + (\nu-\lambda)\,\mathsf{M} + (\lambda-\mu)\,\mathsf{N} = 0.$$

Ferner ist

$$(\mu-\nu)\,\lambda + (\nu-\lambda)\,\mu + (\lambda-\mu)\,\nu = 0,$$

$$(\mu-\nu) + (\nu-\lambda) + (\lambda-\mu) = 0,$$

also, weil $\lambda \neq \nu$ ist,

$$\begin{vmatrix} \mathsf{\Lambda} & \mathsf{M} & \mathsf{N} \\ \lambda & \mu & \nu \\ 1 & 1 & 1 \end{vmatrix} = 0,$$

somit $\mathsf{\Lambda} = q\,\lambda + p$, $\mathsf{M} = q\,\mu + p$, $\mathsf{N} = q\,\nu + p$, wo p und q Konstante sind. L genügt daher der Gleichung

$$(1) \qquad \Delta_\lambda \frac{d}{d\lambda}\left(\Delta_\lambda \frac{dL}{d\lambda}\right) = (q\,\lambda + p)\,L,$$

M und N derselben Gleichung, nur treten μ und ν an Stelle von λ.

Wir untersuchen Lösungen der Gleichung (1), bei denen $L(\lambda)$ ein Polynom in λ mit einfachen Nullstellen ist, gegebenenfalls noch mit einer oder mehreren der Quadratwurzeln $\sqrt{a^2+\lambda}$, $\sqrt{b^2+\lambda}$, $\sqrt{c^2+\lambda}$ multipliziert. Jede Quadratwurzel für sich soll aber nur einmal auftreten, d. h. höhere Potenzen einer solchen Wurzel als die erste sollen nicht vorkommen. Solche Funktionen nennen wir Laméscche Funktionen, weil sie von Lamé[1]) zum erstenmal verwendet wurden, als er die stationäre Temperaturverteilung in einem von einem Ellipsoid begrenzten Leiter untersuchte, wobei die Temperatur auf der Oberfläche des Leiters vorgeschrieben war.

Betrachten wir zuerst den Fall, daß $L(\lambda)$ ein Polynom $Q(\lambda)$ ist, also $L(\lambda) = \prod_{\sigma=1}^{g}(\lambda - \varrho_\sigma)$. Da die Gleichung (1) homogen ist, bleibt bei L ein konstanter Faktor willkürlich, wir können also unser Polynom dadurch normieren, daß wir den Koeffizienten der höchsten Potenz von λ gleich 1 setzen. Für $M(\mu)$ und $N(\nu)$ wählen wir dieselben Funktionen, nur μ bzw. ν an Stelle von λ. Dann ist nach (1, 4)

$$\begin{aligned} L(\lambda)\,M(\mu)\,N(\nu) &= \prod_{\sigma=1}^{g}(\lambda - \varrho_\sigma)\,(\mu - \varrho_\sigma)\,(\nu - \varrho_\sigma) \\ &= C \prod_{\sigma=1}^{g}\left(\frac{x^2}{a^2+\varrho_\sigma} + \frac{y^2}{b^2+\varrho_\sigma} + \frac{z^2}{c^2+\varrho_\sigma} - 1\right), \end{aligned}$$

wo x, y, z in der Konstanten C nicht auftreten. Enthält L noch $\sqrt{a^2+\lambda}$ als Faktor, so tritt $\sqrt{(a^2+\lambda)\,(a^2+\mu)\,(a^2+\nu)}$ bei LMN als Faktor hinzu, d. h. nach (1, 5) x bis auf einen konstanten Faktor. Ähnliches gilt für $\sqrt{b^2+\lambda}$ und $\sqrt{c^2+\lambda}$, wo dann y und z in LMN hinzutreten, so daß wir allgemein sagen können: LMN ist als Funktion von x, y, z bis auf einen konstanten Faktor ein Produkt von Faktoren der Gestalt

$$x,\, y,\, z,\, \frac{x^2}{a^2+\varrho_\sigma} + \frac{y^2}{b^2+\varrho_\sigma} + \frac{z^2}{c^2+\varrho_\sigma} - 1,$$

wobei sämtliche Faktoren nur in der nullten und ersten Potenz auftreten dürfen. LMN, als Polynom in x, y, z betrachtet, nennen wir ein Lamésches Polynom. Seinen Grad nennt man auch den Grad der Laméschen Funktionen L, M, N. Je nachdem ob keiner, einer, zwei oder drei der Faktoren x, y, z, also in L keine, eine,

[1]) G. Lamé, Journ. de Math. **2** (1837), S. 147; **4** (1839), S. 126; **8** (1843); Leçons sur les fonctions inverses des transcendentes et les surfaces isothermes, Paris, 1857; Leçons sur les coordonées curvilignes, Paris 1859.

zwei oder drei der Wurzeln $\sqrt{a^2+\lambda}$, $\sqrt{b^2+\lambda}$, $\sqrt{c^2+\lambda}$ vorkommen, spricht man von Funktionen erster, zweiter, dritter oder vierter Art.

Wir haben nun zu untersuchen, ob sich tatsächlich derartige Funktionen bilden lassen, die der Gleichung (1) genügen. Zu diesem Zweck schreiben wir Gleichung (1) in der Form

$$\Delta_\lambda^2 L'' + \Delta_\lambda \Delta_\lambda' L' = (q\lambda + p) L$$

oder

$$(2) \qquad P L'' + \frac{1}{2} P' L' = (q\lambda + p) L.$$

Dabei ist nach (2, 3)

$$P = \lambda^3 + (a^2 + b^2 + c^2)\lambda^2 + (b^2c^2 + c^2a^2 + a^2b^2)\lambda + a^2b^2c^2.$$

4. Lamésche Funktionen erster Art. Wir setzen $Q = \sum_{\sigma=0}^{g} a_\sigma \lambda^{g-\sigma}$, also

$$Q' = \sum_{\sigma=0}^{g-1} (g-\sigma)\, a_\sigma \lambda^{g-\sigma-1}, \quad Q'' = \sum_{\sigma=0}^{g-2} (g-\sigma)(g-\sigma-1)\, a_\sigma \lambda^{g-\sigma-2}$$

und

$$(1) \qquad (q\lambda + p) Q = q a_0 \lambda^{g+1} + \sum_{\sigma=0}^{g-1} (q a_{\sigma+1} + p a_\sigma)\lambda^{g-\sigma} + p a_g.$$

Die linke Seite von (3, 2) wird also für $L = Q$ ein Polynom $(g+1)$-ten Grades in λ, dessen Koeffizienten A_σ homogene lineare Funktionen der a_σ sind. Sie müssen gleich sein den Koeffizienten der entsprechenden Potenzen von λ der rechten Seite, die durch (1) gegeben ist. Gleichsetzen der Koeffizienten von λ^{g+1} auf beiden Seiten liefert $q = g\left(g + \frac{1}{2}\right)$. Bei den Koeffizienten der übrigen $g+1$ Potenzen von λ erhält man $g+1$ homogene lineare Gleichungen für die $g+1$ Unbekannten a_σ, nämlich

$$(2) \qquad \begin{aligned} &A_\sigma - g\left(g + \frac{1}{2}\right) a_{\sigma+1} - p a_\sigma = 0 \quad (\sigma = 0, 1, \cdots, g-1), \\ &A_g - p a_g = 0. \end{aligned}$$

Es muß also die Determinante der Koeffizienten dieser Gleichungen verschwinden. Damit erhält man eine Gleichung $(g+1)$-ten Grades für p, der Koeffizient von p^{g+1} ist $(-1)^{g+1}$. Wir werden später zeigen, daß alle ihre Lösungen reell und verschieden sind.

Wird für p eine Lösung dieser Gleichung gewählt, so kann man jetzt die Koeffizienten a_σ so bestimmen, daß sie nicht gleichzeitig verschwinden und bis auf einen gemeinsamen Faktor eindeutig sind. Betrachten wir nämlich die Koeffizienten A_σ genauer. A_σ enthält, wie sich aus (1) ergibt, $a_{\sigma+1}$ mit dem Koeffizienten $(g-\sigma-1)\left(g - \sigma - \frac{1}{2}\right)$ und von den übrigen Koeffizienten noch a_σ, $a_{\sigma-1}$, $a_{\sigma-2}$ (die a mit negativem Zeiger sind dabei immer Null zu setzen). Man kann daher aus den Gleichungen (2) $a_1, a_2, \ldots$ der Reihe nach eindeutig berechnen, willkürlich bleibt nur a_0, es ist gemeinsamer Faktor aller übrigen a_σ und wird nach der in Ziffer 3 vereinbarten Normierung gleich 1 gesetzt. Nach Ziffer 3 ist der Grad einer so gewonnenen Funktion $L(\lambda)$ $n = 2g$, also $q = \frac{1}{4} n(n+1)$. Ferner wird es sich herausstellen, daß die Nullstellen von $L(\lambda)$ sämtlich reell und verschieden sind, wie wir es in Ziffer 3 verlangt haben. Es gibt also gerade $\frac{n}{2} + 1$ normierte Lamé sche Funktionen n-ten Grades erster Art. Sie sind voneinander linear unabhängig, wie wir sehen werden. n muß hier gerade sein.

Als Beispiel setzen wir $g = 1$, also, da es auf einen konstanten Faktor nicht ankommt, $L = \lambda - h$, $L' = 1$, $L'' = 0$, daher

$$\frac{1}{2}[3\lambda^2 + 2(a^2+b^2+c^2)\lambda + b^2c^2 + c^2a^2 + a^2b^2] = \left(\frac{3}{2}\lambda + p\right)(\lambda - h),$$

$$a^2 + b^2 + c^2 = p - \frac{3}{2}h,$$

$$\frac{1}{2}(b^2c^2 + c^2a^2 + a^2b^2) = -hp,$$

$$3h^2 + 2(a^2+b^2+c^2)h + b^2c^2 + c^2a^2 + a^2b^2 = 0$$

oder

$$\frac{1}{h+a^2} + \frac{1}{h+b^2} + \frac{1}{h+c^2} = 0,$$

$$h = \frac{1}{3}[-(a^2+b^2+c^2) \pm \sqrt{a^4+b^4+c^4-(b^2c^2+c^2a^2+a^2b^2)}],$$

$$p = \frac{1}{2}[a^2+b^2+c^2 \pm \sqrt{a^4+b^4+c^4-(b^2c^2+c^2a^2+a^2b^2)}].$$

5. Lamésche Funktionen zweiter Art. Wir setzen $L = Q\sqrt{\lambda + a^2}$, daher

$$\Delta_\lambda L' = [(\lambda + a^2)Q' + \frac{1}{2}Q]\sqrt{(\lambda+b^2)(\lambda+c^2)},$$

$$PQ'' + \left[(\lambda+a^2)\left(\lambda + \frac{b^2+c^2}{2}\right) + \frac{3}{2}(\lambda+b^2)(\lambda+c^2)\right]Q'$$

$$+ \frac{1}{2}\left(\lambda + \frac{b^2+c^2}{2}\right)Q = (q\lambda + p)Q.$$

Der Koeffizient von λ^{g+1} liefert hier $q = \left(g + \frac{1}{2}\right)(g+1)$. Vergleicht man die Koeffizienten der übrigen Potenzen von λ, so erhält man $g+1$ lineare homogene Gleichungen für die $g+1$ Unbekannten a_σ; die gleich Null gesetzte Determinante ihrer Koeffizienten ist daher wie früher eine Gleichung $(g+1)$-ten Grades für p, der Koeffizient von p^{g+1} ist ebenfalls $(-1)^{g+1}$. A_σ enthält $a_{\sigma+1}$ mit dem Koeffizienten $\left(g - \sigma - \frac{1}{2}\right)(g - \sigma)$. Man erhält ihn, indem man in dem eben berechneten Koeffizienten von λ^{g+1} einfach $g-\sigma-1$ an die Stelle von g setzt. Die a_σ lassen sich also wieder der Reihe nach berechnen ($a_0=1$). Der Grad ist $n=2g+1$, daher $q=\frac{1}{4}n(n+1)$. Den $g+1$ reellen Lösungen der Gleichung für p entsprechend, werden wir hier $\frac{n+1}{2}$ linear unabhängige Laméschen Funktionen nachweisen können, natürlich ebenso viele mit dem Faktor $\sqrt{\lambda+b^2}$ bzw. $\sqrt{\lambda+c^2}$, daher $3\,\frac{n+1}{2}$ im ganzen, n muß somit ungerade sein. Die Funktionen zweiter Art zerfallen somit gemäß diesen Faktoren in drei Unterarten.

Als erstes Beispiel wählen wir $g=0$, also

$$L=\sqrt{\lambda+a^2}\,,\quad L'=\frac{1}{2\sqrt{\lambda+a^2}},\quad \Delta_\lambda L'=\frac{1}{2}\sqrt{(\lambda+b^2)(\lambda+c^2)},$$

$$\Delta_\lambda\frac{d(\Delta_\lambda L')}{d\lambda}=\frac{1}{4}(2\lambda+b^2+c^2)\sqrt{\lambda+a^2}\,,$$

daher $\frac{1}{4}(2\lambda+b^2+c^2)=\frac{1}{2}\lambda+p$, also $p=\frac{1}{4}(b^2+c^2)$. Natürlich erhält man

$p=\frac{1}{4}(c^2+a^2)$ für $L=\sqrt{\lambda+b^2}$ und $p=\frac{1}{4}(a^2+b^2)$ für $L=\sqrt{\lambda+c^2}$.

Als zweites Beispiel wählen wir $g=1$, also

$$L=(\lambda-h)\sqrt{\lambda+a^2}\,,\quad L'=\frac{3\lambda+2a^2-h}{2\sqrt{\lambda+a^2}},$$

$$\Delta_\lambda L'=\left(\frac{3}{2}\lambda+a^2-\frac{1}{2}h\right)\sqrt{(\lambda+b^2)(\lambda+c^2)},$$

$$\Delta_\lambda\frac{d(\Delta_\lambda L')}{d\lambda}=\Big\{3\lambda^2+\left[\frac{9}{4}(b^2+c^2)+a^2-\frac{1}{2}h\right]\lambda$$

$$+\frac{3}{2}b^2c^2+\frac{1}{2}\left(a^2-\frac{1}{2}h\right)(b^2+c^2)\Big\}\cdot\sqrt{\lambda+a^2}\,,$$

$$3\lambda^2+\left[\frac{9}{4}(b^2+c^2)+a^2-\frac{1}{2}h\right]\lambda+\frac{3}{2}b^2c^2+\frac{1}{2}\left(a^2-\frac{1}{2}h\right)(b^2+c^2)$$

$$=(3\lambda+p)(\lambda-h),$$

$$\frac{9}{4}(b^2+c^2)+a^2-\frac{1}{2}h=p-3h,$$

$$\frac{3}{2}b^2c^2+\frac{1}{2}\left(a^2-\frac{1}{2}h\right)(b^2+c^2)=-hp,$$

$$5h^2+2(a^2+2b^2+2c^2)h+3b^2c^2+c^2a^2+a^2b^2=0$$

oder $$\frac{3}{h+a^2}+\frac{1}{h+b^2}+\frac{1}{h+c^2}=0,$$

$$h=\frac{1}{5}[-(a^2+2b^2+2c^2)\pm\sqrt{a^4+4b^4+4c^4-(7b^2c^2+c^2a^2+a^2b^2)}],$$

$$p=\frac{1}{2}[a^2+\frac{5}{2}(b^2+c^2)\pm\sqrt{a^4+4b^4+4c^4-(7b^2c^2+c^2a^2+a^2b^2)}].$$

Wenn wir a, b, c zyklisch vertauschen, bekommen wir die vier anderen Funktionen dieser Art.

6. Lamésche Funktionen dritter Art. Wir setzen $L = Q\sqrt{(\lambda+b^2)(\lambda+c^2)}$, daher

$$\Delta_\lambda L' = \left[(\lambda+b^2)(\lambda+c^2)Q' + \left(\lambda+\frac{b^2+c^2}{2}\right)Q\right]\sqrt{\lambda+a^2},$$

$$PQ'' + \left[3(\lambda+a^2)\left(\lambda+\frac{b^2+c^2}{2}\right)+\frac{1}{2}(\lambda+b^2)(\lambda+c^2)\right]Q'$$

$$+\left(\frac{3}{2}\lambda+a^2+\frac{b^2+c^2}{4}\right)Q = (q\lambda+p)Q.$$

Der Koeffizient λ^{g+1} liefert $q=(g+1)\left(g+\frac{3}{2}\right)$. Auch hier ergibt sich wie früher eine Gleichung $(g+1)$-ten Grades für p, der Koeffizient von p^{g+1} ist wieder $(-1)^{g+1}$. Ferner ist der Grad $n=2g+2$, also $q=\frac{1}{4}n(n+1)$. Entsprechend den $g+1$ reellen Lösungen der Gleichung für p werden wir hier $\frac{n}{2}$ linear unabhängige Lamésche Funktionen erhalten, daher $\frac{3n}{2}$ im ganzen gemäß den beiden anderen Wurzelfaktoren $\sqrt{(\lambda+c^2)(\lambda+a^2)}$ und $\sqrt{(\lambda+a^2)(\lambda+b^2)}$. n muß gerade sein. Auch die Funktionen dritter Art zerfallen daher diesen Faktoren entsprechend in drei Unterarten. A_σ enthält $a_{\sigma+1}$ mit dem Koeffizienten $(g-\sigma)\left(g-\sigma+\frac{1}{2}\right)$, also lassen sich die a_σ wieder eindeutig berechnen $(a_0=1)$.

Als Beispiel wählen wir $g=0$, $L=\sqrt{(\lambda+b^2)(\lambda+c^2)}$,

$$L'=\frac{2\lambda+b^2+c^2}{2\sqrt{(\lambda+b^2)(\lambda+c^2)}},\quad \Delta_\lambda L' = \left(\lambda+\frac{b^2+c^2}{2}\right)\sqrt{\lambda+a^2},$$

$$\Delta_\lambda\frac{d(\Delta_\lambda L')}{d\lambda} = \left(\frac{3}{2}\lambda+a^2+\frac{b^2+c^2}{4}\right)\sqrt{(\lambda+b^2)(\lambda+c^2)},$$

daher $\frac{3}{2}\lambda+a^2+\frac{b^2+c^2}{4}=\frac{3}{2}\lambda+p$, $p=a^2+\frac{1}{4}(b^2+c^2)$, ebenso $p = b^2 + \frac{1}{4}(c^2 + a^2)$ für $L = \sqrt{(\lambda + c^2)(\lambda + a^2)}$

und $p = c^2 + \frac{1}{4}(a^2 + b^2)$ für $L = \sqrt{(\lambda + a^2)(\lambda + b^2)}$.

7. Lamésche Funktionen vierter Art. Wir setzen $L = Q\sqrt{P}$,

$$\Delta_\lambda L' = PQ' + \frac{1}{2}P'Q, \quad PQ'' + \frac{3}{2}P'Q' + \frac{1}{2}P''Q = (q\lambda + p)Q.$$

Der Koeffizient von λ^{g+1} liefert also $q = \left(g + \frac{3}{2}\right)(g + 2)$. Die Gleichung für p ist vom $(g+1)$-ten Grad, der Koeffizient von p^{g+1} ist $(-1)^{g+1}$, A_σ enthält $a_{\sigma+1}$ mit dem Koeffizienten $\left(g - \sigma + \frac{1}{2}\right)(g - \sigma + 1)$, die a_σ lassen sich daher wieder eindeutig berechnen $(a_0 = 1)$. Der Grad ist $n = 2g + 3$, daher $q = \frac{1}{4}n(n+1)$. Hier werden sich $\frac{n-1}{2}$ linear unabhängige Funktionen ergeben, n muß ungerade sein. Bei geradem n kann es also nur Funktionen erster und dritter Art geben, nämlich $\frac{n}{2} + 1 + \frac{3n}{2} = 2n + 1$ normierte im ganzen, bei ungeradem n nur solche zweiter und vierter Art, also wieder $\frac{3}{2}(n+1) + \frac{1}{2}(n-1) = 2n + 1$ normierte im ganzen.

Als Beispiel wählen wir $g = 0$, $L = \Delta_\lambda$,

$$\Delta_\lambda L' = \frac{1}{2}[3\lambda^2 + 2\lambda(a^2 + b^2 + c^2) + b^2c^2 + c^2a^2 + a^2b^2],$$

$$\frac{d(\Delta_\lambda L')}{d\lambda} = 3\lambda + a^2 + b^2 + c^2,$$

$$3\lambda + a^2 + b^2 + c^2 = 3\lambda + p, \quad p = a^2 + b^2 + c^2.$$

In den Beispielen der Ziffern 4 bis 7 haben wir sämtliche normierten Laméschen Funktionen für $n = 1, 2, 3$ aufgestellt. Die entsprechenden Laméschen Polynome LMN sind bis auf konstante Faktoren für $n = 0$ eine Konstante, also eine Funktion, für $n = 1: x, y, z$ (erstes Beispiel aus Ziffer 5), also drei Funktionen, für $n = 2: yz, zx, xy$ (Ziffer 6), $\frac{x^2}{a^2+h} + \frac{y^2}{b^2+h} + \frac{z^2}{c^2+h} - 1$ (mit den beiden Werten von h des Beispiels in Ziffer 4), also fünf Funktionen, für $n = 3: xyz$ (Ziffer 7),

$$x\left(\frac{x^2}{a^2+h} + \frac{y^2}{b^2+h} + \frac{z^2}{c^2+h} - 1\right), \quad y\left(\frac{x^2}{a^2+h} + \frac{y^2}{b^2+h} + \frac{z^2}{c^2+h} - 1\right),$$

$z\left(\frac{x^2}{a^2+h} + \frac{y^2}{b^2+h} + \frac{z^2}{c^2+h} - 1\right)$ (mit den beiden Werten von h des zweiten Beispiels der Ziffer 5), also sieben Funktionen.

8. Lamésche Differentialgleichung. Die Funktionen $L(\lambda)$ genügen der Gleichung (3, 1) mit $q = \frac{1}{4} n(n+1)$, wie sich in den vorigen Ziffern herausgestellt hat, also

$$\Delta_\lambda \frac{d}{d\lambda}\left(\Delta_\lambda \frac{dL}{d\lambda}\right) = \left[\frac{1}{4} n(n+1)\lambda + p\right] L.$$

Wir wollen diese Gleichung kurz die Lamésche Differentialgleichung nennen. Für viele Zwecke ist es gut, statt λ eine andere Veränderliche u einzuführen, nämlich $\frac{d\lambda}{du} = \Delta_\lambda$, wir erhalten dann

$$\text{(1)} \qquad \frac{d^2 L}{du^2} = \left[\frac{1}{4} n(n+1)\lambda + p\right] L \quad \text{mit} \quad \frac{d\lambda}{du} = \Delta_\lambda,$$

und ähnlich für die Funktionen $M(\mu)$ und $N(\nu)$ die Gleichungen

$$\text{(2)} \qquad \frac{d^2 M}{dv^2} = \left[\frac{1}{4} n(n+1)\mu + p\right] M \quad \text{mit} \quad \frac{d\mu}{dv} = \Delta_\mu,$$

$$\frac{d^2 N}{dw^2} = \left[\frac{1}{4} n(n+1)\nu + p\right] N \quad \text{mit} \quad \frac{d\nu}{dw} = \Delta_\nu.$$

N_1 und N_2 seien zwei Lamésche Funktionen derselben Art, Unterart und von demselben Grad, die zu verschiedenen Werten p_1 und p_2 von p gehören. Dann ist nach (2)

$$N_2 \frac{d^2 N_1}{dw^2} - N_1 \frac{d^2 N_2}{dw^2} = (p_1 - p_2) N_1 N_2,$$

$$(p_1 - p_2) \int N_1 N_2 \, dw = N_2 \frac{dN_1}{dw} - N_1 \frac{dN_2}{dw},$$

$$\int \frac{N_1 N_2}{\Delta_\nu} d\nu = \frac{\Delta_\nu}{p_1 - p_2}\left(N_2 \frac{dN_1}{d\nu} - N_1 \frac{dN_2}{d\nu}\right),$$

daher

$$\text{(3)} \qquad \int_{-a^2}^{-b^2} \frac{N_1 N_2}{\Delta_\nu} d\nu = 0.$$

Die rechte Seite liefert bei der Integration zwischen den Grenzen $-a^2$ und $-b^2$ immer 0, auch wenn N_1 und N_2 eine oder mehrere der Wurzeln $\sqrt{\nu + a^2}$, $\sqrt{\nu + b^2}$, $\sqrt{\nu + c^2}$ enthalten. Denn diese Wurzeln treten zwar bei $\frac{dN_1}{d\nu}$ und $\frac{dN_2}{d\nu}$ im Nenner auf, heben sich aber dann gegen die entsprechenden in N_1 und N_2 im Zähler weg und der Faktor Δ_ν bewirkt, daß der Ausdruck an beiden Grenzen verschwindet.

Aus (3) können wir jetzt leicht schließen, daß p nur reell sein kann. Denn hätte die Gleichung für p eine imaginäre Lösung p, so wäre die dazu konjugierte imaginäre Zahl $\overline{p}$ ebenfalls Lösung, weil die Gleichung lauter reelle Koeffizienten hat. Die den beiden Lösungen $p_1 = p$ und $p_2 = \overline{p}$ entsprechenden Funktionen N_1 und N_2 wären also ebenfalls konjugiert komplex, daher $N_1 N_2$ mit Ausnahme seiner Nullstellen positiv, im Widerspruch zu (3). Denn Δ_ν ist ja im Intervall $-a^2 < \nu < -b^2$ ebenfalls positiv.

Da p also immer reell ist, sind auch nach Ziffer 4 bis 7 die Koeffizienten a_σ der Polynome Q reell, daher ist:

$$\int_{-a^2}^{-b^2} \frac{N^2}{\Delta_\nu} d\nu > 0.$$

Die zu verschiedenen Werten von p gehörigen Laméschen Funktionen $N(\nu)$ derselben Art, Unterart und vom selben Grad sind also, als Funktionen von w betrachtet, orthogonal, und zwar in jenem Intervall, das dem Intervall $-a^2 \leqq \nu \leqq -b^2$ bei w entspricht. Sie sind voneinander linear unabhängig (vgl. III, 1). Da sich die Funktionen $L(\lambda)$ und $M(\mu)$ von $N(\nu)$ nur durch die Veränderliche unterscheiden, gilt die letzte Behauptung auch für diese Funktionen. Es sind also auch die zu verschiedenen Werten von p gehörigen Laméschen Polynome LMN derselben Art, Unterart und desselben Grades linear unabhängig. Denn bestünde eine Beziehung

$$\sum_{\sigma=1}^{g+1} c_\sigma L_\sigma(\lambda) M_\sigma(\mu) N_\sigma(\nu) = 0,$$

so setzen wir $\mu = \mu_0$, $\nu = \nu_0$, so daß $M_\sigma(\mu_0) \neq 0$, $N_\sigma(\nu_0) \neq 0$ $(\sigma = 1, 2, \ldots g+1)$ ist, und erhielten damit eine lineare homogene Gleichung mit nicht lauter verschwindenden Koeffizienten zwischen den L_σ, d. h. die L_σ wären entgegen der eben bewiesenen Behauptung voneinander linear abhängig. Ebenso erschließt man die lineare Unabhängigkeit der entsprechenden Funktionen $M_\sigma N_\sigma$. Daß Funktionen verschiedener Art oder Unterart linear unabhängig sind, ist wegen der Verschiedenheit der hinzutretenden Wurzelfaktoren selbstverständlich. Dasselbe gilt nach dem eben gemachten Schluß auch für die entsprechenden Produkte MN und LMN.

9. Lamésche Funktionen zweiter Gattung. Die Gleichung (8, 1) hat neben der Funktion $L(\lambda)$ noch eine zweite, davon linear unabhängige Lösung $K(\lambda)$. Es gilt

$$\frac{d^2 K}{du^2} = \left[\frac{1}{4} n(n+1)\lambda + p\right] K,$$

also

$$L \frac{d^2 K}{du^2} - K \frac{d^2 L}{du^2} = 0,$$

(1) $$L\frac{dK}{du} - K\frac{dL}{du} = c,$$

$$\frac{d\frac{K}{L}}{du} = \frac{c}{L^2}, \quad K = cL\int\frac{du}{L^2} = cL\int\frac{d\lambda}{L^2 \Delta_\lambda}.$$

Indem wir $c = -(2n+1)$ setzen und über eine Grenze des Integrals passend verfügen, definieren wir, wenn L vom n-ten Grad ist,

(2) $$K(\lambda) = (2n+1)\, L(\lambda) \int_\lambda^\infty \frac{d\lambda}{L^2 \Delta_\lambda}.$$

$K(\lambda)$ nennt man die zu $L(\lambda)$ gehörige Laméssche Funktion zweiter Gattung, $L(\lambda)$ dann naturgemäß die entsprechende Lamésche Funktion erster Gattung. Die Funktionen zweiter Gattung wurden von Heine und Liouville eingeführt[1]). Nach Ziffer 3 genügt auch $K(\lambda)\, M(\mu)\, N(\nu)$ der Laplaceschen Differentialgleichung, wenn $K(\lambda)$ die zu $L(\lambda)$ gehörige Lamésche Funktion zweiter Gattung ist.

Wenn wir auch die rechte Seite von (2) für sehr große λ in eine gleichmäßig konvergente Reihe nach Potenzen von $\frac{1}{\lambda}$ entwickeln, ergibt sich gemäß Ziffer 3

$$L = \lambda^{\frac{n}{2}}(1 + \cdots), \quad \Delta_\lambda = \lambda^{3/2}(1 + \cdots),$$

$$\frac{1}{L^2 \Delta_\lambda} = \lambda^{-n-3/2}(1 + \cdots), \qquad \int_\lambda^\infty \frac{d\lambda}{L^2 \Delta_\lambda} = \lambda^{-n-1/2}\left(\frac{2}{2n+1} + \cdots\right),$$

daher nach (2)

$$K = \lambda^{-\frac{n+1}{2}}(2 + \cdots) \text{ oder } \lim_{\lambda \to +\infty} \lambda^{\frac{n+1}{2}} K(\lambda) = 2.$$

Weil der Integrand in (2) immer positiv ist, hat K dieselben Nullstellen wie L.

10. Zusammenhang mit den Kugelfunktionen. Wir wollen jetzt untersuchen, was aus den Laméschen Funktionen wird, wenn der Punkt $P(x, y, z)$ in einer bestimmten Richtung ins Unendliche rückt. Wir setzen also

(1) $$x = \xi\sqrt{a^2 + \lambda}, \quad y = \eta\sqrt{b^2 + \lambda}, \quad z = \zeta\sqrt{c^2 + \lambda},$$

erhalten somit nach (1, 5)

[1]) E. Heine, J. reine angew. Math. (1845), S. 185; Handbuch der Kugelfunktionen Bd. 1, 2. Aufl., S. 384, Berlin 1878; J. Liouville, Journ. de Math. **10** (1845), S. 222.

(2) $$\xi^2 = \frac{(a^2+\mu)(a^2+\nu)}{(a^2-b^2)(a^2-c^2)},$$

$$\eta^2 = -\frac{(b^2+\mu)(b^2+\nu)}{(a^2-b^2)(b^2-c^2)},$$

$$\zeta^2 = \frac{(c^2+\mu)(c^2+\nu)}{(a^2-c^2)(b^2-c^2)},$$

$$\xi^2+\eta^2+\zeta^2 = 1 \text{ nach (1) und (1, 3)},$$

$$\frac{\xi^2}{a^2+\varrho}+\frac{\eta^2}{b^2+\varrho}+\frac{\zeta^2}{c^2+\varrho} = 0 \text{ für } \varrho = \mu, \nu \text{ nach (2, 1)},$$

d. h. dem Punkt $P(x, y, z)$ des Ellipsoids λ ist der Punkt $Q(\xi, \eta, \zeta)$ der Einheitskugel umkehrbar eindeutig zugeordnet. Wir können hiernach

(3) $$\xi = \sin\vartheta\cos\varphi,\quad \eta = \sin\vartheta\sin\varphi,\quad \zeta = \cos\vartheta$$

setzen. Zufolge (2) hängt Q von λ, d. h. vom gewählten Ellipsoid nicht ab. Alle Punkte der Schnittlinie der Hyperboloide μ und ν entsprechen somit demselben Punkt Q. Für $\lambda \to +\infty$ rückt der Punkt P auf dieser Schnittlinie ins Unendliche. Nach (1) und (2) ist

$$r^2 = x^2+y^2+z^2 = \lambda + a^2\xi^2 + b^2\eta^2 + c^2\zeta^2,$$

also

(4) $$\lim_{\lambda\to+\infty} \frac{r^2}{\lambda} = 1.$$

Wir betrachten nun ein Laméschen Polynom LMN vom Grad n. Es ist, wie wir wissen (vgl. Ziffer 3), ein Polynom n-ten Grades in x, y, z und genügt der Laplaceschen Differentialgleichung $\Delta(LMN) = 0$. Da diese Gleichung identisch erfüllt wird, befriedigen die Glieder gleich hohen Grades von LMN für sich die Gleichung, also z. B. die Glieder n-ten Grades. Sie sind also nach (V, 4) eine ganze rationale räumliche Kugelfunktion n-ten Grades, sonach von der Gestalt $r^n S_n$ (V, 6). Wir erhalten daher

$$LMN = r^n S_n + r^{n-1} T,$$

ferner

$$L = \lambda^{\frac{n}{2}}\left(1+\frac{a_1}{\lambda}+\cdots\right),$$

also

$$r^n\left(S_n+\frac{T}{r}\right) = \lambda^{\frac{n}{2}}\left(1+\frac{a_1}{\lambda}+\cdots\right)MN,$$

daher für $\lambda \to +\infty$

$$MN = S_n,$$

d. h. MN ist eine Laplacesche Kugelfunktion n-ten Grades. MN, ursprünglich eine Funktion von μ und ν, wird damit eine Funktion von ϑ und φ. Die zu μ und ν gehörigen Werte von ϑ und φ oder ξ, η, ζ eines bestimmten Oktanten ergeben sich aus den Gleichungen (2).

Wenn nämlich der Punkt (x, y, z) auf der Schnittlinie der beiden Hyperboloide μ und ν ins Unendliche rückt, nähert sich dabei nach (1) sein Radiusvektor zufolge (4) unbegrenzt der durch (2) gegebenen Richtung. Da es gerade, wie aus Ziffer 7, 8 und 13 folgt, $2n + 1$ linear unabhängige normierte Funktionen n-ten Grades MN und nach (V, 32) ebensoviele Laplacesche Kugelfunktionen n-ten Grades gibt, durch die sich alle übrigen linear homogen darstellen lassen, kann man daher die $2n + 1$ linear unabhängigen normierten Funktionen n-ten Grades MN durch die $2n + 1$ linear unabhängigen Laplaceschen Kugelfunktionen n-ten Grades linear homogen darstellen und umgekehrt.

11. Abgeplattetes Drehellipsoid. Wir hatten in Ziffer 1 der Untersuchung ein dreiachsiges Ellipsoid mit den Achsen $a > b > c$ zugrunde gelegt. Für das Folgende ist es wichtig, auch die Grenzfälle $a = b$ und $b = c$, also das abgeplattete und verlängerte Drehellipsoid zu behandeln. Wir betrachten zuerst den Fall $a = b$. Von den drei Lösungen λ, μ, ν der Gleichung $f(\varrho) = 0$ ist jetzt die dritte immer $\nu = -a^2$. ν wird also konstant und kommt daher als Parameter nicht mehr in Frage. Wir setzen somit vor dem Grenzübergang $b \to a$

$$\begin{aligned} \nu &= -(b^2 \cos^2 \varphi + a^2 \sin^2 \varphi) \\ &= -a^2 + (a^2 - b^2) \cos^2 \varphi \\ &= -b^2 - (a^2 - b^2) \sin^2 \varphi, \end{aligned}$$

daher

$$\sin^2 \varphi = -\frac{b^2 + \nu}{a^2 - b^2}, \quad \cos^2 \varphi = \frac{a^2 + \nu}{a^2 - b^2}, \quad \operatorname{tg}^2 \varphi = -\frac{b^2 + \nu}{a^2 + \nu},$$

hiermit nach (1, 5) für $b \to a$

$$\operatorname{tg}^2 \varphi = \left(\frac{y}{x}\right)^2.$$

λ liefert ein abgeplattetes Drehellipsoid, μ ein einschaliges Drehhyperboloid, an Stelle von ν tritt φ. Das System der konfokalen Flächen besteht aus den abgeplatteten Drehellipsoiden und den einschaligen Drehhyperboloiden, an Stelle der zweischaligen Hyperboloide tritt das Büschel der Ebenen, die durch die Z-Achse gehen und mit der XZ-Ebene den Winkel φ einschließen. Es ist also

$$(1) \qquad \operatorname{tg} \varphi = \frac{y}{x}, \quad \frac{y}{x} = \pm \lim_{b \to a} \sqrt{\frac{-(b^2 + \nu)}{a^2 + \nu}},$$

$$\sin \varphi = \pm \lim_{b \to a} \sqrt{\frac{-(b^2 + \nu)}{a^2 - b^2}}, \quad \cos \varphi = \pm \lim_{b \to a} \sqrt{\frac{a^2 + \nu}{a^2 - b^2}}.$$

Nach der vorigen Ziffer ist MN, ursprünglich eine Funktion von μ und ν, eine Laplacesche Kugelfunktion n-ten Grades in ϑ und φ. Der zu μ und ν gehörige Wert von φ stimmt mit dem eben eingeführten Winkel φ überein, ϑ ergibt sich gemäß den Formeln (2) und (3) der vorigen Ziffer aus

$$\sin \vartheta = \sqrt{\frac{a^2 + \mu}{a^2 - c^2}}, \quad \cos \vartheta = \pm \sqrt{\frac{-(c^2 + \mu)}{a^2 - c^2}}.$$

Nach (V, 32) ist MN von der Gestalt

$$M(\vartheta) N(\varphi) = \sum_{k=1}^{2n+1} c_k f_k(\vartheta) g_k(\varphi)$$

oder

$$N(\varphi) = \sum_{k=1}^{2n+1} c_k \frac{f_k(\vartheta)}{M(\vartheta)} g_k(\varphi).$$

Wenn wir nach ϑ differenzieren, ergibt sich somit

$$0 = \sum_{k=1}^{2n+1} c_k \frac{d}{d\vartheta}\left[\frac{f_k(\vartheta)}{M(\vartheta)}\right] g_k(\varphi).$$

Weil die $g_k(\varphi)$ nach (V, 32) Abkürzungen für die Sinus und Kosinus der Vielfachen von φ und daher nach (III, 1) und (III, 2) linear unabhängig sind, ist für alle k

$$c_k \frac{d}{d\vartheta}\left[\frac{f_k(\vartheta)}{M(\vartheta)}\right] = 0,$$

somit entweder $c_k = 0$ oder $M(\vartheta)$ proportional $f_k(\vartheta)$, wenn $c_k \neq 0$ ist. Nach (V, 32) können wir hiermit setzen

$$M = P_n^m(\cos\vartheta), \qquad N = {\cos \atop \sin} m\varphi \qquad (m = 0, 1, 2, \ldots, n).$$

So erhalten wir gerade, wie es sein soll, $2n+1$ linear unabhängige Funktionen MN.

Nach (V, 18) und (V, 32) ist M bis auf den Faktor $\sin^m \vartheta$ ein Polynom $(n-m)$-ten Grades in $\cos\vartheta$, das nur gerade oder nur ungerade Potenzen von $\cos\vartheta$ enthält. Wir haben daher m so zu wählen, daß $n-m$ ungerade oder gerade ist, je nachdem LMN den Faktor z enthält oder nicht, damit es gleichzeitig mit z sein Zeichen wechsle. Nach der über $\cos m\varphi$ und $\sin m\varphi$ in (V, 32) gemachten Bemerkung wechselt $\sin m\varphi$ gleichzeitig mit $\sin\varphi$, daher mit y das Zeichen, man hat also in N den Sinus zu wählen, wenn LMN den Faktor z enthält, sonst den Kosinus. Man erhält so in Übereinstimmung mit (V, 32) und Ziffer 4 bis 7 folgende Tafel, in der g gerade, u ungerade bedeutet (man berücksichtige hierzu noch die aus Ziffer 9 und 10 folgende Tatsache, daß $\lim\limits_{r\to+\infty} \frac{L}{r^n} = 1$ ist):

LMN enthält als Faktor	N	n	$n-m$	m	Anzahl der möglichen Werte von m
—	cos	g	g	g	$\frac{n}{2}+1$
x	cos	u	g	u	$\frac{n+1}{2}$ (für x, y, z)
y	sin	u	g	u	
z	cos	u	u	g	
yz	sin	g	u	u	$\frac{n}{2}$ (für yz, zx, xy)
zx	cos	g	u	u	
xy	sin	g	g	g*)	
xyz	sin	u	u	g*)	$\frac{n-1}{2}$

*) Hier ist $m = 0$ wegen $N = \sin m\varphi$ auszulassen.

Führen wir die Veränderliche φ in die Differentialgleichung

$$\Delta_\nu \frac{d(\Delta_\nu N')}{d\nu} = \left[\frac{1}{4} n(n+1)\nu + p\right] N$$

ein, so erhalten wir wegen

$$a^2 + \nu = (a^2 - b^2)\cos^2\varphi, \quad b^2 + \nu = -(a^2 - b^2)\sin^2\varphi,$$

$$\frac{d\nu}{d\varphi} = -2(a^2 - b^2)\sin\varphi\cos\varphi,$$

schließlich

$$\frac{d\nu}{\Delta_\nu} = \pm \frac{2\,d\varphi}{\sqrt{-(c^2+\nu)}},$$

daher

$$\frac{1}{4}\sqrt{-(c^2+\nu)}\,\frac{d}{d\varphi}\left[\sqrt{-(c^2+\nu)}\,\frac{dN}{d\varphi}\right] = \left[\frac{1}{4} n(n+1)\nu + p\right] N,$$

also für $a^2 = b^2 = -\nu$

$$\frac{1}{4}(a^2 - c^2)\frac{d^2 N}{d\varphi^2} = \left[-\frac{1}{4} n(n+1) a^2 + p\right] N.$$

Als Lösungen müssen sich $N = {\cos \atop \sin} m\varphi$ ergeben, daher ist

$$\frac{n(n+1)a^2 - 4p}{a^2 - c^2} = m^2,$$

also

(1) $$p = \frac{1}{4}[n(n+1)a^2 - m^2(a^2 - c^2)] \qquad (m = 0, 1, 2, \ldots, n).$$

Mit Rücksicht auf die Tafel erhalten wir somit für die Laméschen Funktionen aller Arten jedesmal genau $g+1$ verschiedene Werte von p (vgl. Ziffer 4 bis 7).

12. Verlängertes Drehellipsoid. Wir untersuchen jetzt den Fall $b = c$. Hier wird die zweite Lösung $\mu = -b^2$. μ wird also konstant und kommt daher als Parameter nicht mehr in Frage. Wir setzen somit vor dem Grenzübergang $c \to b$

$$\begin{aligned}\mu &= -(b^2 \sin^2\varphi + c^2\cos^2\varphi)\\ &= -b^2 + (b^2 - c^2)\cos^2\varphi\\ &= -c^2 - (b^2 - c^2)\sin^2\varphi,\end{aligned}$$

daher

$$\sin^2\varphi = -\frac{c^2+\mu}{b^2-c^2}, \quad \cos^2\varphi = \frac{b^2+\mu}{b^2-c^2}, \quad \mathrm{tg}^2\varphi = -\frac{c^2+\mu}{b^2+\mu},$$

hiermit nach (1, 5) für $c \to b$

$$\mathrm{tg}^2\varphi = \left(\frac{z}{y}\right)^2.$$

λ liefert ein verlängertes Drehellipsoid, ν ein zweischaliges Drehhyperboloid, an Stelle von μ tritt φ. Das System der konfokalen Flächen besteht aus den verlängerten Drehellipsoiden und den zweischaligen Hyperboloiden, an Stelle der einschaligen Hyperboloide tritt das Büschel der Ebenen, die durch die X-Achse gehen und mit der XY-Ebene den Winkel φ einschließen. Es ist also

$$\operatorname{tg}\varphi = \frac{z}{y}, \quad \frac{z}{y} = \pm \lim_{c\to b} \sqrt{\frac{-(c^2+\mu)}{b^2+\mu}},$$

$$\sin\varphi = \pm \lim_{c\to b} \sqrt{\frac{-(c^2+\mu)}{b^2-c^2}}, \quad \cos\varphi = \pm \lim_{c\to b} \sqrt{\frac{b^2+\mu}{b^2-c^2}}.$$

Für die Achse der Polarkoordinaten r, ϑ, φ müssen wir hier die X-Achse wählen, daher statt (10, 3) setzen

$$\xi = \cos\vartheta, \quad \eta = \sin\vartheta\cos\varphi, \quad \zeta = \sin\vartheta\sin\varphi.$$

MN ist eine Kugelflächenfunktion n-ten Grades, der zu μ und ν gehörige Wert von φ stimmt mit dem eben eingeführten Winkel φ überein; ϑ ergibt sich gemäß den Formeln (2) und (3) der Ziffer 10 aus

$$\sin\vartheta = \sqrt{\frac{-(b^2+\nu)}{a^2-b^2}}, \quad \cos\vartheta = \pm \sqrt{\frac{a^2+\nu}{a^2-b^2}}.$$

Nach ähnlichen Schlüssen wie in Ziffer 11 können wir setzen

$$M = \begin{matrix}\cos\\ \sin\end{matrix}\, m\varphi, \; N = P_n^m(\cos\vartheta) \qquad (m = 0, 1, 2, \ldots, n).$$

Wir erhalten dadurch die $2n+1$ linear unabhängigen Funktionen MN. Eine ähnliche Überlegung wie in Ziffer 11 liefert hier folgende Tafel:

LMN enthält als Faktor	M	n	$n-m$	m	Anzahl der möglichen Werte von m
—	cos	g	g	g	$\frac{n}{2}+1$
x	cos	u	u	g	$\frac{n+1}{2}$ (für x, y, z)
y	cos	u	g	u	
z	sin	u	g	u	
yz	sin	g	g	g*)	$\frac{n}{2}$ (für yz, zx, xy)
zx	sin	g	u	u	
xy	cos	g	u	u	
xyz	sin	u	u	g*)	$\frac{n-1}{2}$

*) Hier ist $m = 0$ wegen $M = \sin m\varphi$ auszulassen.

Führen wir die Veränderliche φ in die Differentialgleichung

$$\Delta_\mu \frac{d(\Delta_\mu M')}{d\mu} = \left[\frac{1}{4}\, n(n+1)\mu + p\right] M$$

ein, so erhält man wegen

$$b^2 + \mu = (b^2 - c^2)\cos^2\varphi, \quad c^2 + \mu = -(b^2 - c^2)\sin^2\varphi,$$

$$\frac{d\mu}{d\varphi} = -2(b^2 - c^2)\sin\varphi\cos\varphi$$

schließlich

$$\frac{d\mu}{\Delta_\mu} = \pm \frac{2\,d\varphi}{i\sqrt{a^2+\mu}},$$

daher

$$-\frac{1}{4}\sqrt{a^2+\mu}\,\frac{d}{d\varphi}\left(\sqrt{a^2+\mu}\,\frac{dM}{d\varphi}\right) = \left[\frac{1}{4}n(n+1)\mu + p\right]M,$$

also für $b^2 = c^2 = -\mu$

$$-\frac{1}{4}(a^2 - b^2)\frac{d^2M}{d\varphi^2} = \left[-\frac{1}{4}n(n+1)b^2 + p\right]M,$$

Als Lösungen müssen sich $M = {\cos \atop \sin} m\varphi$ ergeben, daher ist

$$\frac{n(n+1)b^2 - 4p}{a^2 - b^2} = -m^2,$$

somit

$$(1) \qquad p = \frac{1}{4}[n(n+1)b^2 + m^2(a^2 - b^2)] \qquad (m = 0, 1, 2, \ldots, n),$$

also ergeben sich auch hier mit Rücksicht auf die Tafel genau $g+1$ verschiedene Werte von p für jede der vier Arten der Laméschen Funktionen.

13. Anzahl der linear unabhängigen Laméschen Funktionen. Wir sind jetzt imstande zu beweisen, daß die Gleichung für p immer verschiedene Lösungen hat (daß sie reell sind, wurde schon in Ziffer 8 gezeigt). Die Behauptung ist nämlich einmal für die in Ziffer 11 und 12 betrachteten Grenzfälle richtig, wie wir eben gesehen haben. Betrachten wir ferner ein Lamésches Polynom n-ten Grades $L_1M_1N_1$, das keinen der Faktoren x, y, z enthält und ein solches $L_2M_2N_2$, das xz oder yz enthält, und zwar für den in Ziffer 11 behandelten Grenzfall. Nach Ziffer 7 und 11 ist n gerade, m für das erste Polynom gerade, für das zweite ungerade. Für p ergeben sich also im ersten Fall $\frac{n}{2}+1$ verschiedene reelle Werte, die gerade von den $\frac{n}{2}$ verschiedenen reellen Werten des zweiten Falles getrennt sind. Wenn das zweite Polynom den Faktor xy enthält, so muß man den Grenzfall der Ziffer 12 betrachten. Danach ist m für das erste gerade, für das zweite ungerade, und es besteht derselbe Sachverhalt. Enthält das erste Polynom einen der Faktoren x oder y und das zweite das Produkt xyz, so ist nach Ziffer 7 und 11 n ungerade, m im ersten Fall ungerade, im zweiten gerade; kommt im ersten Polynom z vor, so besteht nach Ziffer 12 derselbe Fall, daß die Werte von p für $L_1M_1N_1$ von denen für $L_2M_2N_2$ getrennt sind. Wir erhalten jedesmal denselben Sachverhalt. Wir werden nun zeigen, daß diese Tatsache bestehen bleibt, wenn b das Intervall $a > b > c$ durchläuft.

Wir haben also mit Rücksicht auf die stetige Abhängigkeit von b noch folgendes zu beweisen: Ist L_1 eine Laméscher Funktion erster oder zweiter Art, L_2 eine solche dritter oder vierter Art, und zwar vom gleichen Grad n wie L_1, so haben die beiden entsprechenden Gleichungen für p niemals eine gemeinsame Lösung. Wäre nämlich p eine gemeinsame Lösung, so bestünden gleichzeitig die beiden Differentialgleichungen (8, 1)

$$\frac{d^2 L_1}{du^2} = \left[\frac{1}{4} n(n+1)\lambda + p\right] L_1, \quad \frac{d^2 L_2}{du^2} = \left[\frac{1}{4} n(n+1)\lambda + p\right] L_2,$$

also wäre

$$L_2 \frac{d^2 L_1}{du^2} - L_1 \frac{d^2 L_2}{du^2} = 0 \quad \text{oder} \quad L_2 \frac{dL_1}{du} - L_1 \frac{dL_2}{du} = \text{const.}$$

d. h.

$$(1) \qquad \Delta_\lambda \left(L_2 \frac{dL_1}{d\lambda} - L_1 \frac{dL_2}{d\lambda}\right) = \text{const.}$$

Ist L_1 von der ersten Art, also ein Polynom in λ, dann ist L_2 von der dritten Art, d. h. ein Polynom, multipliziert mit zwei der Wurzeln $\sqrt{a^2+\lambda}$, $\sqrt{b^2+\lambda}$, $\sqrt{c^2+\lambda}$. Die linke Seite von (1) ist daher ein Polynom, multipliziert mit einer dieser drei Wurzeln. Ist dagegen L_1 von der zweiten Art, also ein Polynom, mit einer der drei Wurzeln multipliziert, so ist L_2 von der vierten Art, d. h. ein Polynom, multipliziert mit Δ_λ; in diesem Fall ist die linke Seite von (1) ein Polynom, dividiert durch eine der drei Wurzeln. Umläuft nun λ in der komplexen Zahlenebene den Verzweigungspunkt dieser Wurzeln, so ändert sich in beiden betrachteten Fällen das Zeichen der linken Seite. Die Konstante muß also Null sein. Wir erhalten daher $\frac{L_1}{L_2} = \text{const.}$, was unmöglich ist, weil L_2 zwei Wurzeln mehr als Faktor enthält als L_1. Damit ist die Behauptung bewiesen.

Die Lösungen der Gleichung für p von $L_1 M_1 N_1$ und derjenigen von $L_2 M_2 N_2$ trennen also einander im ganzen Intervall $a > b > c$. Daraus folgt, daß zwei Lösungen der Gleichung p eines Polynoms von der Art $L_1 M_1 N_1$ nie zusammenfallen können, ebenso natürlich auch nie bei $L_2 M_2 N_2$. Die Gleichung für p hat also in jedem Fall genau so viele reelle verschiedene Lösungen als ihr Grad anzeigt. Zu jeder solchen Lösung gehört (vgl. Ziffer 4 bis 7) eine normierte Laméscher Funktion, für jeden Grad n erhält man gerade $2n+1$ Funktionen (Ziffer 7) und diese sind nach Ziffer 8 voneinander linear unabhängig. Der Gedankengang dieses Beweises geht auf H. Poincaré[1]) zurück.

14. Einfachheit der Nullstellen. Wir wollen jetzt zeigen, daß die in den Ziffern 3 bis 7 betrachteten Polynome lauter reelle, einfache Nullstellen haben. Wir beweisen zuerst, daß sie von $-a^2$, $-b^2$, $-c^2$ verschieden sind (selbstverständlich wird hier, wie immer, wenn nicht die Grenzfälle der Ziffern 11 und 12 betrachtet werden, $a^2 > b^2 > c^2$ vorausgesetzt). Wir betrachten nun

[1]) H. Poincaré, Figures d'équilibre d'une masse fluide, Paris 1901, S. 122—128.

die den vier Arten von Laméschen Funktionen entsprechende Polynome Q_1, Q_2, Q_3, Q_4. Dann gilt nach Ziffer 3 bis 7

$$(1) \qquad P = (\lambda + a^2)(\lambda + b^2)(\lambda + c^2),$$

$$PQ_1'' + \frac{1}{2} P' Q_1' = (q\lambda + p) Q_1,$$

$$PQ_2'' + \left[(\lambda + a^2)\left(\lambda + \frac{b^2 + c^2}{2}\right) + \frac{3}{2}(\lambda + b^2)(\lambda + c^2)\right] Q_2'$$

$$+ \frac{1}{2}\left(\lambda + \frac{b^2 + c^2}{2}\right) Q_2 = (q\lambda + p) Q_2,$$

$$PQ_3'' + \left[3(\lambda + a^2)\left(\lambda + \frac{b^2 + c^2}{2}\right) + \frac{1}{2}(\lambda + b^2)(\lambda + c^2)\right] Q_3'$$

$$+ \left(\frac{3}{2}\lambda + a^2 + \frac{b^2 + c^2}{4}\right) Q_3 = (q\lambda + p) Q_3,$$

$$PQ_4'' + \frac{3}{2} P' Q_4' + \frac{1}{2} P'' Q_4 = (q\lambda + p) Q_4.$$

Dazu kommen noch alle durch zyklische Vertauschungen von a, b, c hervorgehenden Gleichungen. Für die Zahlen p und q der rechten Seite sind immer die den einzelnen Fällen entsprechenden Werte einzusetzen.

Die Gleichungen haben die Gestalt

$$(2) \qquad PQ'' + RQ' + SQ = 0.$$

Wenn wir diese Gleichung k-mal differenzieren, erhalten wir

$$(3) \qquad PQ^{(k+2)} + (kP' + R) Q^{(k+1)} + \cdots + S^{(k)} Q = 0 \quad (k = 0, 1, 2, \ldots).$$

Für die vier Arten von Laméschen Funktionen ist

$$(4) \quad kP' + R = \left(k + \frac{1}{2}\right) P'$$

$$\text{oder} \quad = (2k+1)(\lambda + a^2)\left(\lambda + \frac{b^2 + c^2}{2}\right) + \left(k + \frac{3}{2}\right)(\lambda + b^2)(\lambda + c^2)$$

$$\text{oder} \quad = (2k+3)(\lambda + a^2)\left(\lambda + \frac{b^2 + c^2}{2}\right) + \left(k + \frac{1}{2}\right)(\lambda + b^2)(\lambda + c^2)$$

$$\text{oder} \quad = \left(k + \frac{3}{2}\right) P'.$$

Dazu kommen noch die entsprechenden, durch zyklische Vertauschung von a, b, c entstandenen Ausdrücke. $-a^2$, $-b^2$, $-c^2$ sind die Nullstellen von P. Da sie einfache Nullstellen sind, ist für sie $P' \neq 0$, ebenso $kP' + R \neq 0$, wie sich aus (4) ergibt. Ist nun eine der erwähnten Zahlen Nullstelle für Q, dann ist sie es nach $(3, k = 0)$ auch für Q'. Daher nach $(3, k = 1)$ auch für Q'' usw., d. h. Q würde für diese Zahl samt seinen sämtlichen Ableitungen, also nach dem Taylorschen Satz identisch verschwinden.

Daraus ergibt sich: Q hat keine mehrfachen Nullstellen. Denn eine solche wäre von $-a^2$, $-b^2$, $-c^2$ verschieden und würde gleichzeitig Q und Q' zu Null machen. Aus (3) kann man daher schließen, daß der Reihe nach auch alle übrigen Ableitungen von Q verschwinden, daher müßte Q identisch verschwinden.

Jetzt können wir weiter schließen, daß sich die Anzahl der reellen Nullstellen von Q in jedem der Intervalle $(-\infty, -a^2)$, $(-a^2, -b^2)$, $(-b^2, -c^2)$, $(-c^2, +\infty)$ nicht ändert, wenn b^2 das Intervall $a^2 > b^2 > c^2$ durchläuft. Da nämlich die Nullstellen stetige Funktionen der Koeffizienten, daher auch von b^2 sind, und imaginäre Nullstellen nur konjugiert auftreten können, weil die Koeffizienten von Q reell sind, so könnte sich die Anzahl der reellen Nullstellen nur dann ändern, wenn zwei der reellen Nullstellen zu konjugiert imaginären würden. Denn in $-a^2$, $-b^2$, $-c^2$ kann niemals eine der Nullstellen hineinrücken. Da der Übergang ins Imaginäre, wie erwähnt, stetig erfolgt, müßten sie sich vorher zu einer zweifachen Nullstelle vereinigen. Dieses ist aber nach dem obigen ausgeschlossen. Wenn b^2 die Grenze a^2 oder c^2 erreicht, können natürlich mehrere dieser Nullstellen zusammenfallen oder in die Stellen $-a^2$, $-b^2$, $-c^2$ hineinrücken.

15. Realität der Nullstellen. Wir betrachten nun sämtliche normierten Polynome Q, die zu den Laméschen Funktionen n-ten Grades gehören. Wie wir aus Ziffer 3 bis 7 wissen, sind sie vom gleichen Grad g und für jede Unterart in der Anzahl $g+1$ vorhanden. Wir bezeichnen mit ε_1 die Anzahl der imaginären Nullstellen, mit ε_2 die Anzahl ihrer zwischen $-a^2$ und $-b^2$ gelegenen Nullstellen, mit ε_3 die Anzahl ihrer zwischen $-b^2$ und $-c^2$ gelegenen Nullstellen, mit ε_4 die Anzahl ihrer außerhalb des Intervalls $(-a^2, -c^2)$ gelegenen Nullstellen. Die Gesamtzahl dieser Nullstellen ist gleich der Summe der Gradzahlen aller dieser Polynome, daher

$$(1) \qquad \varepsilon_1 + \varepsilon_2 + \varepsilon_3 + \varepsilon_4 = g(g+1)$$

für die erste und vierte Gattung und das Dreifache davon für die zweite und dritte Gattung.

Wird $a = b$, so rücken die ε_2 Nullstellen in $-a^2$ zusammen und von den ε_3 Nullstellen mögen ε_3' in $-a^2$ oder $-c^2$ hineinfallen. Wird $b = c$, so rücken die ε_3 Nullstellen in $-c^2$ zusammen und ε_2' der ε_2 Nullstellen mögen dabei gleich $-a^2$ oder $-c^2$ werden. Nach Ziffer 11 ist im ersten Fall

$$M = P_n^m(\cos\vartheta), \qquad \cos\vartheta = \pm\sqrt{\frac{-(c^2+\mu)}{a^2-c^2}},$$

wobei nach (V, 18, 2) und (V, 12, 2)

$$P_n^m(\xi) = \frac{1}{2^n\, n!}(1-\xi^2)^{\frac{m}{2}} \frac{d^{n+m}(\xi^2-1)^n}{d\xi^{n+m}}$$

ist. Bedeuten also $\bar{\xi}$ die Nullstellen von $P_n^m(\xi)$, so sind die Nullstellen von M durch

$$\bar{\mu} = -c^2 - (a^2 - c^2)\,\bar{\xi}^2$$

gegeben. Dabei sind die Werte $\bar{\xi} = 0, \pm 1$ auszulassen, wenn wir für $\bar{\mu}$ die von $-c^2$ oder $-a^2$ verschiedenen Werte haben wollen. Da die $\bar{\xi}$ nach (V, 18) spiegelbildlich zum Nullpunkt liegen, kann man sich auf die positiven Werte von $\bar{\xi}$ beschränken, denn zwei entgegengesetzt gleiche geben dasselbe $\bar{\mu}$. Wegen $0 < \bar{\xi} < 1$ gilt also $-a^2 < \bar{\mu} < -c^2$. Jedes $P_n^m(\xi)$ enthält ein Polynom $(n-m)$-ten Grades in ξ und liefert daher nach dem Gesagten gerade $\left[\frac{n-m}{2}\right]$ brauchbare Nullstellen. Für m sind nach Ziffer 11 entweder alle geraden oder alle ungeraden Zahlen $\leqq n$ zu wählen.

Wir gehen jetzt die einzelnen Fälle durch und berechnen jedesmal die Zahl $\varepsilon_3 - \varepsilon_3'$. Bei der ersten Art ist n gerade, $g = \frac{n}{2}$, für m sind die geraden Zahlen zu wählen, die $P_n^m(\xi)$ liefern daher

$$\varepsilon_3 - \varepsilon_3' = 0 + 1 + 2 + \cdots + \frac{n}{2} = \frac{n}{4}\left(\frac{n}{2} + 1\right) = \frac{1}{2} g(g+1)$$

Nullstellen. Bei der zweiten Art ist n ungerade, $g = \frac{n-1}{2}$, für m sind zweimal die ungeraden und einmal die geraden Zahlen zu wählen, daher erhalten wir

$$3\left(0 + 1 + 2 + \cdots + \frac{n-1}{2}\right) = 3\,\frac{n-1}{4}\,\frac{n+1}{2} = \frac{3}{2} g(g+1)$$

Nullstellen. Bei der dritten Art ist n gerade, $g = \frac{n-2}{2}$, für m sind ebenfalls zweimal die ungeraden und einmal die geraden Zahlen zu wählen, bei diesen aber ist 0 auszuschließen, weil in diesem Fall $N = \sin m\varphi$ ist, daher erhält man

$$3\left[0 + 1 + 2 + \cdots + \left(\frac{n}{2} - 1\right)\right] = 3\,\frac{n}{4}\left(\frac{n}{2} - 1\right) = \frac{3}{2} g(g+1)$$

Nullstellen. Endlich ist bei der vierten Art n ungerade, $g = \frac{n-3}{2}$, für m sind die geraden Zahlen zu wählen, aber 0 ist wieder auszuschließen, weil in diesem Fall ebenfalls $N = \sin m\varphi$ ist, daher erhalten wir

$$0 + 1 + 2 + \cdots + \frac{n-3}{2} = \frac{n-3}{2}\,\frac{n-1}{4} = \frac{1}{2} g(g+1)$$

Nullstellen.

Im Falle $b = c$ wird nach Ziffer 12

$$N = P_n^m(\cos\vartheta), \quad \cos\vartheta = \pm\sqrt{\frac{a^2+\nu}{a^2-c^2}},$$

daher für die Nullstellen $\bar{\nu}$ von N

$$\bar{\nu} = -a^2 + (a^2 - c^2)\,\bar{\xi}^2.$$

Alle übrigen Überlegungen und Ergebnisse sind dieselben und liefern hier für $\varepsilon_2 - \varepsilon_2'$ genau dieselbe Zahl wie für $\varepsilon_3 - \varepsilon_3'$ im ersten Fall $a = b$.

Wir erhalten somit in den beiden Grenzfällen

$$\varepsilon_1 + \varepsilon_2 + \varepsilon_3 + \varepsilon_4 = g(g+1) + \varepsilon_1 + \varepsilon_4 + \varepsilon_2' + \varepsilon_3'$$

für die erste und vierte Gattung und

$$\varepsilon_1 + \varepsilon_2 + \varepsilon_3 + \varepsilon_4 = 3\,g(g+1) + \varepsilon_1 + \varepsilon_4 + \varepsilon_2' + \varepsilon_3'$$

für die zweite und dritte Gattung, daher in beiden Fällen wegen (1)

$$\varepsilon_1 + \varepsilon_4 + \varepsilon_2' + \varepsilon_3' = 0$$

oder, weil die ε ihrer Bedeutung nach nicht negativ sein können,

$$\varepsilon_1 = \varepsilon_2' = \varepsilon_3' = \varepsilon_4 = 0.$$

Weil die Zahlen der Nullstellen in den einzelnen Intervallen gemäß Ziffer 14 von der Größe von b nicht abhängen, gilt dieses Ergebnis für beliebiges b, d. h. die Polynome Q haben lauter reelle, einfache, zwischen $-a^2$ und $-c^2$ gelegene Nullstellen. Wird $a = b$, rückt keine der Nullstellen des Intervalls $(-b^2, -c^2)$ nach $-b^2$ oder $-c^2$, wird $b = c$, so rückt keine der Nullstellen des Intervalls $(-a^2, -b^2)$ nach $-a^2$ oder $-b^2$.

Als wir die Zahlen $\varepsilon_3 - \varepsilon_3'$ für $a = b$ berechneten, stellten wir fest, daß von den $g + 1$ Polynomen Q der ersten und vierten Art immer gerade eines genau σ Nullstellen ($\sigma = 0, 1, \ldots, g$) im Intervall $(-b^2, -c^2)$ hat, seine übrigen $g - \sigma$ Nullstellen fallen natürlich mit $-a^2 = -b^2$ zusammen. Bei der zweiten und dritten Art haben wir je drei solche Polynome Q festgestellt, im Einklang mit Ziffer 3 bis 7. Da die Zahl der Nullstellen in den Intervallen $(-a^2, -b^2)$ und $(-b^2, -c^2)$ nach den früheren Überlegungen von der Größe von b nicht abhängt, gilt allgemein der Satz: Es gibt genau ein normiertes Polynom Q erster oder vierter Art und drei solche zweiter oder dritter Art mit σ reellen, verschiedenen Nullstellen ($\sigma = 0, 1, 2, \ldots, g$) im Intervall $(-a^2, -b^2)$ und $g - \sigma$ reellen, verschiedenen Nullstellen im Intervall $(-b^2, -c^2)$. Dieser Satz geht auf F. Klein, der Gedankengang unseres Beweises in Ziffer 14 und 15 auf H. Poincaré zurück[1]).

16. Integraleigenschaften. Wir greifen aus den in Ziffer 1 betrachteten konfokalen Ellipsoiden ein bestimmtes mit dem Parameter λ_0 heraus, sein Flächenelement bezeichnen wir mit df. U und V seien Funktionen von x, y, z, die samt ihren Ableitungen bis zur zweiten Ordnung in dem betrachteten Gebiet stetig sind. Dann gilt nach einer bekannten Formel der Integralrechnung die Beziehung

$$\iiint (U \Delta V - V \Delta U)\, dx\, dy\, dz = \iint \left(U \frac{\partial V}{\partial n} - V \frac{\partial U}{\partial n} \right) df.$$

Das dreifache Integral ist über das Innere des erwähnten Ellipsoids zu erstrecken, das Doppelintegral über seine Oberfläche, n bedeutet die äußere Normale.

---

[1]) F. Klein, Math. Ann. **18** (1881), S. 237; siehe auch das in Ziffer 13 angegebene Buch von H. Poincaré, S. 129—131.

$L_1 M_1 N_1$ sei ein Laméscheş Polynom, $L_2 M_2 N_2$ ein davon verschiedenes, d. h. ein solches, das sich nicht nur durch einen konstanten Faktor vom ersten unterscheidet. Wir setzen $U = L_1 M_1 N_1$, $V = L_2 M_2 N_2$, also $\Delta U = \Delta V = 0$. Ferner ist nach (V, 2, 3), (2, 2), (2, 3), (8, 1)

$$(1) \qquad \frac{\partial V}{\partial n} = \frac{\partial V}{\partial \lambda} H_1 = 2 \frac{\partial V}{\partial \lambda} \frac{\Delta_\lambda}{\sqrt{(\lambda - \mu)(\lambda - \nu)}} = 2 l \frac{\partial V}{\partial u},$$

wenn wir $l = \frac{1}{\sqrt{(\lambda - \mu)(\lambda - \nu)}}$ setzen. Da auf dem Ellipsoid $\lambda = \lambda_0$, also konstant ist, gilt

$$\left(L_1 \frac{d L_2}{du} - L_2 \frac{d L_1}{du}\right) \iint M_1 N_1 M_2 N_2 \, l \, df = 0,$$

daher

$$(2) \qquad \iint M_1 N_1 M_2 N_2 \, l \, df = 0.$$

Denn es ist $L_1 \frac{d L_2}{du} - L_2 \frac{d L_1}{du} \neq 0$. Wäre nämlich $L_1 \frac{d L_2}{du} - L_2 \frac{d L_1}{du} = 0$, so würde $\frac{d\left(\frac{L_2}{L_1}\right)}{du} = 0$ oder $\frac{L_2}{L_1} = \text{const.}$ sein, was nach der Voraussetzung über L_1 und L_2 unmöglich ist. Natürlich ist $\iint M^2 N^2 l \, df > 0$, weil der Integrand niemals negativ wird, nicht identisch verschwindet und stetig ist. Die mit $\sqrt{l}$ multiplizierten Laméschen Produkte MN sind also orthogonale Funktionen auf dem Ellipsoid $\lambda = \lambda_0$. Der Gedankengang dieses Beweises findet sich bei H. Poincaré[1]). Nach (V, 2), (2, 2), (8, 2) ist das Flächenelement

$$(3) \qquad df = \frac{d\mu \, d\nu}{H_2 H_3} = \frac{i(\mu - \nu) \, d\mu \, d\nu}{4 l \Delta_\mu \Delta_\nu} = \frac{i(\mu - \nu) \, dv \, dw}{4 l},$$

daher läßt sich Formel (2) auch schreiben:

$$\iint (\mu - \nu) M_1 N_1 M_2 N_2 \, dv \, dw = 0.$$

Wir wollen jetzt $\iint l \, df$ berechnen. Wir legen zu diesem Zweck im Punkt $P(x, y, z)$ die berührende Ebene an das durch ihn hindurchgehende Ellipsoid λ. Die Gleichung dieser Ebene lautet

$$\frac{x(X - x)}{a^2 + \lambda} + \frac{y(Y - y)}{b^2 + \lambda} + \frac{z(Z - z)}{c^2 + \lambda} = 0$$

oder wegen (1, 2)

$$\frac{xX}{a^2 + \lambda} + \frac{yY}{b^2 + \lambda} + \frac{zZ}{c^2 + \lambda} - 1 = 0.$$

[1]) Siehe das in Ziffer 13 angegebene Buch von H. Poincaré, S. 131—133.

Für die Länge $\overline{p}$ des vom Mittelpunkt O auf diese Ebene gefällten Lotes ergibt sich daher

$$\overline{p} = \frac{1}{\sqrt{\frac{x^2}{(a^2+\lambda)^2} + \frac{y^2}{(b^2+\lambda)^2} + \frac{z^2}{(c^2+\lambda)^2}}}$$

oder nach (2, 2), (2, 3) und (1) $\overline{p} = \frac{H_1}{2} = l\Delta_\lambda$. Damit wird

$$\iint l\,df = \frac{1}{\Delta_\lambda}\iint \overline{p}\,df.$$

$\frac{1}{3}\iint \overline{p}\,df$ stellt aber den Rauminhalt des Ellipsoids dar. Das sieht man sofort ein, wenn man die Oberfläche in kleine Flächenelemente zerlegt und ihre Randpunkte mit dem Mittelpunkt des Ellipsoids verbindet. Dadurch wird das Ellipsoid in kleine schmale Kegel zerlegt, deren Höhe gegen $\overline{p}$ strebt, wenn die kleine Grundfläche gegen Null strebt. Es ist also

$$\iint \overline{p}\,df = 4\pi\sqrt{(a^2+\lambda)(b^2+\lambda)(c^2+\lambda)} = 4\pi\Delta_\lambda,$$

daher

(4) $$\iint l\,df = 4\pi.$$

17. Reihenentwicklungen. Jeder Punkt P auf dem Ellipsoid λ_0 kann durch seine elliptischen Koordinaten μ und ν festgelegt werden, da für ihn $\lambda = \lambda_0$ ist. Eine auf dem Ellipsoid definierte Funktion ist also eine Funktion $F(\mu, \nu)$. Durch die Gleichungen (2) und (3) von Ziffer 10 ist in jedem Oktanten einem Wertesystem (μ, ν) ein bestimmtes Wertesystem (ϑ, φ) und umgekehrt zugeordnet. Aus $F(\mu, \nu)$ wird daher eine Funktion von ϑ, φ. Wenn sich diese in eine Reihe von Laplaceschen Kugelfunktionen entwickeln läßt (vgl. V, 34), so braucht man nur die einzelnen Kugelfunktionen nach Ziffer 10 durch die Funktionen MN darzustellen und erhält eine Entwicklung nach diesen Funktionen. *Jede Funktion, die sich nach Laplaceschen Kugelfunktionen entwickeln läßt, kann daher auch nach den Laméschen Produkten MN entwickelt werden.* Die Koeffizienten bestimmt man in folgender Weise: Es gelte die gleichmäßig konvergente Reihenentwicklung

$$F(\mu, \nu) = \sum_{\sigma=0}^{\infty} c_\sigma M_\sigma N_\sigma.$$

Wir multiplizieren diese Gleichung mit $lM_\tau N_\tau$ und integrieren über die gesamte Fläche des Ellipsoides λ_0. Dann ergibt sich nach (16, 2)

(1) $$c_\sigma = \frac{\iint F M_\sigma N_\sigma l\,df}{\iint M_\sigma^2 N_\sigma^2 l\,df} \qquad (\sigma = 0, 1, 2, \ldots).$$

Die Integrale hängen zufolge (16, 3) von $\lambda = \lambda_0$ nicht ab.

Zum Beispiel erhält man

$$\frac{1}{l^2} = (\lambda - \mu)(\lambda - \nu) = A + B(\mu - h_1)(\nu - h_1) + C(\mu - h_2)(\nu - h_2),$$

h_1 und h_2 sind die beiden Werte von h aus dem Beispiel von Ziffer 4.

Die Koeffizienten A, B, C ergeben sich durch Vergleichung der Potenzen von μ und ν, nämlich

$$(2) \qquad \frac{1}{l^2} = (\lambda - h_1)(\lambda - h_2)$$

$$+ \frac{\lambda - h_2}{h_1 - h_2}(\mu - h_1)(\nu - h_1) - \frac{\lambda - h_1}{h_1 - h_2}(\mu - h_2)(\lambda - h_2).$$

Ferner ist nach (1, 5)

$$\frac{x^2}{a^2 + \lambda} = \frac{(a^2 + \mu)(a^2 + \nu)}{(a^2 - b^2)(a^2 - c^2)}$$

$$= A' + B'(\mu - h_1)(\nu - h_1) + C'(\mu - h_2)(\nu - h_2),$$

daher ebenso wie früher, wenn man die aus dem Beispiel der Ziffer 4 folgende Beziehung $3(a^2 + h_1)(a^2 + h_2) = (a^2 - b^2)(a^2 - c^2)$ verwendet,

$$(3) \qquad \frac{3x^2}{a^2 + \lambda} = 1 - \frac{(\mu - h_1)(\nu - h_1)}{(a^2 + h_1)(h_1 - h_2)} + \frac{(\mu - h_2)(\nu - h_2)}{(a^2 + h_2)(h_1 - h_2)}$$

und zwei ähnliche Gleichungen, in denen x^2 durch y^2 und z^2 und gleichzeitig a^2 durch b^2 und c^2 ersetzt ist.

18. Erste Randwertaufgabe für das Ellipsoid. Das Ellipsoid λ' sei mit der Flächendichte σ belegt. P' sei ein Punkt der Oberfläche, df' das zugehörige Flächenelement, P der Aufpunkt mit den rechtwinkligen Koordinaten x, y, z oder den elliptischen Koordinaten λ, μ, ν, R die Entfernung PP'. Die Flächenbelegung σ erzeugt in P das Potential $V = \iint \frac{\sigma\, df'}{R}$. Das Doppelintegral ist über die gesamte Fläche des Ellipsoids λ' zu erstrecken.

Es sei für einen äußeren Punkt $P(\lambda > \lambda')$

$$V_a = K(\lambda) L(\lambda') M(\mu) N(\nu),$$

für einen inneren Punkt $P(\lambda < \lambda')$

$$V_i = K(\lambda') L(\lambda) M(\mu) N(\nu).$$

Wir suchen die zugehörige Flächendichte σ. Die für V_a und V_i gemachten Ansätze sind möglich. Denn sie genügen nach Ziffer 3 und 9 der Laplaceschen Gleichung, $V_a = V_i$ für $\lambda = \lambda'$ und V_a verschwindet im Unendlichen nach Ziffer 9 und 10 mindestens von der ersten Ordnung. Ferner sind die tangentiellen Ableitungen für $\lambda = \lambda'$ stetig und die Ableitungen von V_a verschwinden im Unendlichen mindestens von der zweiten Ordnung. Zur Bestimmung von σ haben wir die Gleichung

$$-4\pi\sigma = \left(\frac{\partial V_a}{\partial n} - \frac{\partial V_i}{\partial n}\right)_{\lambda = \lambda'},$$

also nach Ziffer 9 und 16

$$-4\pi\sigma = 2\left[lMN\left(L\frac{dK}{du} - K\frac{dL}{du}\right)\right]_{\lambda=\lambda'},$$

$$\text{(1)}\qquad \sigma = \frac{2n+1}{2\pi}\, l(\lambda')MN.$$

Wir erhalten daher

$$\text{(2)}\qquad \iint \frac{lMN}{R}\, df' = \frac{2\pi}{2n+1} K(\lambda)L(\lambda')M(\mu)N(\nu) \text{ für } \lambda \geqq \lambda',$$

$$= \frac{2\pi}{2n+1} K(\lambda')L(\lambda)M(\mu)N(\nu) \text{ für } \lambda \leqq \lambda'.$$

Auf dem Ellipsoid λ_0 sei

$$\overline{V} = F(\mu,\nu) = \sum_{\sigma=0}^{\infty} c_\sigma K_\sigma(\lambda_0) L_\sigma(\lambda_0) M_\sigma(\mu) N_\sigma(\nu)$$

gegeben. Die Koeffizienten $c_\sigma K_\sigma(\lambda_0) L_\sigma(\lambda_0)$ bestimmen sich aus den Formeln (17, 1). Wir setzen für das Innere

$$V_i = \sum_{\sigma=0}^{\infty} c_\sigma K_\sigma(\lambda_0) L_\sigma(\lambda) M_\sigma(\mu) N_\sigma(\nu),$$

für das Äußere

$$V_a = \sum_{\sigma=0}^{\infty} c_\sigma K_\sigma(\lambda) L_\sigma(\lambda_0) M_\sigma(\mu) N_\sigma(\nu).$$

Beide Reihen genügen gliedweise der Laplaceschen Gleichung und nehmen für $\lambda = \lambda_0$ den Wert $\overline{V}$ an. Ferner verschwindet V_a im Unendlichen mindestens von erster Ordnung. Sie lösen also eindeutig die erste Randwertaufgabe mit den gegebenen Randwerten $\overline{V}$. Die Flächenbelegung σ des Ellipsoids, welche dieses Potential hervorruft, ist nach (1) durch

$$\sigma = \frac{l(\lambda_0)}{2\pi} \sum_{\sigma=0}^{\infty} (2n+1)\, c_\sigma\, M_\sigma(\mu) N_\sigma(\nu)$$

gegeben. n ist der Grad von $L_\sigma M_\sigma N_\sigma$ (vgl. Ziffer 3). Die Gesamtbelegung ist nach (16, 2) und (16, 4)

$$B = \iint \sigma\, df = \frac{1}{2\pi} \sum_{\sigma=0}^{\infty} (2n+1)\, c_\sigma \iint lM_\sigma N_\sigma\, df = \frac{c_0}{2\pi} \iint l\, df = 2c_0,$$

wenn wir das Doppelintegral über die gesamte Oberfläche des Ellipsoids λ_0 erstrecken und den Stellenzeiger 0 den Funktionen 0-ten Grades $L_0 = M_0 = N_0 = 1$ zuordnen. Selbstverständlich wird gleichmäßige Konvergenz aller betrachteten Reihen vorausgesetzt.

19. Potential des Ellipsoids. Das Innere des Ellipsoids λ_0 sei homogen mit der Massendichte 1 belegt. P' sei ein Punkt im Innern mit den rechtwinkligen Koordinaten x', y', z' oder den elliptischen Koordinaten λ', μ', ν'. Für den Aufpunkt P und die Entfernung PP' behalten wir die Bezeichnungen von Ziffer 18 bei. Nach (V, 2, 2), (2, 2), (16, 1) erhalten wir für das Potential dieser Massenbelegung im Aufpunkt P

$$V = \iiint \frac{dx'\,dy'\,dz'}{R} = \iiint \frac{d\lambda'\,d\mu'\,d\nu'}{R H_1 H_2 H_3} = \frac{1}{2}\int_{-c^2}^{\lambda_0} \frac{d\lambda'}{\Delta_{\lambda'}} \iint \frac{l\,df'}{l^2 R}.$$

Das dreifache Integral ist über das ganze Ellipsoid zu erstrecken, das Doppelintegral über die Oberfläche des Ellipsoids λ'.

Im folgenden setzen wir zur Abkürzung

$$(1) \qquad L_0 = 1, \quad L_1 = \sqrt{\lambda + a^2}, \quad L_2 = \sqrt{\lambda + b^2}, \quad L_3 = \sqrt{\lambda + c^2},$$
$$L_4 = \lambda - h_1, \quad L_5 = \lambda - h_2$$

und führen ähnliche Bezeichnungen bei den zugeordneten Funktionen K, M, N ein. Nach Ziffer 3 bis 7 ist $n = 0$ für L_0, $n = 1$ für L_1, L_2, L_3, $n = 2$ für L_4 und L_5. Nach (17, 2), (18, 2) wird daher, wenn P außerhalb des Ellipsoids λ_0 liegt, also $\lambda > \lambda_0$ ist,

$$\iint \frac{l\,df'}{l^2 R} = \iint \left(L_4 L_5 + \frac{L_5 M_4 N_4}{h_1 - h_2} - \frac{L_4 M_5 N_5}{h_1 - h_2}\right) \frac{l\,df'}{R}$$
$$= 2\pi L_4(\lambda') L_5(\lambda') \left[K_0(\lambda) + \frac{K_4(\lambda) M_4(\mu) N_4(\nu)}{5(h_1 - h_2)} - \frac{K_5(\lambda) M_5(\mu) N_5(\nu)}{5(h_1 - h_2)}\right],$$

also

$$V_a = \pi \left[K_0 + \frac{K_4 M_4 N_4 - K_5 M_5 N_5}{5(h_1 - h_2)}\right] \int_{-c^2}^{\lambda_0} \frac{L_4 L_5}{\Delta_{\lambda'}}\, d\lambda'.$$

Nun ist zufolge (2, 3) und (4, Beispiel)

$$(2) \qquad \frac{1}{\Delta_\lambda}\frac{d\Delta_\lambda}{d\lambda} = \frac{d \ln \Delta_\lambda}{d\lambda} = \frac{1}{2}\left(\frac{1}{\lambda + a^2} + \frac{1}{\lambda + b^2} + \frac{1}{\lambda + c^2}\right)$$
$$= \frac{3(\lambda - h_1)(\lambda - h_2)}{2\Delta_\lambda^2},$$

daher

$$\frac{d\Delta_\lambda}{d\lambda} = \frac{3 L_4 L_5}{2\Delta_\lambda},$$

also

$$\int_{-c^2}^{\lambda_0} \frac{L_4 L_5}{\Delta_{\lambda'}}\, d\lambda' = \frac{2}{3}\left[\Delta_{\lambda'}\right]_{-c^2}^{\lambda_0}.$$

Der Inhalt des Ellipsoids λ_0 ist

(3) $$I = \frac{4\pi}{3}\sqrt{(\lambda_0 + a^2)(\lambda_0 + b^2)(\lambda_0 + c^2)},$$

daher

$$\int_{-c_2}^{\lambda_0} \frac{L_4 L_5}{\Delta_{\lambda'}} d\lambda' = \frac{I}{2\pi},$$

somit

$$V_a = \frac{1}{2} I \left[K_0 + \frac{K_4 M_4 N_4 - K_5 M_5 N_5}{5(h_1 - h_2)}\right].$$

Nach (9, 2) und (1) ist

$$K_4 = 5\int_\lambda^\infty \frac{(\lambda - h_1)\,d\lambda'}{(\lambda' - h_1)^2 \Delta_{\lambda'}} = 5\int_\lambda^\infty \frac{1}{\Delta_{\lambda'}} d\left(\frac{\lambda' - \lambda}{\lambda' - h_1}\right)$$

$$= 5\int_\lambda^\infty \frac{\lambda' - \lambda}{\lambda' - h_1}\frac{d\Delta_{\lambda'}}{\Delta_{\lambda'}^2} = \frac{5}{2}\int_\lambda^\infty \frac{\lambda' - \lambda}{\lambda' - h_1}\frac{1}{\Delta_{\lambda'}}\left(\frac{1}{\lambda' + a^2} + \frac{1}{\lambda' + b^2} + \frac{1}{\lambda' + c^2}\right) d\lambda'.$$

Aus der Gleichung

$$\frac{\lambda' - \lambda}{(\lambda' - h_1)(\lambda' + a^2)} = \frac{\lambda' - \lambda}{(h_1 + a^2)(\lambda' - h_1)} + \frac{\lambda + a^2}{(h_1 + a^2)(\lambda' + a^2)} - \frac{1}{h_1 + a^2}$$

und den beiden analogen Gleichungen, in denen a durch b und c ersetzt ist, folgt in Zusammenhang mit der Gleichung für h_1 aus dem Beispiel in Ziffer 4, nämlich

$$\frac{1}{h_1 + a^2} + \frac{1}{h_1 + b^2} + \frac{1}{h_1 + c^2} = 0,$$

weiter nach (9, 2) und (1)

$$K_4 = \frac{5}{2}\int_\lambda^\infty \left[\frac{\lambda + a^2}{(h_1 + a^2)(\lambda' + a^2)} + \frac{\lambda + b^2}{(h_1 + b^2)(\lambda' + b^2)} + \frac{\lambda + c^2}{(h_1 + c^2)(\lambda' + c^2)}\right]\frac{d\lambda'}{\Delta_{\lambda'}}$$

$$= \frac{5}{6}\left(\frac{K_1 L_1}{h_1 + a^2} + \frac{K_2 L_2}{h_1 + b^2} + \frac{K_3 L_3}{h_1 + c^2}\right)$$

und ähnlich durch Vertauschung von h_1 und h_2

$$K_5 = \frac{5}{6}\left(\frac{K_1 L_1}{h_2 + a^2} + \frac{K_2 L_2}{h_2 + b^2} + \frac{K_3 L_3}{h_2 + c^2}\right),$$

daher nach (17, 3) und (1)

$$V_a = \frac{1}{2} I \left[K_0 + \frac{K_1 L_1}{6(h_1 - h_2)} \left(\frac{M_4 N_4}{h_1 + a^2} - \frac{M_5 N_5}{h_2 + a^2} \right) \right.$$

$$+ \frac{K_2 L_2}{6(h_1 - h_2)} \left(\frac{M_4 N_4}{h_1 + b^2} - \frac{M_5 N_5}{h_2 + b^2} \right)$$

$$\left. + \frac{K_3 L_3}{6(h_1 - h_2)} \left(\frac{M_4 N_4}{h_1 + c^2} - \frac{M_5 N_5}{h_2 + c^2} \right) \right]$$

$$= \frac{1}{2} I \left[K_0 + \frac{1}{6} (K_1 L_1 + K_2 L_2 + K_3 L_3) \right.$$

$$\left. - \frac{x^2}{2} \frac{K_1 L_1}{\lambda + a^2} - \frac{y^2}{2} \frac{K_2 L_2}{\lambda + b^2} - \frac{z^2}{2} \frac{K_3 L_3}{\lambda + c^2} \right].$$

Ferner ist nach (9, 2), (1), (2)

$$K_1 L_1 + K_2 L_2 + K_3 L_3 = 3 \int_\lambda^\infty \left(\frac{\lambda + a^2}{\lambda' + a^2} + \frac{\lambda + b^2}{\lambda' + b^2} + \frac{\lambda + c^2}{\lambda' + c^2} \right) \frac{d\lambda'}{\Delta_{\lambda'}}$$

$$= 3 \int_\lambda^\infty \left[3 + (\lambda - \lambda') \left(\frac{1}{\lambda' + a^2} + \frac{1}{\lambda' + b^2} + \frac{1}{\lambda' + c^2} \right) \right] \frac{d\lambda'}{\Delta_{\lambda'}}$$

$$= 9 \int_\lambda^\infty \frac{d\lambda'}{\Delta_{\lambda'}} + 6 \int_\lambda^\infty (\lambda - \lambda') \frac{d\Delta_{\lambda'}}{\Delta_{\lambda'}^2}$$

$$= 9 \int_\lambda^\infty \frac{d\lambda'}{\Delta_{\lambda'}} - 6 \left[\frac{\lambda - \lambda'}{\Delta_{\lambda'}} \right]_\lambda^\infty - 6 \int_\lambda^\infty \frac{d\lambda'}{\Delta_{\lambda'}} = 3 K_0,$$

daher

$$V_a = \frac{1}{4} I \left[3 K_0(\lambda) - \frac{K_1(\lambda)}{L_1(\lambda)} x^2 - \frac{K_2(\lambda)}{L_2(\lambda)} y^2 - \frac{K_3(\lambda)}{L_3(\lambda)} z^2 \right].$$

Für die Kraft in der X-Richtung erhalten wir somit

$$\frac{\partial V_a}{\partial x} = -\frac{1}{2} I \frac{K_1}{L_1} x + \frac{1}{4} I \left[3 \frac{dK_0}{d\lambda} \right.$$

$$\left. - x^2 \frac{d}{d\lambda} \left(\frac{K_1}{L_1} \right) - y^2 \frac{d}{d\lambda} \left(\frac{K_2}{L_2} \right) - z^2 \frac{d}{d\lambda} \left(\frac{K_3}{L_3} \right) \right] \frac{\partial \lambda}{\partial x}.$$

Der Klammerausdruck ergibt sich nach (9, 2), (1), (1, 2) zu

$$-\frac{3}{\Delta_\lambda} + 3 \left(\frac{x^2}{\lambda + a^2} + \frac{y^2}{\lambda + b^2} + \frac{z^2}{\lambda + c^2} \right) \frac{1}{\Delta_\lambda} = 0,$$

also wird nach (9, 2)

$$\frac{\partial V_a}{\partial x} = -\frac{3}{2} I x \int_{\lambda}^{\infty} \frac{d\lambda'}{(\lambda' + a^2)\,\Delta_{\lambda'}},$$

$$\frac{\partial V_a}{d y} = -\frac{3}{2} I y \int_{\lambda}^{\infty} \frac{d\lambda'}{(\lambda' + b^2)\,\Delta_{\lambda'}},$$

$$\frac{\partial V_a}{\partial z} = -\frac{3}{2} I z \int_{\lambda}^{\infty} \frac{d\lambda'}{(\lambda' + c^2)\,\Delta_{\lambda'}}.$$

Für einen inneren Punkt P folgt

$$(4) \qquad V_i = \frac{1}{4} I \left[3\,K_0(\lambda_0) - \frac{K_1(\lambda_0)}{L_1(\lambda_0)} x^2 - \frac{K_2(\lambda_0)}{L_2(\lambda_0)} y^2 - \frac{K_3(\lambda_0)}{L_3(\lambda_0)} z^2 \right].$$

Es ist nämlich nach (9, 2), (1), (2) und (3)

$$\Delta V_i = -\frac{1}{2} I \left(\frac{K_1}{L_1} + \frac{K_2}{L_2} + \frac{K_3}{L_3} \right)_{\lambda = \lambda_0}$$

$$= -\frac{3}{2} I \int_{\lambda_0}^{\infty} \left(\frac{1}{\lambda' + a^2} + \frac{1}{\lambda' + b^2} + \frac{1}{\lambda' + c^2} \right) \frac{d\lambda'}{\Delta_{\lambda'}}$$

$$= -3\,I \int_{\lambda_0}^{\infty} \frac{d\,\Delta_{\lambda'}}{\Delta_{\lambda'}^2} = -\frac{3\,I}{\Delta_{\lambda_0}} = -4\pi$$

und

$$\frac{\partial V_i}{\partial x} = -\frac{3}{2} I x \int_{\lambda_0}^{\infty} \frac{d\lambda'}{(\lambda' + a^2)\,\Delta_{\lambda'}},$$

$$\frac{\partial V_i}{\partial y} = -\frac{3}{2} I y \int_{\lambda_0}^{\infty} \frac{d\lambda'}{(\lambda' + b^2)\,\Delta_{\lambda'}},$$

$$\frac{\partial V_i}{\partial z} = -\frac{3}{2} I z \int_{\lambda_0}^{\infty} \frac{d\lambda'}{(\lambda' + c^2)\,\Delta_{\lambda'}},$$

d. h. für einen Punkt P der Oberfläche stimmt V_i samt seinen ersten Ableitungen mit den entsprechenden Werten von V_a und dessen Ableitungen überein. Ferner genügt V_i der Poissonschen Gleichung $\Delta V_i = -4\pi$. Durch diese Eigenschaften ist aber V_i nach einem bekannten Satz der Potentialtheorie eindeutig bestimmt, d. h. die Gleichung (4) stellt tatsächlich das Potential des Ellipsoids für einen inneren Punkt dar.

Namen- und Sachverzeichnis